# 자동차 편의장치 및 등화장치

**저자약력** | • 김재욱 두원공과대학교 자동차과 교수

# 자동차 편의장치 및 등화장치

**초판 인쇄** | 2025년 8월 20일
**초판 발행** | 2025년 8월 30일

**저　　자** | 김재욱
**발 행 인** | 조규백
**발 행 처** | 도서출판 구민사
(07293) 서울특별시 영등포구 문래북로 116, 604호(문래동 3가 46, 트리플렉스)
**전　　화** | (02) 701-7421
**팩　　스** | (02) 3273-9642
**홈페이지** | www.kuhminsa.co.kr

**신고번호** | 제2012-000055호 (1980년 2월 4일)
**I S B N** | 979-11-6875-587-1 (93550)

**값** | 28,000원

PREFACE

자동차 산업의 지속적인 발전으로 자동차 보유율은 점차 증가 추세이며 이제는 인류사회에 없어서는 안 될 필수품의 일부로 되어가고 있다. 이처럼 자동차 수요의 급증으로 지구온난화에 중대한 영향을 미치며 각종 교통사고로 인한 인명피해가 늘어감에 따라 대책 마련이 시급한 상황에 놓이게 되었다.

자동차 생산 선진 국가에서는 자동차의 주행안전장치를 강화하여 기준에 충족되지 않으면 자동차 판매 및 수입을 엄격히 규제하고 있는 추세이며 또한 운전자의 안전운행을 도와주는 각종의 편의장치를 개발하여 자동차에 장착하여 자동차의 사고율을 낮추기 위하여 노력하고 있다. 이와 같이 각종 자동차의 사고율 저감을 위해 전 세계적으로 주행 안전장치 및 편의장치가 적용된 차량이 급속도로 증가하고 있으나 주행안전장치 및 편의장치 시스템의 이해 및 고장수리 해법을 찾지 못하여 어려움을 겪고 있으며, 시스템의 이해부족과 주관적인 정비방법으로 인한 잘못된 정비사례가 증가하고 있다.

본 교재는 최근 신기술이 적용된 자동차의 이해를 돕기 위하여 현대자동차 및 기아 자동차와 GM 자동차의 정비지침서를 기반으로 주행안전 및 편의장치 시스템을 습득하여 고장부위를 상세히 점검 및 정비를 할 수 있도록 정리하였다.

본 교재를 통하여 신기술이 적용된 자동차의 각종 안전 및 편의장치이해와 정비기술 발전에 많은 도움이 되길 바라며 교재 편찬에 도움을 주신 도서출판 구민사의 조규백 대표님과 직원 여러분들에게 감사드립니다.

저자

CONTENTS

## CHAPER 01 편의장치

CONTENTS

CONTENTS

CONTENTS

# CHAPER 06 등화장치

CONTENTS

CONTENTS

CONTENTS

## ※ 주요 약어 안내

| 약 어 | 영 문 명 | 한 글 명 |
|---|---|---|
| BCA(SBSD) | Blind-spot Collision-avoidance Assist (Smart Blind Spot Detection) | 후측방 충돌방지 보조 (후측방 충돌 회피 지원시스템) |
| BCW(BSD) | Blind-spot Collision Warning (Blind Spot Detection) | 후측방 충돌경고(후측방 경보시스템) |
| FCA(AEB) | Forward Collision-avoidance Assist (Autonomous Emergency Braking) | 전방 충돌방지 보조(자동 긴급제동시스템) |
| FCW(FCWS) | Forward Collision Warning (Forward Collosion Warning System) | 전방 충돌경고(전방 추돌 경보장치) |
| HBA | High Beam Assist | 하이빔 보조 |
| HDA | Highway Driving Assist | 고속도로 주행보조 |
| LBA-D(DBL) | Low Beam Assist-Dynamic (Dynamic Bending Light) | 로우빔 보조 - 조향연동 (다이나믹 벤딩 기능) |
| LBA-S(SBL) | Low Beam Assist-Static (Static Bending Light) | 로우빔 보조 - 코너링램프 (스태틱 밴딩 라이트) |
| LDW(LDWS) | Lane Departure Warning (Lane Departure Warning System) | 차로 이탈경고(차선 이탈 경보시스템) |
| LKA(LKAS) | Lane Keeping Assist (Lane Keeping Assist System) | 차로 이탈방지 보조(주행 조향 보조시스템) |
| PA-PDR (ASPAS) | Parking Assist-Perpendicular Reverse (Advanced Smart Parking Assist System) | 주차 보조 - 제어범위 표기 (어드밴스드 주차 조향 보조시스템) |
| PA-PRL (SPAS) | Parking Assist-Parallel (Smart Parking Assist System) | 주차 보조 - 제어범위 표기 (주차 조향 보조시스템) |
| PDW-F(PAS) | Parking Distance Warning-Forward (Parking Assist System) | 주차거리 경고 - 전방 (주차 보조 시스템 - 전후방) |
| PDW-R (RPAS) | Parking Distance Warning-Reverse (Rear Parking Assist System) | 주차 거리 경고(후방) (주차 보조시스템 -후방) |
| SCC | Smart Cruise Control | 스마트 크루즈 컨트롤 |
| SCC w/S&G (ASCC) | Smart Cruise Control with Stop & Go (Advanced Smart Cruise Control) | 스마트 크루즈 컨트롤 - Stop & Go 포함(어드밴스드 스마트 크루즈 컨트롤) |
| RCCW(RCTA) | Rear Cross Collision Warning (Rear Cross Traffic Alert) | 후방 교차충돌 경고(후방 교차충돌 경고) |
| DAW(DAA) | Driver Attention Warning (Driver Attention Alert) | 운전자 주의경고(부주의 운전경보 시스템) |
| NSCC-Z (NSCC) | Navigation based Smart Cruise Control-Zone(Navigation based Smart Cruise Control) | 스마트 크루즈 컨트롤 - 안전구간 자동감속 (내비게이션 기반 스마트 크루즈 컨트롤) |

## ※ 주요 제어기 약어

| 약어 | 약어 전체 명칭 | 의미 |
|---|---|---|
| ADM | Assist Door Module | 동승석 도어 모듈 |
| AEB | Autonomous Emergency Braking | 자동 긴급제동 시스템 |
| AVM | Around View Monitor | 어라운드 뷰 모니터 |
| AFLS | Adaptive Front Lighting System | 조명 가변형 전조등 시스템 |
| AHLS | Auto Headlamp Leveling System | 헤드램프 상 하 자동 조정 |
| AHS | Active Hood Lift System | 액티브 후드 시스템 |
| AVN | Audio Video Navigation | 오디오, 내비게이션 |
| ASCC | Advanced Smart Cruise Control | 전 속도 스마트 크루즈 제어 |
| BSD | Blind Spot Detection | 후 측방 경보시스템 |
| CLUM | Cluster Module | 계기판 |
| DATC | Dual Automatic Temperature Control | 듀얼모드 전자동 에어컨 |
| DDM | Drive Door Module | 운전석 도어 모듈 |
| EPB | Electronic Parking Brake | 전자식 파킹 브레이크 |
| FCWS | Front Collision Warning system | 전방 추돌 경보 시스템 |
| FPCM | Fuel Pump Control Module | 연료펌프 모듈 |
| HUD | Head Up Display | 헤드업 디스플레이 |
| LIN | Local Interconnected Network | LIN 통신(지역통신) |
| LDWS | Lane Departure Warning System | 차선 이탈 경보시스템 |
| LKAS | Lane Keeping Assistance System | 차선유지 보조시스템 |
| MDPS | Motor Driven Power Steering | 전동식 파워 스티어링 |
| MFS | Multi-Function Switch | 멀티펑션 스위치 |
| IMS SW | Integrated Memory Switch | 위치 기억 스위치 |
| RRC | Rear Remote Control | 후석 리모트 스위치 |
| PSM | Power Seat Module | IMS 파워 시트모듈 |
| WPC | Wireless Power Charger | 무선충전기 |
| SWRC | Steering Wheel Remote Controller | 핸들 리모컨 스위치 |
| SBR | Seat Belt Remind | 시트벨트 리마인드 스위치 |
| TPMS | Tire Pressure Monitoring System | 타이어 공기압 경보장치 |
| PGS | Parking Guide System | 조향연동 주차보조 시스템 |
| SPAS | Smart Parking Assist System | 자동 주차 보조 시스템 |

| 구분 | 미국 | 유럽 | 일본 | 한국 |
|---|---|---|---|---|
| 사업주도 | 자동차업계 | 자동차업계 | 자동차업계 | 이동통신 자동차업계 |
| 중심서비스 | 보안, 안전서비스 | 교통정보, 안전서비스 | 교통정보, 내비게이션 | 교통정보, 내비게이션 |
| 시장특성 | 거대 단일시장 | 국가별 다양성 존재 | 지역적인 집중 | 지역적인 집중 |
| 장점 | - 자동차문화 발달<br>- 안전서비스 수요<br>- 플랫폼 솔루션 관련 | - 단인 이동통신망<br>- 자동차 기술발전 | - 정부의 적극적인 지원<br>- 교통 관련 인프라 수준이 높음<br>- 자동차 기술발전 | - 무선 인프라 세계 최고 수준<br>- Early Adopter의 소비자 성향<br>- 콘텍츠 개발력 우수 |
| 단점 | - 다양한 이동통신 표준<br>- 지리, 교통정보 통합 수준이 저조함 | 다수 사업자 진입에 따른 경쟁 심화 | 플랫폼 표준화 등에 대한 국제 협력상 열위 | - 플랫폼 표준화 등에 대한 국제 협력상 열위<br>- 자동차 부품 기술 열위 |
| 대표서비스 | OnStar(GM) | - NaviTech(Volvo)<br>- Assist (BMW Jaguar) | - G-Book(Toyota)<br>- Intemavi(Honda) | - Natedrive(SKT)<br>- Mozen(HMC)<br>- K-Ways(KTF) |

# 01

CHAPER

# 편의장치

1. 공조장치
2. 와이퍼장치 제어
3. 외장램프 제어
4. PAS(Parking Assist System)의 제어기능
5. 핸들 열선제어
6. 스마트 트렁크 및 웰컴 라이트제어
7. 송풍시트 제어
8. 무선충전(Wireless Power Charger) 시스템
9. 클러스터 모듈(Cluster Module)
10. HUD(Head Up Display) 시스템

CHAPTER

# 01 편의장치

## 01 공조장치

### (1) 공조장치의 개요

운전석 및 동승석 온도를 개별적으로 제어하는 듀얼 시스템을 적용하고 파워트레인 CAN을 통하여 정보를 공유한다. 사용자가 실내온도 설정 후 Auto 버튼을 누르면 DATC 모듈은 실내온도센서 및 여러 센서의 신호를 받아 설정 온도에 근접하도록 풍량 및 풍향과 컴프레서를 제어한다. 냉방의 경우, 실내 냉방부하 결정 후 DATC 모듈은 CAN 통신을 통해 EMS로 컴프레서 구동을 위한 냉방부하를 요청한다.

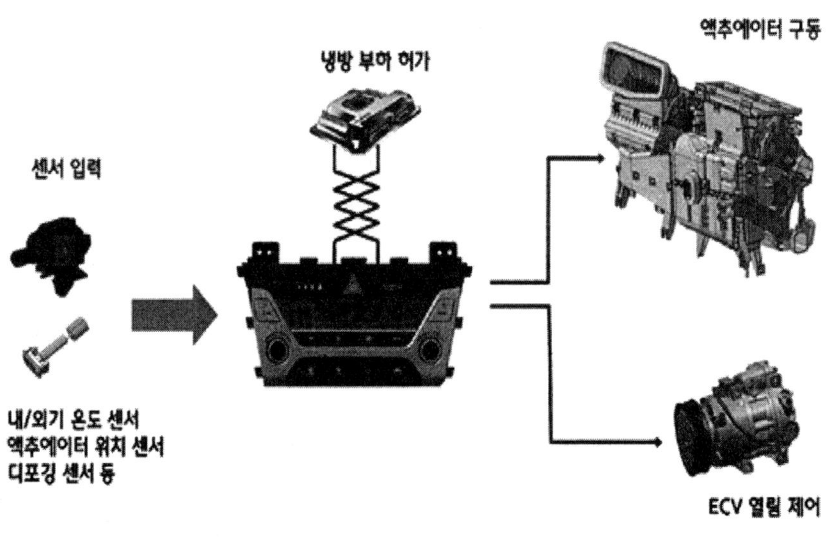


그림 1-1

이후 컴프레서 내부의 ECV 열림량을 제어하여 냉방을 수행한다. 또한 토출온도를 제어하는 템프 액추에이터, 바람의 방향을 제어하는 모드 액추에이터 등 각종 액추에이터를 구동하여 설정된 실내 온도에 도달한 후 이를 유지한다. 제어실행 중에는 앞 창문으로도 바람이 토출되는데, 이는 습기 방지를 위해 각 모드에 따라 일정량의 바람을 토출하기 때문이다.

또한 자동제어되는 ALL 모드(모든 방향으로 바람 토출 LCD창에는 BI-Level로 표시) 및 냉 · 난방 개선 로직(일정 조건에서 내기 20% 혼입) 등을 통해 더욱 쾌적한 실내 환경을 만든다.

## [2] 공조장치의 주요기능

DATC 시스템을 Off하면 내부 로직에 의해 템프(Temp) 액추에이터는 20초 지연 후 A/C Off 조건(핀 서모 센서에 의해 컴프레서가 Off된 시점)으로 이동하여 냉기를 조금 더 유지할 수 있도록 하며, 외기로 전환된다.

플로워 퍼지제어는 주차 층 HVAC에 발생된 습기를 제거하기 위한 제어로, DATC On 조건에서 항상 동작된다. 즉 IGN On 전원이 입력되면 다른 기능에 앞서 동작되며 바람의 방향을 8초 동안 Floor로 고정하고 3초 동안 블로워 모터를 구동하여 습기를 제거한다.

### 1) 듀얼 공조 시스템의 주요기능

#### (1) 자동온도 제어기능

Auto 스위치 on 시 설정온도 및 센서입력에 따라 운전석, 동승석 온도를 자동으로 제어할 수 있다.

① Sync : 동승석 온도를 운전석 온도와 동일하게 전환한다.

#### (2) 컴프레서 제어

외부가변 컴프레서 적용으로 EMS와 통신을 통하여 ECV(전자제어 용량 제어밸브) 제어를 실행한다.

### (3) 클러스터 이오나이저

실내 공기정화를 위해 클린 모드를 수행한다.

### (4) 오토 디포깅

전방 유리의 성애 발생을 자동으로 억제한다.

### (5) 주요 센서

오토 디포깅센서, 실·내외 온도센서, 핀 서모센서, 일사량센서, 냉각 수온센서

### (6) 주요 출력요소

템프 액추에이터(운전석, 동승석), 모드조절 액추에이터, 내 · 외기 전환 액추에이터, 디포깅 액추에이터

### (7) 통신 및 진단

파워트레인 CAN 통신

## [3] HVAC(Heating Ventilation Air Conditioning)의 구조

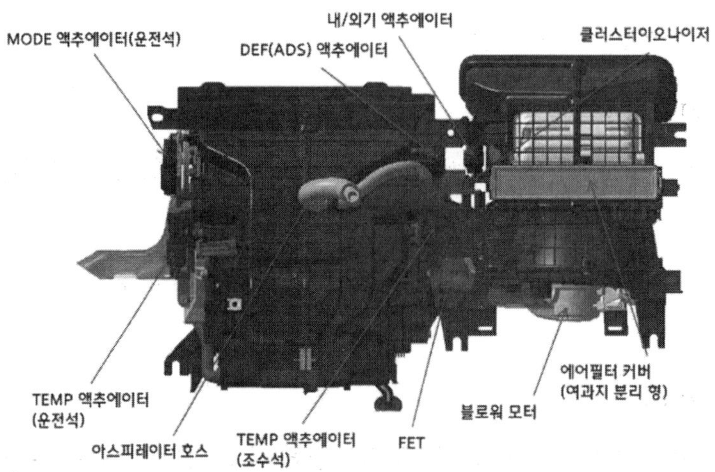


그림 1-2

표 1-1

| 항 목 | HVAC |
|---|---|
| 온도설정 | 17~32℃ |
| 풍향설정 | VENT, BI-LEVEL, FLOOR, MIX, DEF 5가지 모드 |
| 액추에이터 | 모드 액추에이터, 탬프 액추에이터, 내·외기 액추에이터, 디포깅 액추에이터 |
| 냉 난방기구 | 히터코어, PTC히터, 에바퍼레이터 |

## (4) HVAC의 입 · 출력요소

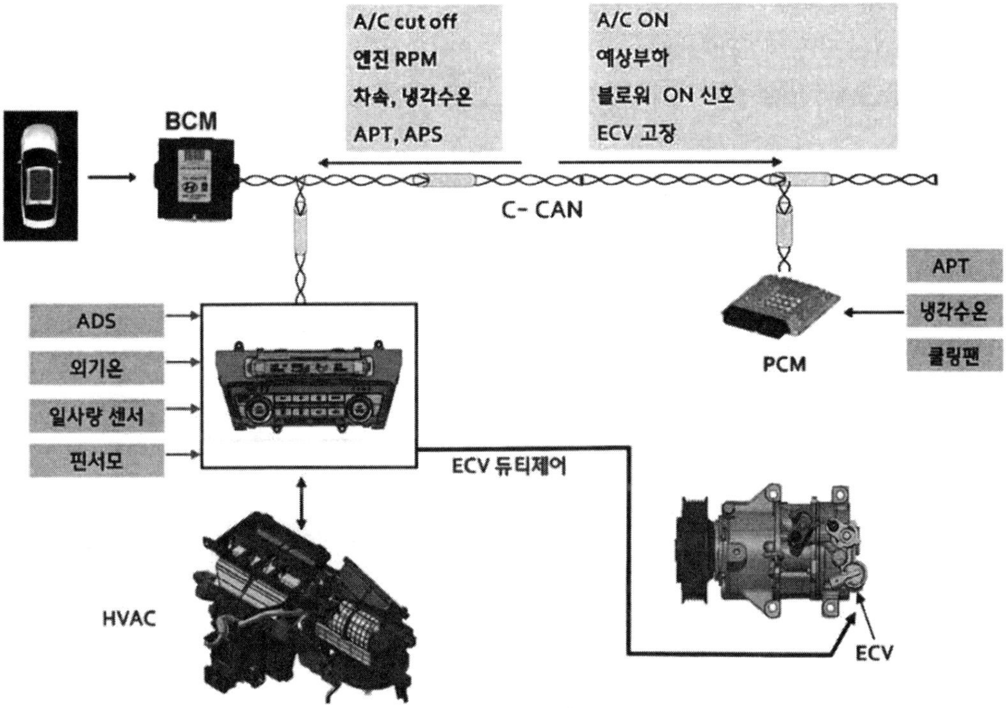


그림 1-2

### 1) 입 · 출력요소의 역할

| 센서 명 | 하는 역할 |
|---|---|
| 핀서모센서 | - 냉방 중 에바포레이터가 빙결되는 것을 방지<br>- 에바포레이터 삽입형으로 온도를 직접 감지한다(부특성 더미스터) |
| 일사량센서 | - 일사량에 따른 실내용도 변화를 보정<br>- 운전석 및 동승석 센서 일체형 |
| 외기온도센서 | - 차량 전면에(라디에이터 앞) 장착되어 외기온도를 감지<br>- 외기온도 표시 및 실내온도 제어에 사용 |
| 오토 디포깅센서 | - 룸미러 뒤에 장착<br>- 유리 표면의 습기를 감지하여 DATC는 제습기능을 수행한다. |
| 실내 온도센서 | 실내온도를 측정하여 운전자가 설정한 온도와 일치하도록 공조 시스템을 제어하는 주 센서(DATC 모듈 상단) |

### 2) 제어회로의 구성도

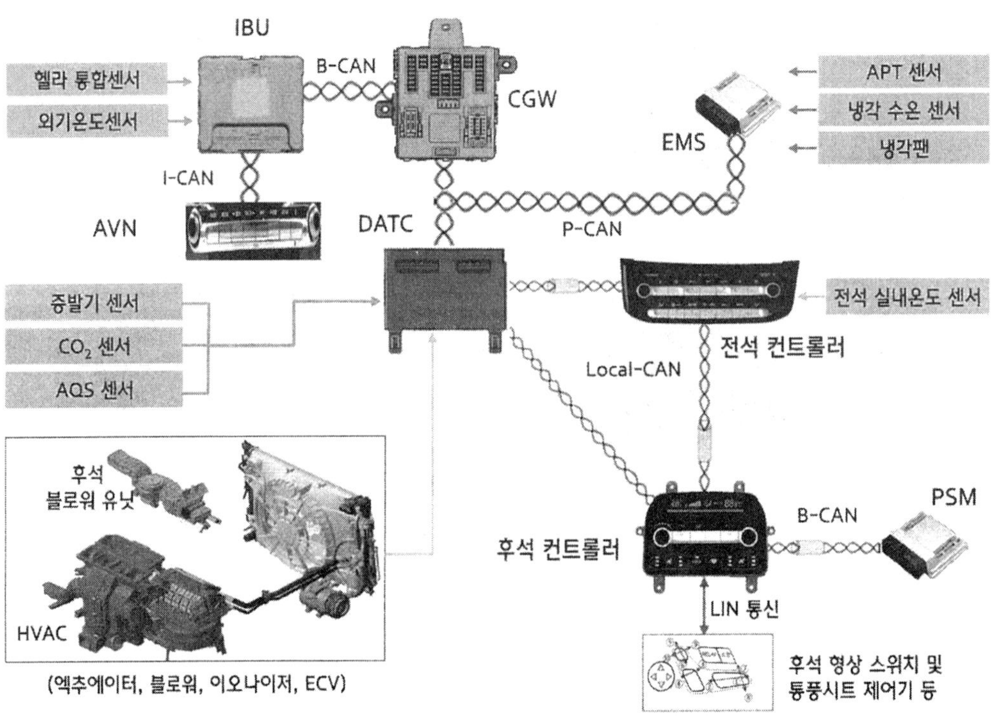


그림 1-4

### 3) K9 공조 시스템의 특징

① 위 그림은 HI 차량에 적용된 에어컨 시스템 전반의 구성도이다.

② 구성도를 통해 에어컨 시스템과 연관된 신호의 흐름과 통신방법을 파악할 수 있다.

③ DATC 메인유닛이 각종 센서와 타 제어기로부터 공조 관련 정보를 수집하고 판단하여 압축기, 블로워, 액추에이터 등을 구동하여 운전자가 요구하는 냉방 성능을 만족시킨다.

## [5] HVAC의 주요기능

### 1) 선루프 열림(OPEN) 시 외기전환으로 공기순환 유도

이 기능은 주행 중 선루프가 열리게 되면 실내는 부압이 형성되어 외부의 배기가스가 실내로 유입될 가능성이 많기 때문에 실내로 외부의 오염된 공기가 유입되지 않게 하기 위해 적용이 되었다.

| 내기 | 외기 |
|---|---|
| 100% 외기가 아닌 경우에 선루프 Open 시 실내압 하강으로 배기가스 유입가능 | 선루프 Open 신호에 따라 100% 외기로 전환 제어 |

#### (1) 진입조건

① 선루프 열림신호 CAN 수신

② 100% 외기조건 아닌 경우

③ 선루프 열림 신호 & 수동 내기로 3분 경과시

#### (2) 해제조건

① 선루프 닫힘 신호 수신시

② 로직진입 중 수동 내기 선택 시(3분 경과 후 재진입)

### (3) 작동사양

① 진입시

100% 외기로 작용(시스템 ON/OFF에 무관 내외기 작동상태 연동)

② 해제시

- 선루프 닫힘으로 해제시 로직 진입 전 상태 복귀(수동이면 수동, AUTO 면 AUTO 로 복귀)
- 수동 내기 선택으로 해제시 수동 내기 유지

## 2) 결로 방지기능

이 기능은 겨울철에 장시간 내기 모드로 운행 시 성애발생 빈도가 높기 때문에 자동으로 외기모드로 전환시켜 주어 안전운전에 도움을 주기 위해 적용이 되었다.

### (1) 진입조건

① IGN ON 조건(DATC ON, OFF 관계없음)

② 내기모드일 때(4.3V 이상)

③ 외기온도 -5℃ 이하 조건일 때 DATC 로직에 따라 제어된다.

④ 상기 ①, ②, ③ 모두 만족하여 30분 이상 유지 시 수동외기로 전환된다.

### (2) 온도조건

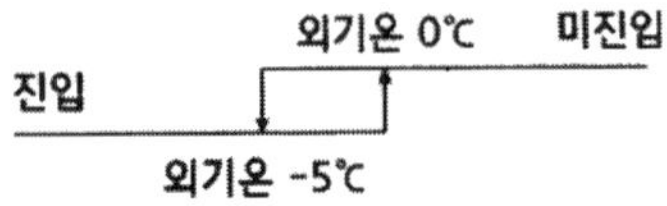


### (3) 해제 복귀 로직

① VENT 모드 선택 후, 외기 버튼을 3초간 누름

② 해제 시 REC, INDI가 0.5초 간격으로 3회 점등, 소등

③ 복귀 시 REC, INDI가 0.25초 간격으로 6회 점등, 소등

### 3) 기타 제어기능

#### (1) 디프로스터(DEF) 제어

앞 유리의 제습을 위한 기능으로 앞 유리(DEF) 모드로 전환 및 외기 유입(내·외기 액추에이터 작동) 후 컴프레서 동작 및 블로워 모터를 3단 수준(6.5V)까지 상승시킨다.

#### (2) 난방 기동 제어기능

겨울철 초기 난방 시 외부에서 유입되는 차가운 공기의 발쪽(Floor) 토출을 방지한다.

① 작동조건

- 외기온도 15℃ 냉각수 온도 68℃ 이하일 때
- 설정모드가 발쪽(Floor)일 경우
- 블로워 모터 속도를 1단 수준(3.8V)으로 유지할 때.

② 해제조건

IGN On 후 10분 또는 냉각수 온도상승 시 기능을 해제한다.

#### (3) 냉방 기동 제어기능

여름철 컴프레서 구동 직전의 열풍 토출로 인한 불쾌감 방지를 위해 작동한다.

① 작동조건

- Auto Mode로 동작
- 핀 서모센서가 내부 온도 30℃ 이상 감지할 때
- 컴프레서를 구동한다.
- 블로워 모터 속도를 1단 수준(3.8V)으로 유지 및 플로워(발쪽) 모드로 유지한다.

② 해제조건

제어진입 12초 후 또는 블로워 모터 수동조작 시 기능이 해제된다.

#### (4) 입력센서 데이터 특성

① 오토 디포그센서 : 상대습도, 주변 온도, 유리온도 측정

② 상대습도, 주변 온도 : I2C 통신으로 DATA 송신(전용장비 외 측정 불가)

③ 유리온도 : H/W 방식으로 DATA 송신(측정가능)

**표 1-3**

**핀 서모센서**

| 온도(℃) | 전압(v) | 온도(℃) | 전압(v) |
|---|---|---|---|
| 40 | 0.73 | 0.5 | 2.21 |
| 30 | 1.02 | 0 | 2.52 |
| 20 | 1.41 | -5 | 2.83 |
| 10 | 1.92 | -10 | 3.17 |

**외기온도센서**

| 온도(℃) | 전압(v) | 온도(℃) | 전압(v) |
|---|---|---|---|
| 40 | 1.73 | 0.5 | 3.80 |
| 30 | 2.23 | 0 | 3.82 |
| 20 | 2.77 | -5 | 4.04 |
| 10 | 3.32 | -10 | 4.23 |

**오토 디포깅센서**

| 유리온도 | 전압(v) | 유리온도 | 전압(v) |
|---|---|---|---|
| 40 | 1.83 | 10 | 3.22 |
| 30 | 2.27 | 0 | 3.68 |
| 25 | 2.5 | -10 | 4.06 |
| 20 | 2.74 | -20 | 4.38 |

**APT 센서**

| 정상범위전압(v) | 0.75~4.5 |
|---|---|
| 이상고압(v) | 4.5 이상 |
| 이상저압(v) | 0.75 이하 |

### (5) 액추에이터 출력특성

토출온도 및 풍향을 조절하는 액추에이터 내부에는 전압 형태로 위치를 판단하는 위치 센서가 내장되어 있어 정밀한 제어가 가능하게 한다.

① **템프 액추에이터**

운전석, 동승석 독립온도제어 및 토출되는 온도 조절

- Hot(32℃) : 4.5V
- 온도 조절시 : 0.4~4.5V
- Cool(17℃) : 0.4V

② **모드 액추에이터**

토출되는 바람의 방향조절

- VENT : 0.45V(정면 방향)
- BI-LEVEL : 2.2V(정면, 발 방향)
- FLOOR : 3.3V(발 방향)
- MIX : 3.7V(앞 유리, 발 방향)
- DEF : 4.55V(앞 유리 방향)

③ 디포깅 액추에이터

오토 디포깅센서가 전면 유리의 습기를 감지하면 토출 모드를 전면 유리로 변경 및 토출 모드에 따라 전면 유리로 토출되는 바람의 양을 조절한다.

- Close : 0.45V
- Open(DEF) : 3.35V

④ 내·외기 액추에이터

내기 및 외기 조절

- 내기 : 4.6V
- 외기 : 0.4V

⑤ 블로워 FET TR 및 핀 서모센서

FET TR을 제어하여 블로어 모터의 속도를 조절한다.

- 1단 : 3.8V
- 속도 조절 중일 때 : 3.8~B+ 전압까지 변동
- 8단 : B+ 전압

블로워 모터는 수동 4단 오토 8단으로 제어되며, 설정 단수에 따른 FET 구동 전압은 아래 표와 같다.

표 1-4

<table>
<tr><th>모터구동단수</th><th>구동 전압</th><th>핀 서모센서 동작온도(컴프레서 On/Off 작동 온도)</th></tr>
<tr><td>1단</td><td>3.8V</td><td rowspan="4">Off(1.5℃) ↓ ↑ On(3.0℃)</td></tr>
<tr><td>2단</td><td>5V</td></tr>
<tr><td>3단</td><td>6.1V</td></tr>
<tr><td>4단</td><td>7.3V</td></tr>
<tr><td>5단</td><td>8.5V</td><td rowspan="2">Off(1.0℃) ↓ ↑ On(2.5℃)</td></tr>
<tr><td>6단</td><td>9.7V</td></tr>
<tr><td>7단</td><td>11.9V</td><td rowspan="2">Off(0.6℃) ↓ ↑ On(2.1℃)</td></tr>
<tr><td>8단</td><td>B+V</td></tr>
</table>

## 02 와이퍼장치 제어

### (1) 레인센서

BCM은 레인센서가 감지한 빗물의 양에 따라 와이퍼 구동신호를 LIN 통신으로 받아 Low/High 릴레이를 제어한다. 와이퍼 파킹동작(앞 유리 하단복귀)용 파킹 전원에 의해 기계식으로 동작되며, 레인센서 구동 특징은 다음과 같다.

#### 1) 개선 전 로직

① IGN on 후 Auto On 시

- 빗물 감지 시(미 감지 5분까지) : Auto off ↔ on시 매회 와이핑
- 빗물 미 감지 : 최초 1회만 구동

② Auto on 후 IGN on 시 와이퍼 1회 구동

③ 빗물 감지(미 감지 5분까지) 볼륨스위치 조작 시(Slow → Fast) 단계별 1회 와이퍼 구동

#### 2) 개선 후 로직

① IGN on 후 Auto on시 최초 1회만 와이퍼 구동 이후 와이핑 없음

② Auto on 후 IGN on 시 와이핑 없음

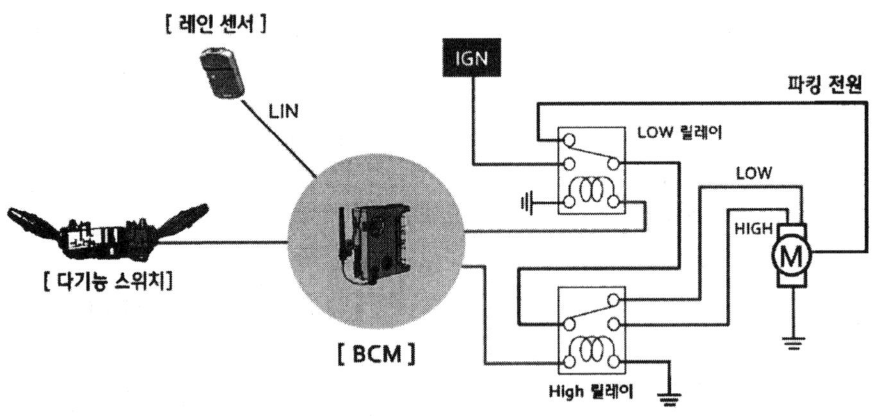


그림 1-5

③ IGN on 상태에서 와이퍼 on ↔ off 시 와이핑 없음

④ 볼륨 스위치 조작 시(slow → fast) 와이핑 없음

⑤ 원격 시동(블루링크)에 의한 전원입력 시 와이퍼 구동은 하지 않는다.

## (2) 와이퍼 시스템

와이퍼 시스템은 기존과 유사한 제어로 구동되지만 파워 릴레이를 통해 모터 전원을 공급하는 방식에서는 차이를 보인다.

### 1) 파워 릴레이 적용 목적

① 와이퍼 구동 중 전원 off 시 파킹 위치로 복귀

② 복귀 후 즉시 모터 전원을 차단하여 와이퍼 떨림현상 억제.

③ 블레이드 교환을 위한 서비스 포지션 이동(IGN off 후 mist 스위치 3초 이상 동작 시 이동)

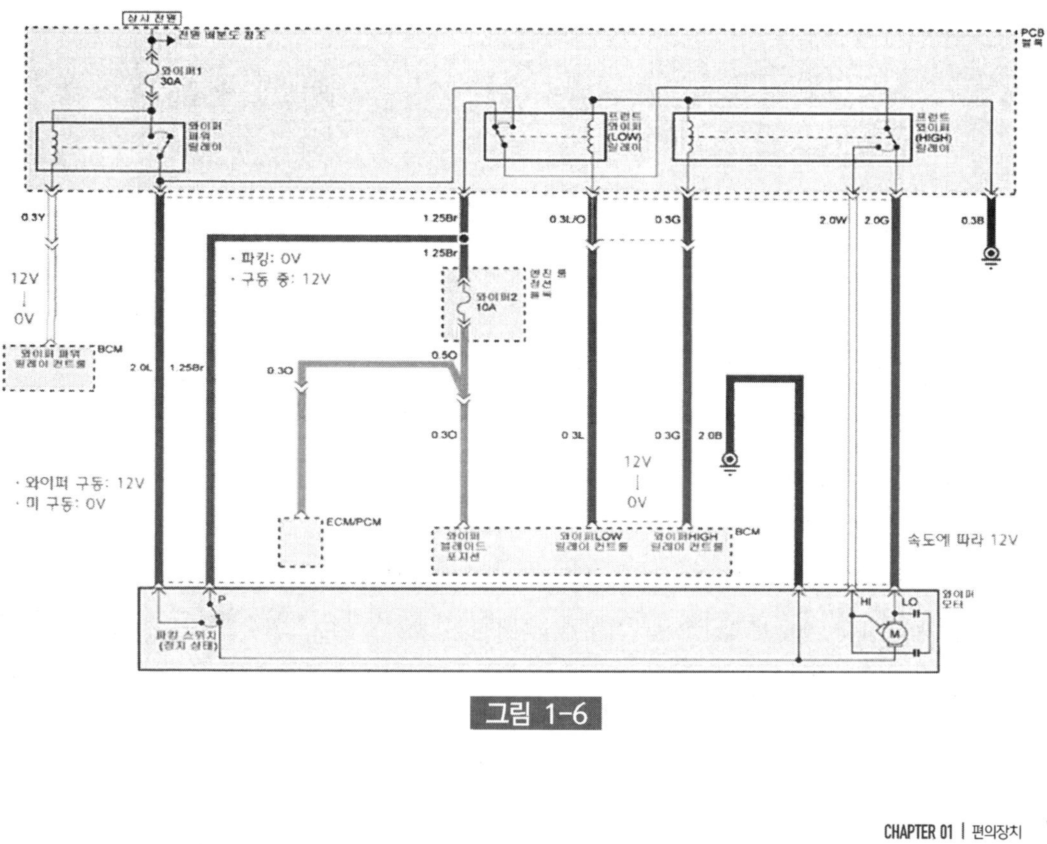


그림 1-6

### (3) 와이퍼의 동작순서

#### 1) 와이퍼 스위치 on(low 예)

전압 분배형 다기능 스위치에서 각 모드에 따른 전압 값을 입력한다.

#### 2) 파워 릴레이 구동

BCM이 파워 릴레이를 구동하여 low(high) 릴레이 및 와이퍼 모터 파킹 스위치로 전원을 공급한다.

#### 3) 와이퍼 Low 릴레이 구동

Low(high) 릴레이를 구동하여 모터로 구동전원을 공급한다(High 속도로 구동 시 low, high 릴레이 동시 제어).

#### 4) 와이퍼 스위치 off

모터 구동 중 스위치 또는 IGN off시 파킹위치로 복귀할 때까지 파워 릴레이로 구동한다. 복귀 시 모터 내부 파킹 스위치 위치에 따라(구동 중 전원으로 연결, 파킹 시 접지) low 릴레이로 전원이 공급한다.

## 03 외장램프 제어

### (1) 외장램프의 제어기능

① 다기능 스위치는 전압분배 타입이며 BCM으로 입력된다.

② 운전자에 의해 외장램프 신호(다기능 스위치)가 입력되면, BCM은 로직 판단 후 SJB로 동작신호를 전송한다.

③ SMK 신호에 따라 BCM은 포켓 램프, SJB는 아웃사이드 미러 폴딩, 언 폴딩을 제어한다.

④ 다기능 스위치 내부저항 및 감지 전압은 다음 표를 참고한다(스위치 입력 전압 허용 오차는 ±0.22V이다).

**표 1-5**

<table>
<tr><th>단자명</th><th colspan="2">스위치명</th><th>스위치 전체 저항</th><th>동작 시 단자 전압</th></tr>
<tr><td rowspan="3">라이팅 스위치</td><td colspan="2">Auto</td><td>680Ω</td><td>2.02v</td></tr>
<tr><td colspan="2">미등</td><td>1680Ω</td><td>3.03v</td></tr>
<tr><td colspan="2">전조등 Low</td><td>5580Ω</td><td>4.24v</td></tr>
<tr><td rowspan="2">전조등 High, 패싱</td><td colspan="2">Passing</td><td>910Ω</td><td>2.38v</td></tr>
<tr><td colspan="2">전조등 High</td><td>2910Ω</td><td>3.72v</td></tr>
<tr><td>전방 안개등</td><td colspan="2">안개등</td><td>910Ω</td><td>2.38v</td></tr>
<tr><td>전조등 Low</td><td colspan="2">전조등 Low</td><td>0Ω</td><td>0v</td></tr>
<tr><td rowspan="2">방향지시등</td><td colspan="2">좌측</td><td>910Ω</td><td>2.38v</td></tr>
<tr><td colspan="2">우측</td><td>2910Ω</td><td>3.72v</td></tr>
<tr><td rowspan="5">와이퍼 스위치</td><td colspan="2">MIST</td><td>330Ω</td><td>1.24v</td></tr>
<tr><td colspan="2">Off</td><td>∞Ω</td><td>5.0v</td></tr>
<tr><td colspan="2">INT / AUTO</td><td>800Ω</td><td>2.22v</td></tr>
<tr><td colspan="2">LO</td><td>1800Ω</td><td>3.21v</td></tr>
<tr><td colspan="2">HI</td><td>5700Ω</td><td>4.25v</td></tr>
<tr><td rowspan="5">INT 볼륨</td><td rowspan="5">INT 볼륨</td><td>Vol-1(Fast)</td><td>330Ω</td><td>1.24v</td></tr>
<tr><td>Vol-2</td><td>690Ω</td><td>2.04v</td></tr>
<tr><td>Vol-3</td><td>1310Ω</td><td>2.84v</td></tr>
<tr><td>Vol-4</td><td>2610Ω</td><td>3.61v</td></tr>
<tr><td>Vol-5(Solw)</td><td>7310Ω</td><td>4.4v</td></tr>
<tr><td>백업단자</td><td colspan="2">와이퍼 백업</td><td>0Ω</td><td>12v</td></tr>
<tr><td>와셔(프런트&리어)</td><td colspan="2">와셔 스위치</td><td>0Ω</td><td>12v</td></tr>
</table>

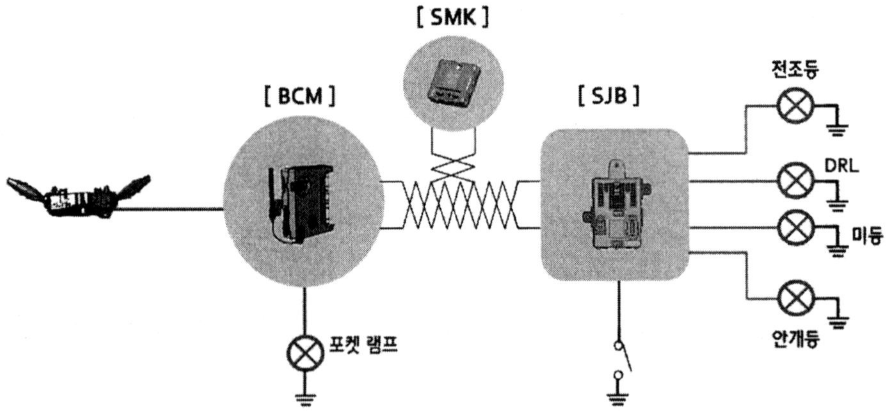


그림 1-7

## (2) 외장램프 경고

SJB는 외장램프의 상태를 실시간으로 감지하여 BCM으로 전송한다. 만일 램프의 고장이 발생하면 BCM이 이를 감지하여 운전자가 쉽게 인식할 수 있도록 클러스터를 통해 경고를 수행한다.

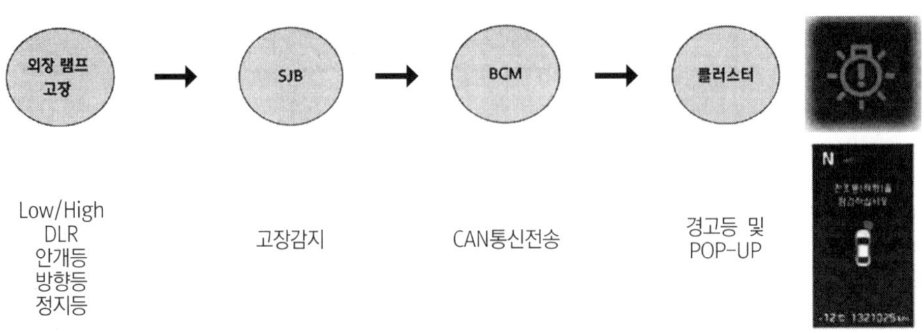


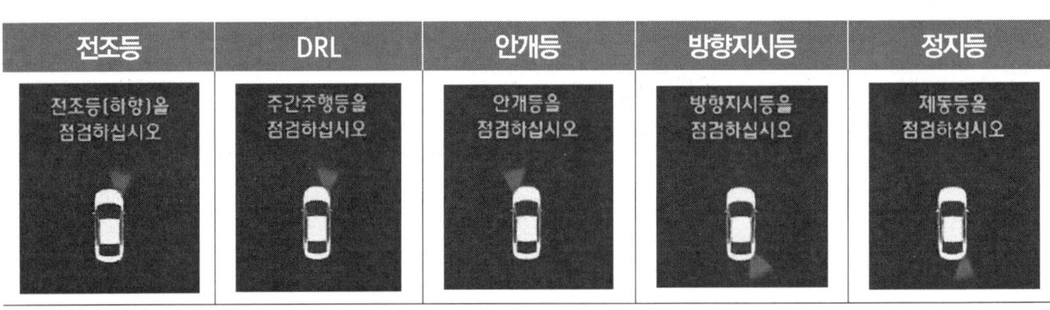


- 램프 고장 즉시 좌 · 우를 구분하여 신호전송 및 클러스터에 표시한다.
- 마스터 워닝 경고와 연동

## 04 PAS(Parking Assist System)의 제어기능

### (1) 외장램프의 제어기능

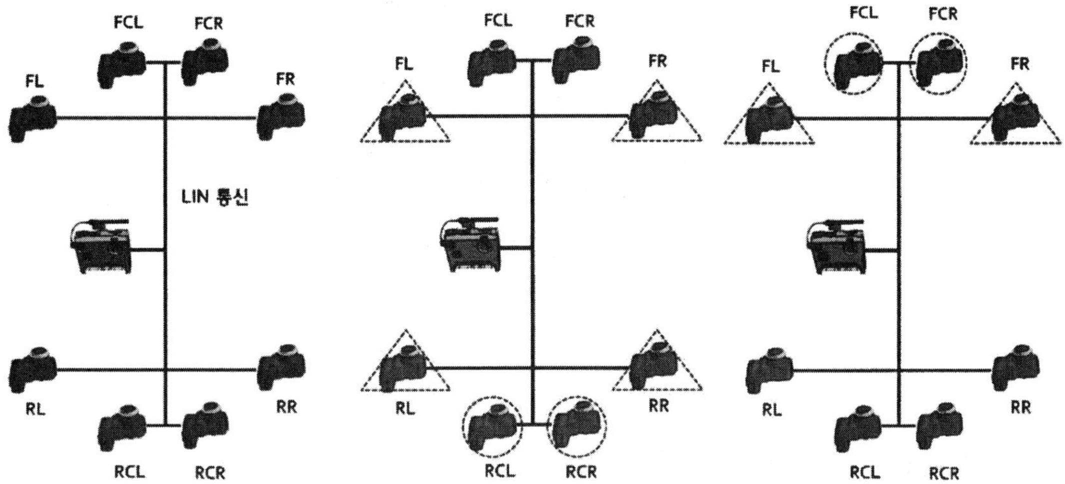


(a) P레인지 (b) R레인지 (c) D레인지

그림 1-8

| 변속레버 위치 | 경보 단계 | 동작되는 센서 |
|---|---|---|
| R레인지 | 1~3차 경보(0~100cm) | RCL, RCR |
| | 2~3차 경보(0~60cm) | FL, FR, RL, RR |
| D레인지 | 1~3차 경보(0~100cm) | FCL, RCL |
| | 2~3차 경보(0~60cm) | FL, FR |

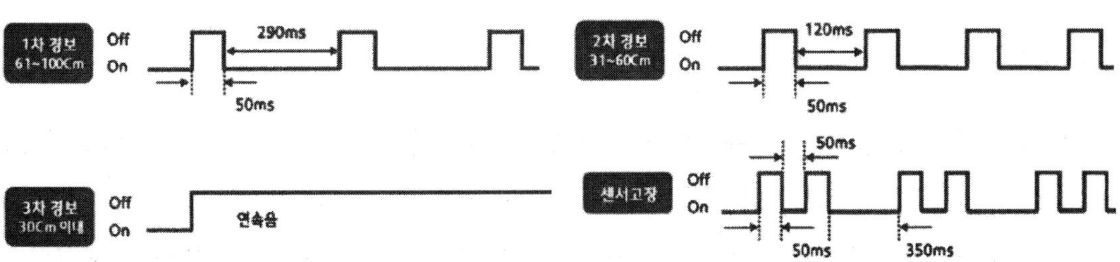

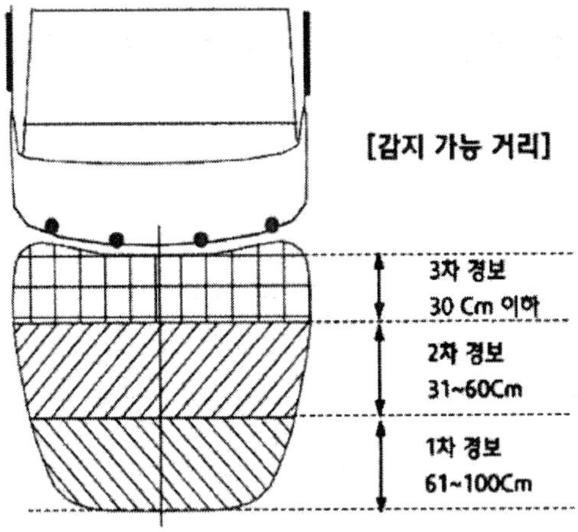

그림 1-9

## 05 핸들 열선제어

### (1) 핸들 열선 On/Off 제어

① IGN On 전원 이상(스위치 On)

② 열선 동작온도 NTC 전압 2.18V 이하(40℃ 이하)일 때

③ 열선 차단온도 NTC 전압 2.17V 이상(41℃ 이상)일 때

④ 동작시간은 열선 스위치 on 작동 후 30분이 경과되면 자동으로 off된다.

### (2) 핸들 열선 전원 제어

12.4A 이상의 과전류가 흐를 경우와 2.5A 이하로 저전류가 흐를 경우 스위치 내부의 표시등이 점멸한다. 뒷유리 열선의 경우 시동 on 후(발전기 신호) 뒷유리 열선 스위치를 누를 때 동작하며, 앞 유리 성애 제거용 열선의 경우 뒷유리 열선과 함께 구동된다.

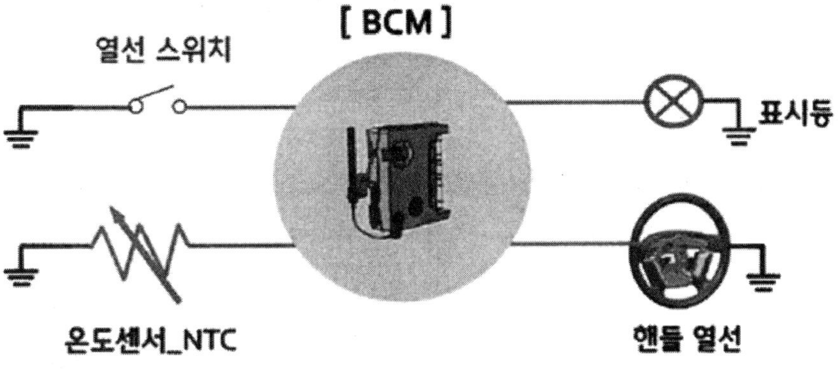


그림 1-10

## 06 스마트 트렁크 및 웰컴 라이트제어

### (1) 동작

스마트 트렁크와 웰컴기능의 동작순서는 동일하며 다음과 같다.

① 리모컨 록 신호입력 시

- 경계 진입조건 만족.
- ARM wait 진입 및 진입신호 전송(CAN 통신).

② CAN 통신 신호(ARM Wait 진입) 수신 후 기능 동작을 위한 안테나 구동(타이머 시작)

③ 실내 안테나 구동(2초에 3회 구동)

- 실내 스마트키 미 감지 시 기능 동작됨.
- 감지 시 : 무력화 기능수행 → 기능 진입불가 → 경계진입은 가능

④ 외부 안테나 구동(3초에 한 번씩 3회 구동 총 9초 필요) : 운전석, 동승석 아웃사이드 핸들 안테나 및 범퍼 안테나 구동

⑤ 약 11초 동안 실내 및 외부 안테나 구동 후 스마트키가 감지되지 않을 경우 기능 진입

⑥ 웰컴기능 : 운전석, 동승석 아웃사이드 핸들 안테나에 스마트키 감지 시 동작

⑦ 스마트 트렁크 : 범퍼 안테나에 스마트키가 3초 이상 감지 시 인증 후 트렁크 열림 신호 전(CAN 통신).

⑧ 두 기능을 모두 사용할 경우 아웃사이드 핸들과 범퍼 안테나는 240ms 주기로 번갈아 구동하며, 최장 7일까지 기능을 사용할 수 있다(배터리 방전 예방).

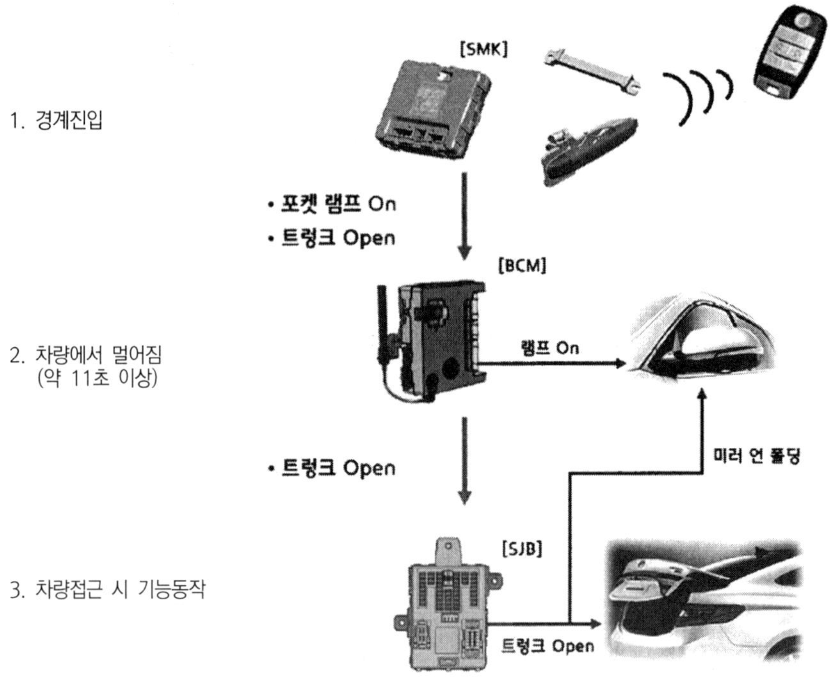


그림 1-11

## 07 송풍시트 제어

### (1) 송풍시트 제어의 개요

운전자의 체온이 전달되는 시트 면을 쾌적하게 유지하기 위해 난방과 송풍을 위해 열선 및 송풍을 3단 제어한다.

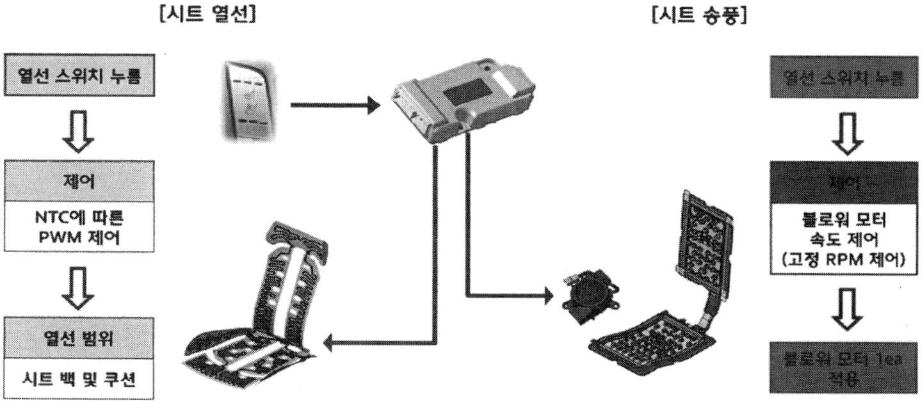


그림 1-12

## (2) 시트 열선제어의 기능

시트 열선스위치 신호가 입력되면 온도센서(NTC)의 입력에 따라 목표 온도까지 듀티 제어를 실행하여 시트의 온도를 제어한다.

표 1-6

| 단 수 | 목표 온도 | NTC 저항 | NTC 전압 | 최대 소비전류 |
|---|---|---|---|---|
| 1단 | 32℃ | 6.44kΩ | 3.08V | 7.94±10% |
| 2단 | 37℃ | 3.92kΩ | 2.56V | |
| 3단 | 42℃ | 2.87kΩ | 2.21V | |

## (3) 시트 송풍제어의 기능

각 단의 블로워 모터 회전수(RPM)는 고정 방식이므로 시트에 가해지는 부하에 따라(앉은 상태) 듀티 제어 값이 다르다. 또한 하나의 모터로 시트 쿠션과 등받이의 송풍을 제어한다.

표 1-7

| 단 수 | 목표 회전수 | 작동 전류 | 모터형식 |
|---|---|---|---|
| 1단 | 2300rpm | 최대 1A | BLDC 타입 |
| 2단 | 2750rpm | | |
| 3단 | 3000rpm | | |

## (4) 자기진단 기능

송풍시트는 진단장비와 통신기능이 없다(자체 진단기능). 진단방법은 다음과 같이 진행한다.

① IGN on

② 열선 스위치를 3초 이상 누른다.

③ 3초 이내 쉬고, 다시 1.5~3초 누른다.

④ 3초 이내 쉬고 다시 3초 이상 누른다.

⑤ 열선 부 3개의 LED가 한 번 점멸 후 진단 시작(고장 발생 시 열선 LED 2회 점멸 패턴으로 표시)

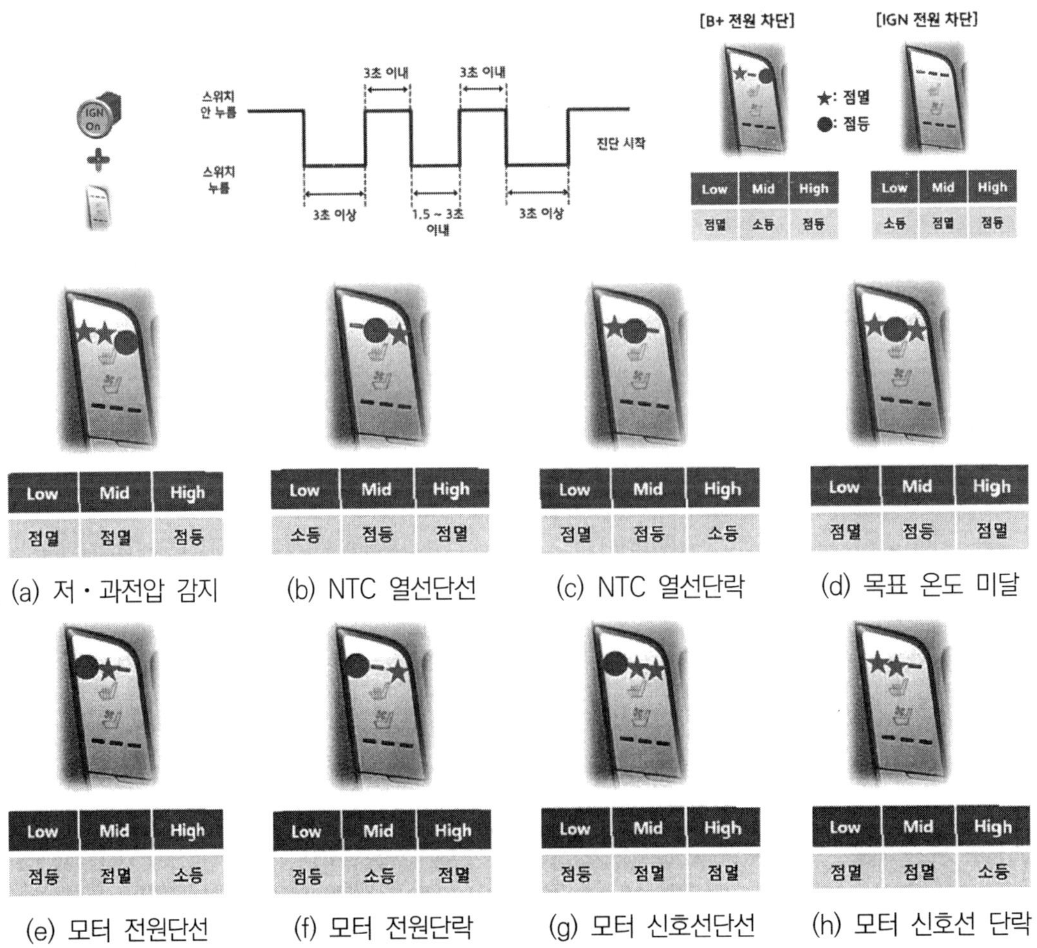


(a) 저·과전압 감지 (b) NTC 열선단선 (c) NTC 열선단락 (d) 목표 온도 미달

(e) 모터 전원단선 (f) 모터 전원단락 (g) 모터 신호선단선 (h) 모터 신호선 단락

그림 1-14

## 08 무선충전(Wireless Power Charger) 시스템

### (1) 무선충전 시스템의 개요

전원공급 전극의 접촉 없이 휴대폰에 자동차의 전력을 전달하여 휴대전화의 배터리를 충전하는 시스템으로, 전원 충전방식이 무선이기 때문에 고객사용의 자유도가 높아 편의성을 증대시키키기 위한 편의장치이다.

표 1-8

| | 유선충전 | 무선충전 |
|---|---|---|
| 기기<br>사용 예 |  |  |
| | 충전기 커넥터 연결 충전 | 커넥터 없이 패드에 올려두면 충전 |
| 장점 | - 저코스트<br>- 전자파 발생 적음<br>- 보편적인 표준화 | - 기기의 방수가능<br>- 내 오염성<br>- 움직임 및 자유도 높음 |
| 단점 | - 커넥터 연결과정 필요<br>- 전원선의 꼬임, 얽힘등이 발생 | - 유선방식 대비 고코스트<br>- 표준화가 안됨(WPC, PMA, A4WP 등) |

### (2) 무선 충전 시스템의 주요 기능

무선충전(Wireless Power Charger) 시스템은 기아자동차 및 현대자동차에 최초로 적용되었으며 자기유도 방식을 이용하여 방전된 스마트폰을 패드 위에 올려놓으면 배터리를 충전시켜 주는 기능을 한다.

그 외 기능으로 핸드폰 방치 알림 및 과열 방지, 이물질 감지, 스마트키 간섭 방지 등의 기능을 작동하여 원활한 충전을 유지하고 타 시스템에 영향을 최소화하기 위한 기능이 적용되었다.

표 1-9

| 주요기능 | 설 명 |
|---|---|
| USM 설정 | USM 항목에서 충전 기능 ON/OFF 선택(기본 설정) |
| 과열 방지 | 과열시 충전 중단 |
| 이물질 감지 | - 동전 등 이물질 감지 시 충전 중단<br>- 송·수신 전력 1.4W 이상 차이 발생 시 이물질이 있다고 감지하고 무선충전 중지 |
| 스마트키 간섭 방지 | SMK가 스마트키를 찾을 때 전파 간섭 방지를 위해 충전 중단 |
| 핸드폰 방치 알림 | ACC off 상태에서 핸드폰 방치 시 경보 문구 출력 |

## (3) 무선충전의 작동원리

전기장을 자기장 유도에 의해서 전력을 전달한다(패러데이 법칙 이용).

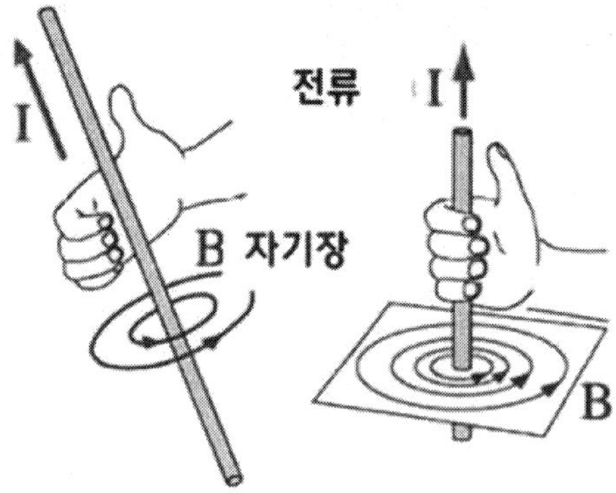


그림 1-15

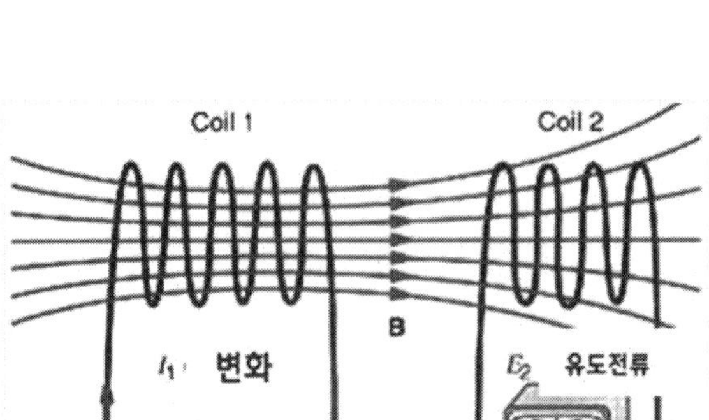


그림 1-16

### 1) 무선 전력 송신원리

① 1차 코일에 전류가 흐르면 자계가 형성된다.

② 2차 코일에도 상호유도작용에 의하여 자계가 형성된다.

③ 상호유도작용에 의한 자계에 의해 유도된 전류가 발생한다.

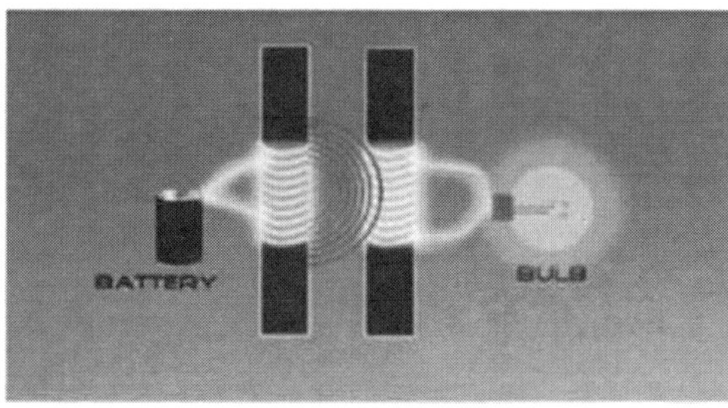


그림 1-17

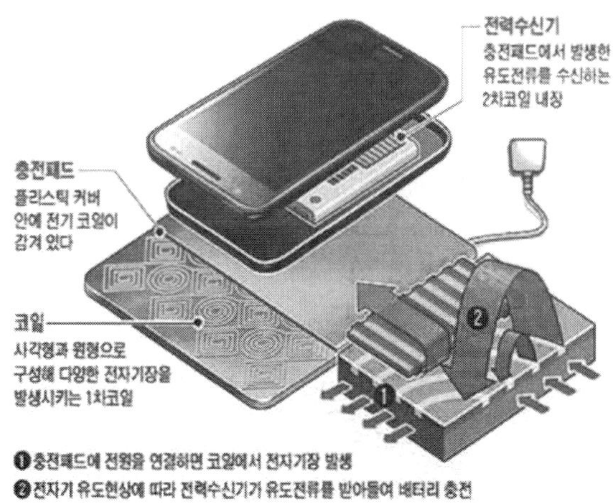


(a) 전자기 유도 방식(짧은 거리 전송)

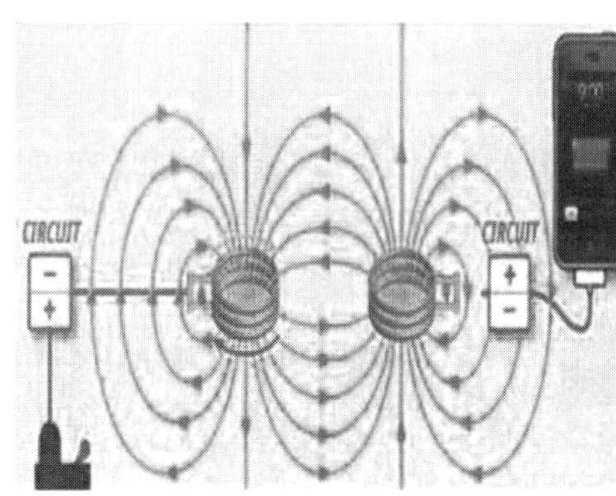


(b) 자기공진 방식(먼 거리 송신)

그림 1-18

## 2) 시스템의 구성도

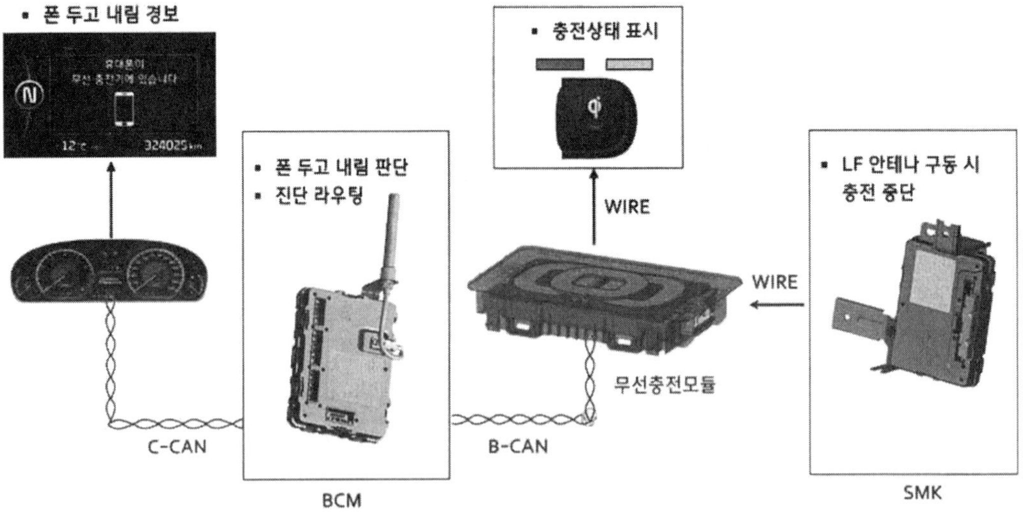


그림 1-19

## 3) WPC의 커넥터 입 · 출력

표 1-10

| 핀 번호 | 핀 명칭 | 입/출력 | 핀 번호 | 핀 명칭 | 입/출력 |
|---|---|---|---|---|---|
| 1 | B+ | 입력 | 7 | - | - |
| 2 | ACC | 입력 | 8 | LED 녹색 | 출력 |
| 3 | - | - | 9 | LED 황색 | 출력 |
| 4 | SMK 충전중단 요청신호 | 입력 | 10 | 경고등 작동 | 출력 |
| 5 | B-CAN_HI | 입·출력 | 11 | - | - |
| 6 | B-CAN_LO | 입·출력 | 12 | GND | 출력 |

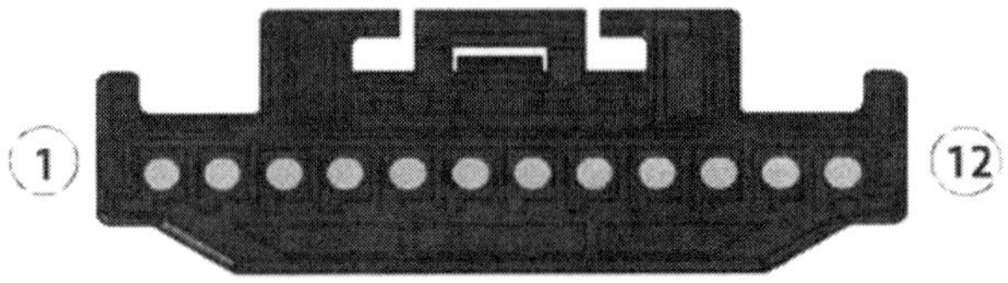

### 4) WPC의 단품구성

무선 충전기와 핸드폰의 충전 가능한 무선충전 PAD 상면에서 핸드폰 수신 코일까지 거리(상하)는 4mm이다.

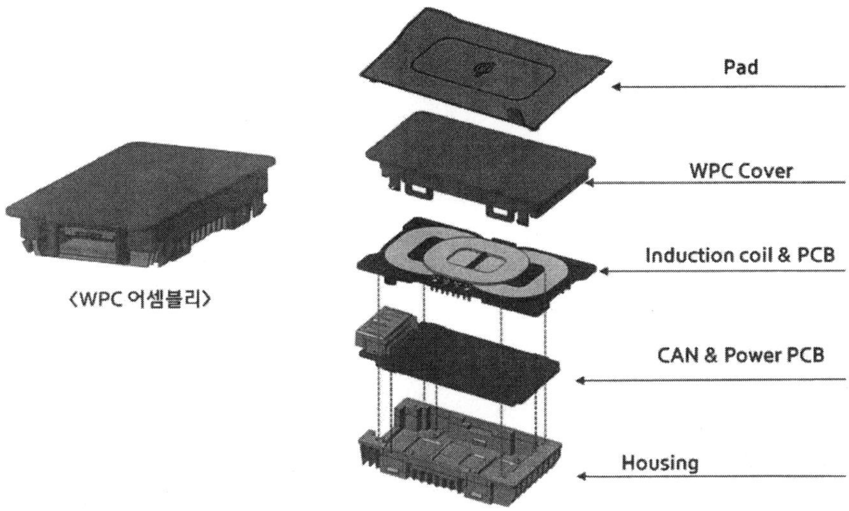


그림 1-20

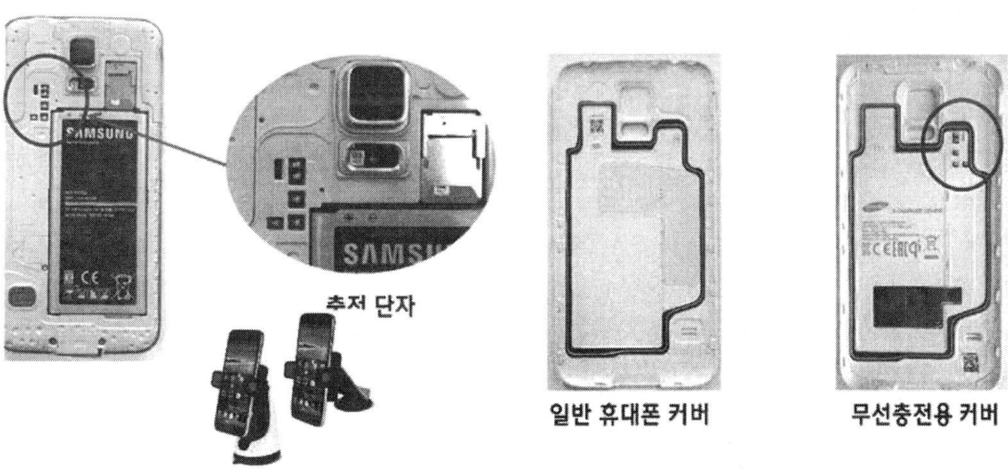


(a) 휴대폰 (b) 휴대폰 커버

그림 1-21

### 5) 무선충전 흐름도

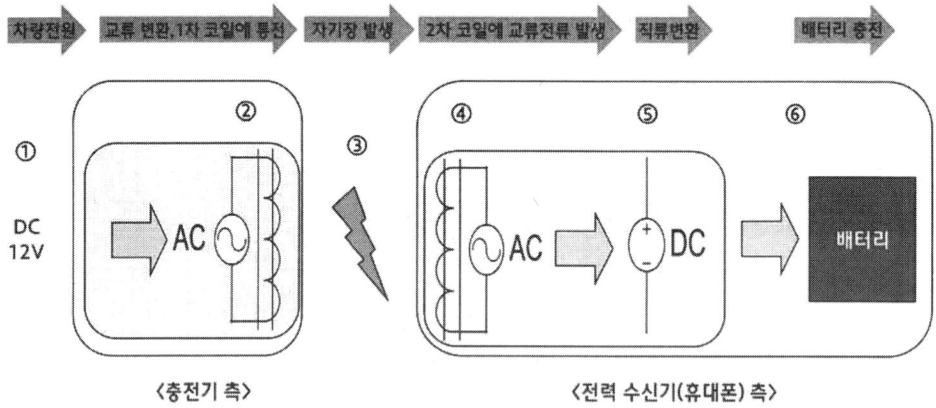


그림 1-22

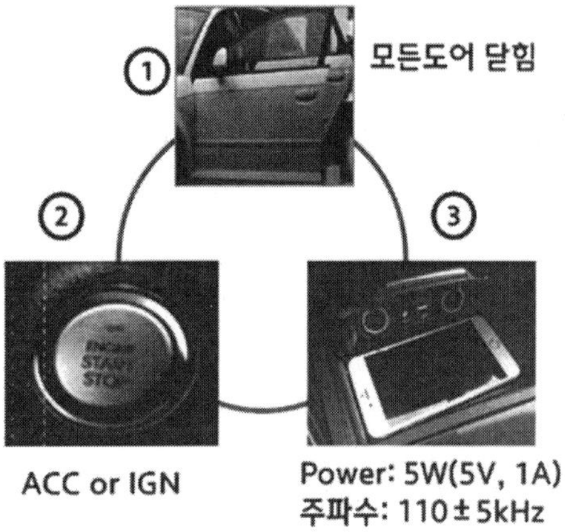


(a) 충전조건

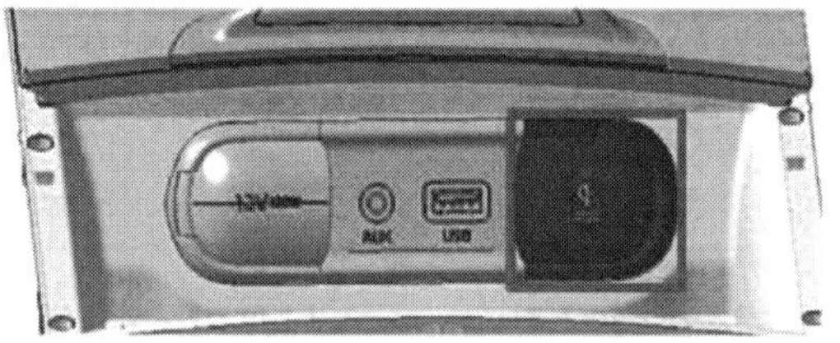

(b) 황색 & 녹색 LED 점등

그림 1-23

### 6) 무선 충전장치의 과열방지 시스템

① 무선 충전 모듈 내부의 센서온도가 70℃ 이상 상승하면 휴대폰 보호를 위해 충전을 중단한다.

② 온도센서 온도가 65℃ 이하로 하강하여 충전기능이 재 작동된다.

③ 충전중인 휴대폰의 온도가 40℃ 이상이면 WPC에 충전중단 요청신호를 보내고 충전을 중지시킨다.

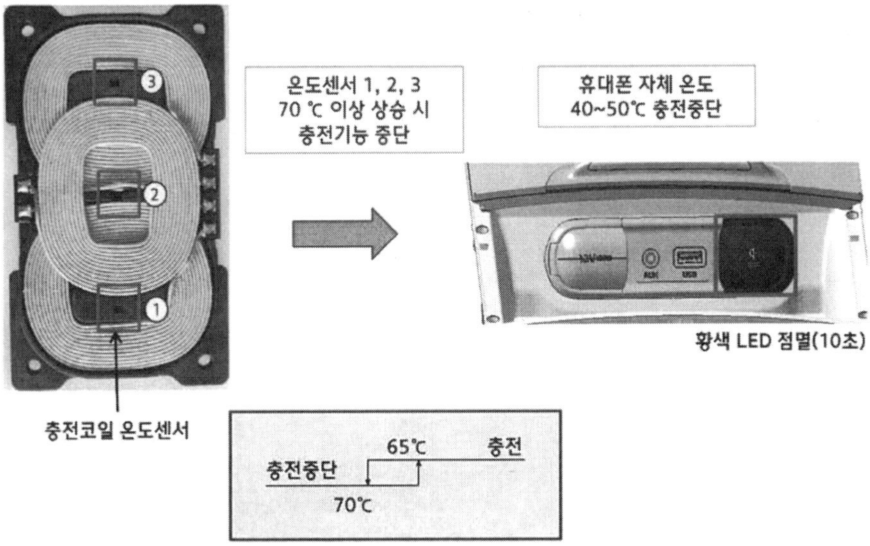


그림 1-23

④ 인디케이터의 황색 LED가 1초 간격으로 10회 점멸(50초 후 재확인)한다.

⑤ 일정 온도 이하에서 충전기능 작동 시 인디케이터는 황색 LED 점등으로 정상 작동된다.

## 7) 무선 충전장치의 이물질 감지 시스템

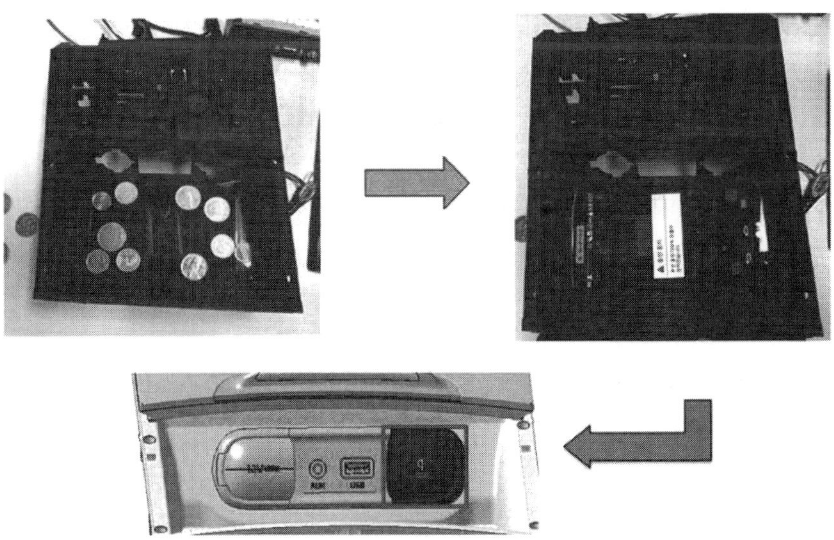

그림 1-25

① 무선 충전 모듈과 휴대폰 사이에 동전 및 기타 금속성 물질이 존재할 경우 충전을 중단한다. 중단 조건은 전력 손실이 1.4W 이상 발생할 경우이다.

② 인디케이터 상의 황색 LED 1초 간격으로 10회 깜빡거린다.

③ 이물질이 감지되고 휴대폰 충전중단이 될 경우에 이물질을 제거 시 충전이 재개된다.

④ 인디케이터는 충전 중을 알리는 황색 LED가 점등된다.

### 8) 무선충전 중단조건

표 1-11

| 충전 중단조건 | 해제 조건 | 인디케이터 점등 상태 |
|---|---|---|
| 전도어 열림시 | 전도어 닫힘시 | LED off |
| 스마트키 외부로 이동시 | 스마트키 내부로 이동시 | LED off |
| 금속 등 이물질 검출시 | 이물질 제거시 | 황색 LED 점멸 10초 |
| 온도센서 70℃ 이상 일시 | 온도센서 65℃ 이하 시 | 황색 LED 점멸 10초 |
| ACC off일 때 | IG on 또는 ACC일 때 | LED off |

### 9) SMK 주파수 간섭방지 시스템

① SMK가 실내 안테나 구동 시 주파수가 125kHz이고 WPC가 충전하기 위해 110kHz를 사용한다.

② 무선 충전 주파수와 SMK 주파수 대역의 간섭을 피하기 위하여 주파수 차이를 둔다.

③ Door가 열린 상태이거나 SMK LF 안테나가 동작상태일 경우 무선 충전을 중단한다.

- 시동을 건 상태에서 스마트키를 가지고 차량 밖으로 나갈 시 무선충전 기능은 중단된다(차속 10kph 이하일 때).

④ 충전 중일 경우 충전이 중단되면서 황색 LED가 off된다.

⑤ SMK LF 안테나가 동작 종료되었을 경우 정상 작동된다.

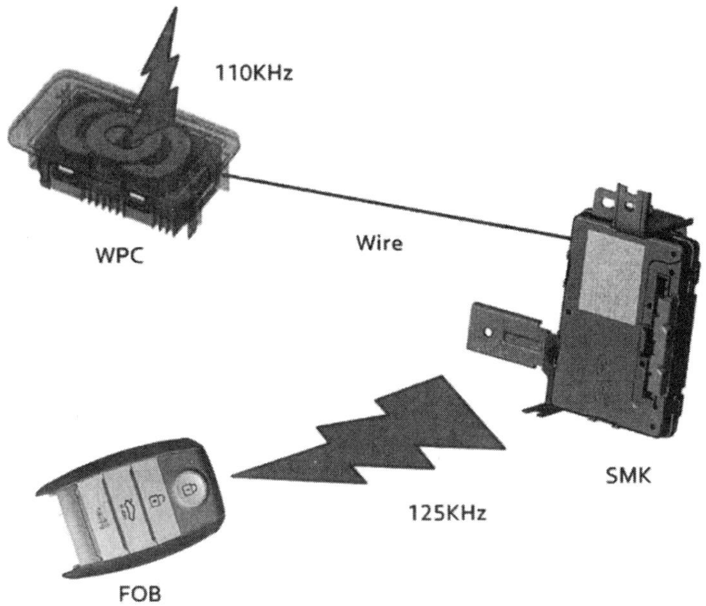


그림 1-16

### 10) 무선 충전방식의 기술비교

표 1-12

| 구 분 | 전자기 유도 방식 | | 자기공진 방식 |
|---|---|---|---|
| 표준현황 | WPC(Wireless Power Consortium) | PMA (Power Matters Alliance) | A4WP (Alliance for Wireless Power) |
| 주파수 | 110~205kHz | 250~350kHz | 6.78MHz |
| 효율 | Max 〉 70% | | Max 〉 40% |
| 장점 | 고효율<br>구현이 쉬움 | 주요 특징은 WPC와 유사<br>A4WP와 표준 통합 | 멀티충전 가능. WPC 대비 넓은 충전범위(50mm 이하) |
| 단점 | 짧은 충전거리(12mm 이하) 주변 금속 배치시 효율 저하 발생 | 짧은 충전거리(3mm 이하) 주변 금속 배치시 효율저하 발생<br>북미시장 위주 | - 저효율(~40%)<br>- 주변 부품간에 간섭 발생<br>- 법규(EMC, Energy save) |
| 표준화 진행현황 | - 5W 표준 제정완료(Qi 표준)<br>- 15년 3/4분기 WPC 2.0 (Medium Power 15W 표준) 개발계획<br>- 추후 WPC 1.2(공진)으로 확대 계획 | - 표준제정 없음. 스펙 업데이트 중<br>- 15년 이후 15W 표준 개발계획<br>- A4WP와 협력하여 공진기술 확대 계획 | - 표준 제정완료(Rezence 표준)<br>- SOW 표준계획 발표<br>- 자기유도방식 PMA와 협력하여 진행계획 |

### 11) 고장진단 코드 및 센서 데이터

| DTC | 코드명 | Set Condition | DTC 기억 |
|---|---|---|---|
| B 160200 | CAN 에러 | CAN 트렌시버 에러 | o |
| B 160300 | CAN Bus off | CAN High/Low short<br>CAN B+/GND short | o |

## 09 클러스터 모듈(Cluster Module)

### (1) 클러스터 모듈의 개요

클러스터는 옵션에 따라 3가지 사양으로 구분된다.

#### (1) TFT 방식

Thin Film Transistor의 약자로 낮은 소비전력에 비해 색의 표현이 우수하며, 고해상도의 얇은 대면적 화면을 구현할 수 있다.

#### (2) Mono TFT

16색으로 LCD를 표현하여 TFT 방식에 비해 색감은 떨어지나 저 비용으로 많은 정보를 표현할 수 있다.

## (2) 주요 기능 및 특징

① 파워트레인 CAN 통신 및 멀티미디어 CAN 통신 중계기 역할을 한다.

② 문자경보 및 디스플레이 제어(PAS 및 동작 상태 표시)

③ 클러스터의 각종 경고등 및 경고음 제어(직접제어 및 CAN 신호입력 제어)

④ 엔진 시동 신호(발전기) 전송(바디 전장에서 사용)

⑤ 차속신호 출력(CAN 통신이 구성되지 않은 모듈로 입력)

⑥ 사용자 설정(USM) 기능

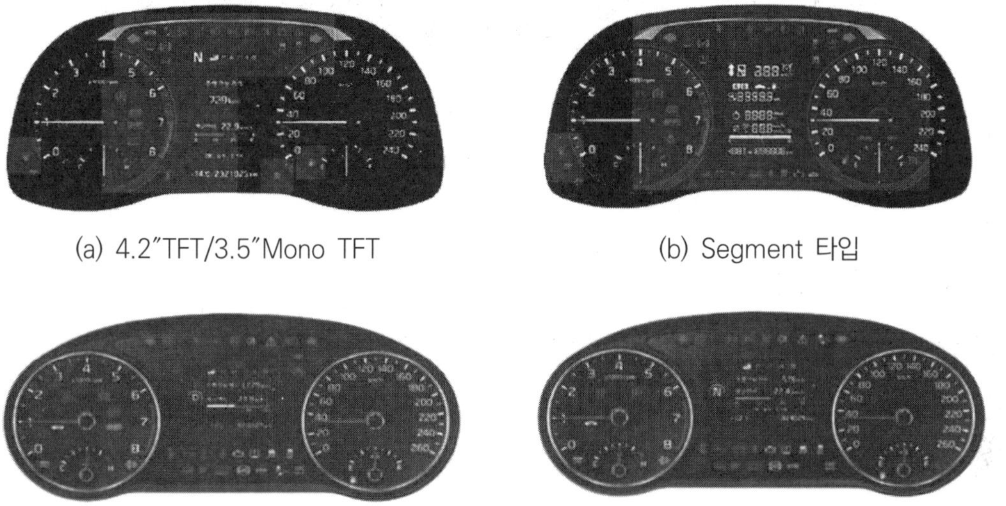

(a) 4.2″TFT/3.5″Mono TFT　(b) Segment 타입

(c) 3.5″Standard　(d) 4.3″Super vision Cluster

그림 1-27

## (3) 경고 및 경고등

클러스터는 오디오 사양에 따라 경고음을 다른 방법으로 출력한다.

### (1) 외장앰프 적용(AVN 사양)

외장앰프를 통한 방향성 경고(입력신호 멀티미디어 CAN 통신으로 전송) PAS, BSD, RCTA, LCA, LOWS

### (2) 내장램프 적용(일반 오디오)

클러스터 자체 스피커 출력 및 BCM 자체 부저로 경고(PAS)

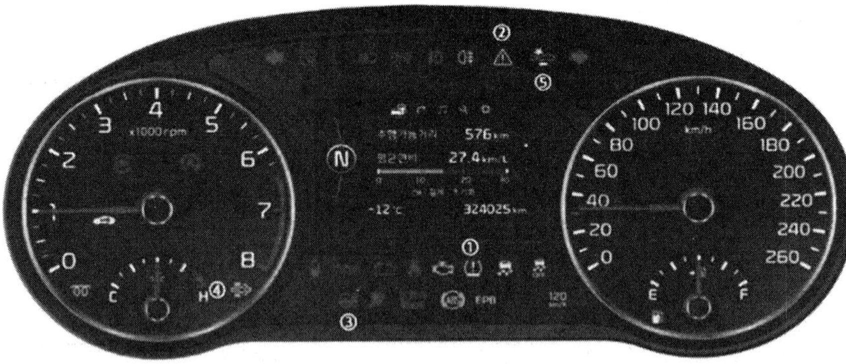

① TPMS 고장경고  ② 마스터 워닝  ③ MDPS 고장표시  ④ DPF 경고  ⑤ AEB 고장 경고

그림 1-25

## 1) 마스터 워닝(통합경보) 시스템

차량에 적용된 통합경보 시스템(마스터 워닝)은 몇 가지 중요한 시스템에서 고장이 발생되었을 때 클러스터를 통해서 경보를 해 주는 기능으로, 운전자가 쉽게 확인할 수 있게 해당 정보를 제공하고 있다.

### (1) 표출경보 항목

BSD, TPMS, ASCC 시스템 이상, ASCC 레이더 이상, AEB, 램프고장, VDC

### (2) 표출방법

마스터 워닝램프 점등 조건이 되었을 때 10초간 해당 시스템의 팝업을 띄우고 팝업이 사라지면 마스터 워닝램프를 그룹 표시 열 서비스 리마인드 위치에 점등시킨다.

### (3) 운전자 확인방법

SWRC(Steering Wheel Remote controlier) 메뉴 버튼을 이용하여 확인이 가능하다.

## (4) 트립 컴퓨터

### 1) 트립 컴퓨터의 개요

일정 시간 동안 소비되는 연료의 평균값을 표시하고 순간연비를 8km/h 이상으로 주행 시 600ms 동안 입력된 연료 및 거리를 기준으로 연산하여 1.5초 주기로 표시하고, 잔존 연료량을 기준으로 과거의 주행패턴(학습연비)으로 주행할 경우 이동할 수 있는 거리를 표시하는 기능이다.

### 2) 평균연비

| Reset조건 USM | 계산방법 |
|---|---|
| 수동 초기화 | 10초 주기로 초기화 |
| 운행할 때마다 초기화 | 초기화 후 300m 주행 이후 표시 |
| IGN Off 4시간 후 자동 초기화 | 평균연비(km/L) = $\frac{\text{누적주행거리}(km)}{\text{누적연료소비량}(L)}$ |
| 주유할 때마다 초기화 | |

### 3) 순간연비

8km/h 이상으로 주행 시 600ms 동안 입력된 연료 및 거리를 기준으로 연산하여 1.5초 주기로 표시한다.

$$\text{순간연비(km/L)} = \frac{600ms\ \text{동안 주행한 거리}(km)}{600ms\ \text{동안 소비된 연료량}(L)}$$

### 4) 주행가능 거리

잔존 연료량을 기준으로 과거의 주행패턴(학습연비)으로 주행할 경우 이동할 수 있는 거리를 표시한다.

주행가능 거리는 1km까지 표시되며 1km 이하시는 [ - - - ]로 표시된다.

표 1-14

| 주행가능 거리계산 | 클러스터 전원차단 시 |
|---|---|
| 1초 주기로 갱신하여 표시 | 초기화 후 계산 : 고정연비 × 연료잔량 |
| 계산방법 | 고정연비 |
| 주행가능 거리= 학습연비×연료잔량 | 가솔린 : 평균 11km |
| 학습연비 = (고정연비×0.5)+(주유와 주유 사이연비×0.5) | 디젤 : 평균 15km |

## 10 HUD(Head Up Display) 시스템

### [1] HUD(Head Up Display) 시스템의 개요

HUD는 주행 중 운전자가 시선 이동을 최소화하여 차량 정보를 확인할 수 있도록 윈드쉴드 글라스 전방에 각종 정보를 디스플레이 함으로써 주행 안전성 및 편의성을 제공하는 시스템이다.

HUD ECU는 HUD 모듈 내부 디스플레이 아래에 일체형으로 조립되어 있다. HUD ECU는 차량 시스템으로부터 수신받은 C CAN(차속, SCC, ECO, 조명) 정보와 B CAN(시트벨트, 하이빔, NAVI 방향지시, 연료경고등, 오토라이트센서) 정보를 운전자가 설정한 조건에 따라 운전자 전면의 윈드쉴드 글라스에 영상으로 표시한다.

그림 1-29 HUD(Head Up Display) 시스템

## (2) HUD(Head Up Display) 시스템의 작동

HUD 시스템은 자동차 시동 후 HUD 시스템 스위치를 on하면 차량에 정보(차속, SCC, 조명 정보는 C. CAN에서. 시트벨트, 상향등, 내비게이션, 오토라이트 정보는 B. CAN에서) 헤드업 디스플레이 모듈이 정보를 받고 HDU 표시등을 ON/OFF하여 앞 윈도우 상에 정보를 표시하게 된다. 이때 HUD 내부에서 각종 정보는 CPU와 EEPROM의 정보를 공유하며 미러제어 LED제어 TFT-LCD 등을 통하여 전면에 투영이 된다.

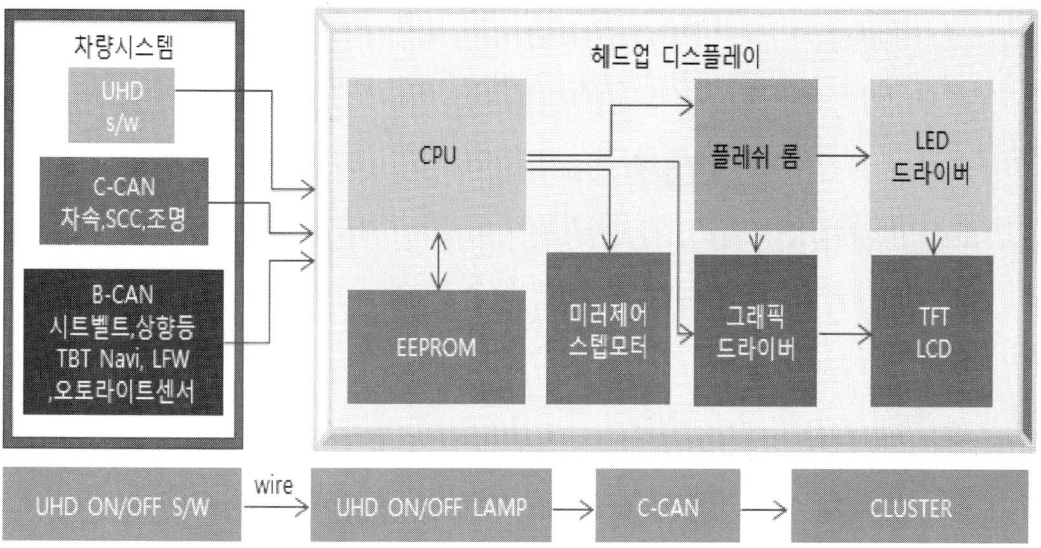


그림 1-30 HUD(Head Up Display) 시스템의 블록도

## (3) HUD(Head Up Display) 시스템의 기능

HUD의 주요 기능은 전면 유리의 주 시야선상에 안전운전에 필요한 LDWS 경고 SCC, 설정속도, 내비게이션, 차속, 도로정보표시, BSD 후측방 경보 등을 나타나게 하여 운전 중에도 전방을 주시하면서 쉽게 주행정보를 파악할 수 있도록 한다.

전면유리에 투영원리는 표시되는 영상을 여러 개의 미러로 반사 윈드쉴드 글라스를 통과하여 차량 전방에 가상 이미지를 표시한다. IG on시 HUD 영상 출력은 스위치 ON, OFF와 무관하며, IG off 이전 상태를 기억하여 실행해 준다.

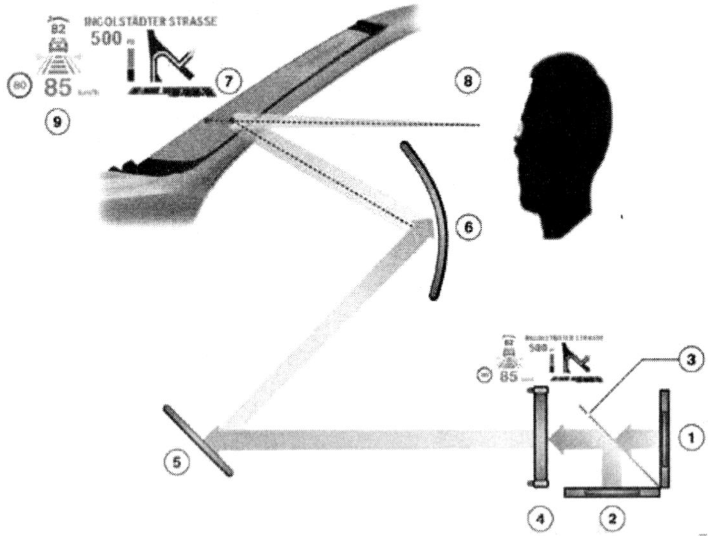


그림 1-31 HUD(Head Up Display) 시스템

HUD 영상은 운전자 측에서만 영상 확인이 가능하며 그 외의 좌석에서는 확인이 불가하다. 아래에는 영상이 전면에 투영되는 원리이다. 표시기의 밝기는 20.000~ 30.000cd를 출력하며 실제 전면 유리에 영상이 표현되는 대는 6.000~7.000cd로 출력 대비 약 20~30% 정도가 표출된다.

표 1-15 HUD(Head Up Display) 시스템의 구성

| UHD Display | | | | | |
|---|---|---|---|---|---|
| 1 | LED Green | 2 | LED Red | 3 | 투명 유리 |
| 4 | TFT 투영 디스플레이 | 5 | 평면 유리 | 7 | 곡면 유리 |
| 7 | 윈도우 스크린 | 8 | 관측 포인터 | 9 | 투영 이미지 |

### (4) HUD(Head Up Display) 시스템의 구성

HUD 구성으로는 헤드업 디스플레이 모듈, 윈드쉴드 글라스, 클러스터, 메뉴 스위치, HUD 작동스위치, 등으로 구성되어 있다.

### 1) 헤드업 디스플레이

헤드업 디스플레이는 HUD의 컴퓨터 모듈로서 각각의 정보를 각종 통신을 이용하여 제공받아 영상으로 이미지를 구현하여 전면유리에 영상을 볼 수 있도록 하는 중요한 역할을 한다. 장착위치는 크러쉬 패드 좌측 클러스터 뒤쪽에 장착되어 있다. 차량의 진동과 충격으로부터 HUD를 보호하기 위하여 차체와는 러버를 이용하여 장착 한다.

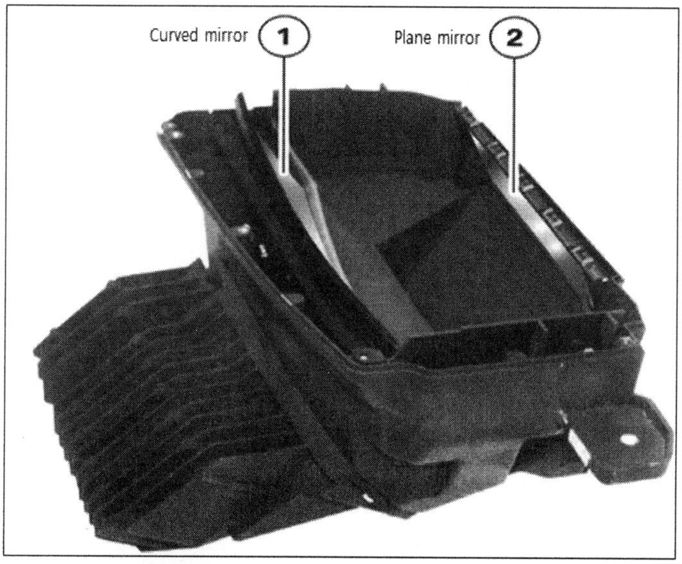


그림 1-32 HUD(Head Up Display) 모듈

### 2) 윈드쉴드 글라스

① 윈드쉴드 글라스는 헤드업 디스플레이 전용 윈드쉴드 글라스로 이중상 제거필름이 적용되어 있다.

② 윈드쉴드 글라스에 썬팅 필름 부착시 영상 품질이 저하될 수 있다.

③ 운전자가 편광 선글라스 착용시 영상이 왜곡되거나 어둡게 보일 수도 있다.

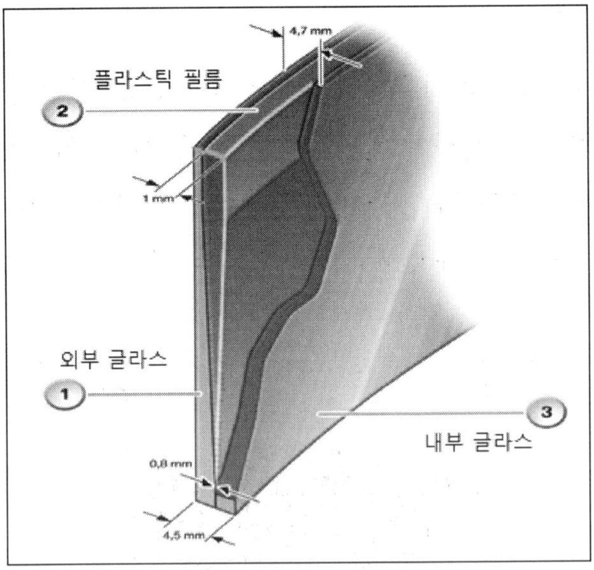


그림 1-33 HUD(Head Up Display) Windscreen 윈드쉴드 글라스

### 3) 클러스터(Cluster Module)

차량 계기 및 정보 표시장치로서 C-CAN과 MM-CAN 통신이 적용되었으며, 각종 정보를 다이렉트 및 CAN 신호로 입력받아 TFT LCD 화면 및 문자판에 차량정보를 알기 쉽게 표시하였다.

① 사용자설정 : HUD 설정 등을 정보 표시창에 표현해 준다.

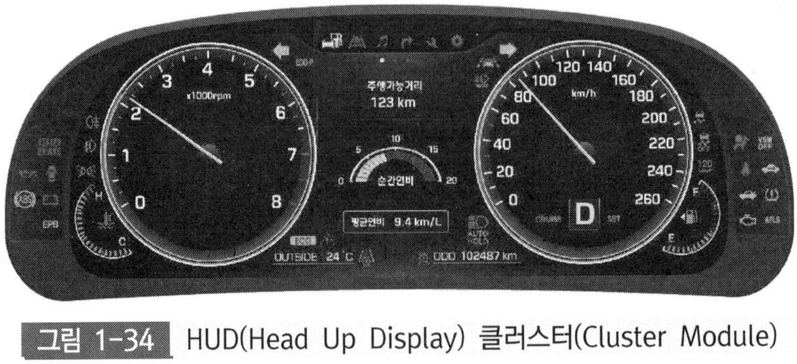


그림 1-34 HUD(Head Up Display) 클러스터(Cluster Module)

#### 4) 메뉴 스위치, HUD 작동 스위치

HUD 작동 스위치는 HUD를 on, off용으로 쓰이며 운행자의 의지에 따라 작동과 비작동을 결정한다. 또한 메뉴 스위치는 화면의 밝기 조절과 영상의 높낮이 등을 조절할 수 있다.

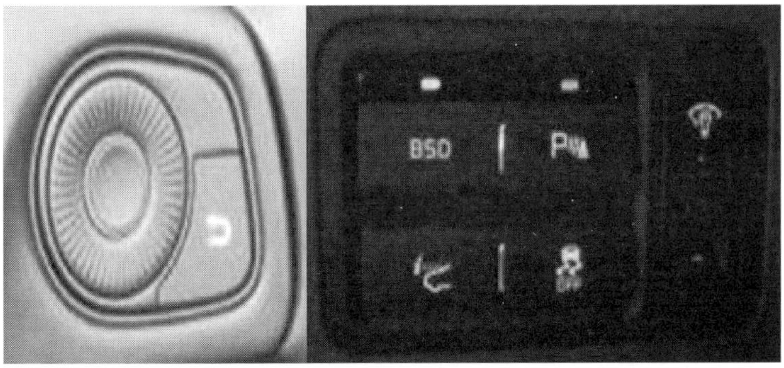


그림 1-35 HUD(Head Up Display) 메뉴 스위치 HUD 작동 스위치

### (5) HUD(Head Up Display) 시스템의 점검

HUD(Head Up Display) 시스템은 진단기기의 자기진단 기능(고장코드, 센서 입· 출력값, 액추에이터 강제구동 등)을 통해 고장부위를 좀 더 신속히 파악할 수 있다. 진단기를 이용 차종 및 사양을 선택하고 점검하고자 하는 시스템을 선택한다. 입출력 값에 대한 현재 상태를 한다면 서비스 데이터를 선택한다. 필요시 시뮬레이션 기능을 이용하여 각 단품의 이상 유무를 확인할 수 있다.

# 02

CHAPER

# 바디전장시스템

CHAPTER

# 02 바디전장시스템

## 01 바디전장

### (1) 바디전장의 주요기능

운전자 또는 승객이 조작하는 도어 록, 라이트제어 등의 기능은 BCM이 총괄제어하며, SJB 및 SMK는 각종 스위치 감지 및 출력 그리고 승객 인증을 감지하여 바디 CAN 통신을 통해 기능이 제어된다.

| SJB | BCM | SMK |
|---|---|---|
| 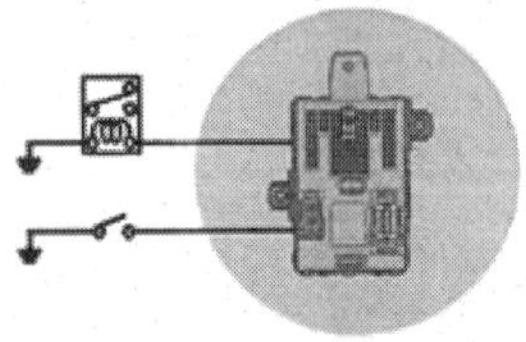 | 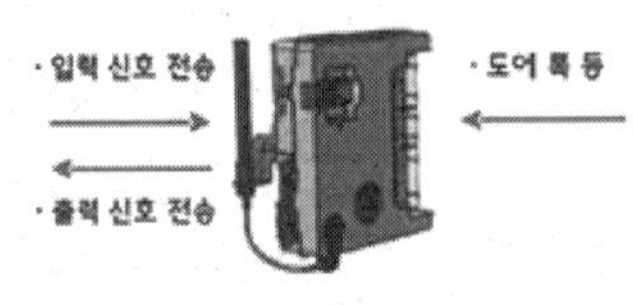 | 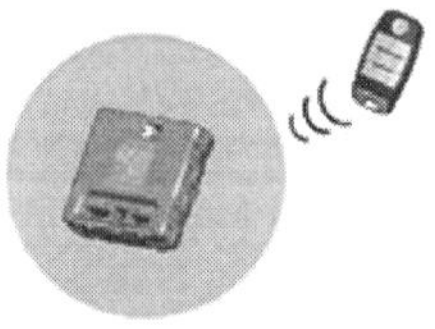 |
| - 스위치 감지 및 BCM에 전송<br>- BCM 신호에 의안 부하 구동 | - 신호조합 및 동작로직 판단<br>- 일부 스위치 및 부하제어 | - 스마트키 인증 후 승하차 제어<br>- 인증 후 전원제어(SMK제어) |

## 02 통합형 게이트웨이 모듈(IGPM : Integrated Gateway Power Control Module)

### (1) 통합형 게이트웨이 모듈의 개요

스마트 정션박스(SJB)와 센트럴 게이트웨이(CGW)를 하나의 모듈로 통합한 실내 정션박스(IGPM)이다. 차량의 전자제어 시스템이 증가됨에 따라 통신성능의 향상 및 효율적인 네트워크 관리의 필요성은 더욱 중요해지고 있다. HI차량의 네트워크 시스템은 총 6개 채널로 구성되어 있으며, 기본적으로는 각 채널별로 독립적인 기능을 수행하도록 되어 있지만, 제어 목적에 따라 다른 네트워크에 연결된 제어기의 정보를 필요로 하는 경우가 많다.

HI 차량에는 중앙 집중형 게이트웨이(CGW : Central Gate Way)를 적용하여 차량통신 네트워크 시스템을 관리하고 있다.

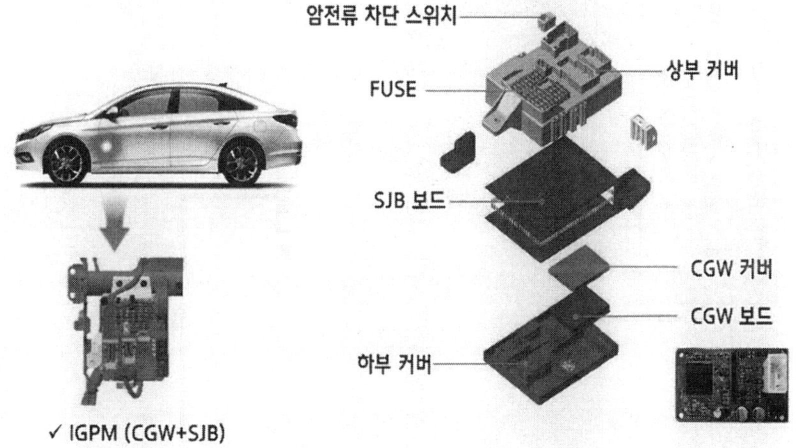


그림 2-1 통합형 게이트웨이 모듈

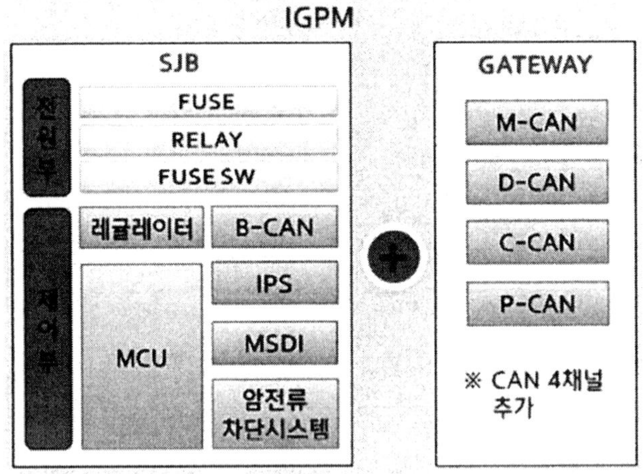


[IGPM 블록다이어그램]

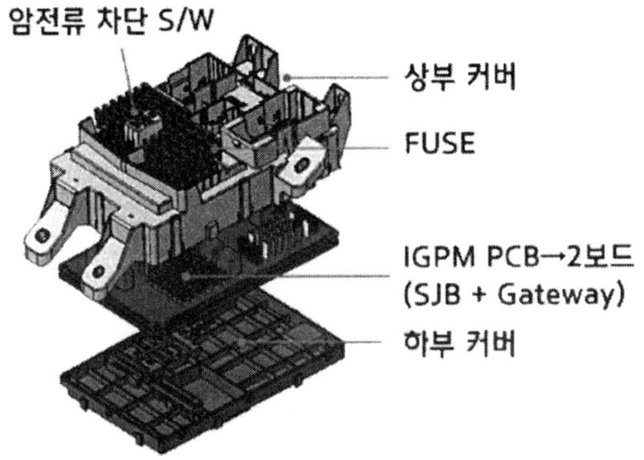


그림 2-2

## 03 CGW(Central Gate Way)

### (1) CGW의 개요

네트워크에서 서로 다른 통신망의 프로토콜을 사용하는 네트워크 간의 통신을 가능하게 하는 장치로서, 넓은 의미로 종류가 다른 네트워크 간의 통로 역할을 하는 장치 또는 소프트웨어를 의미한다.

### 1) 특징

① 서로 다른 속도를 갖는 모듈 간에 정보를 교환한다.

② 통신부하 증가로 정보손실을 방지하기 위한 네트워크 분리역할을 한다.

③ 수신된 CAN 통신 정보를 직접 전달하거나 특정 Signal을 다른 네트워크의 CAN 통신 메시지로 재조합하여 전송한다.

④ 네트워크 부하율 분산, 감소를 통해 차량 전자제어 모듈의 증가에 효율적인 대응이 가능하다.

⑤ 네트워크 간 통신전달(Routing) 속도향상 20ms에서 2ms(다이렉트 메시지 라우팅 시)

⑥ 네트워크 보안 성능 강화로 외부기기에 의한 CAN 통신 메시지 침입, 유출을 방지한다.

⑦ 전용 게이트웨이 개발, 적용을 통해 네트워크 관리 표준화 및 후속 차종 적용 확장성을 확보할 수 있다.

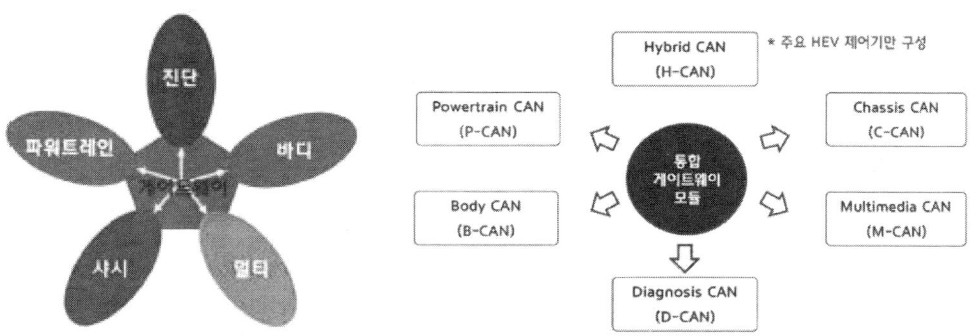


그림 2-3 통합 게이트웨이

## (2) 분산형 게이트웨이

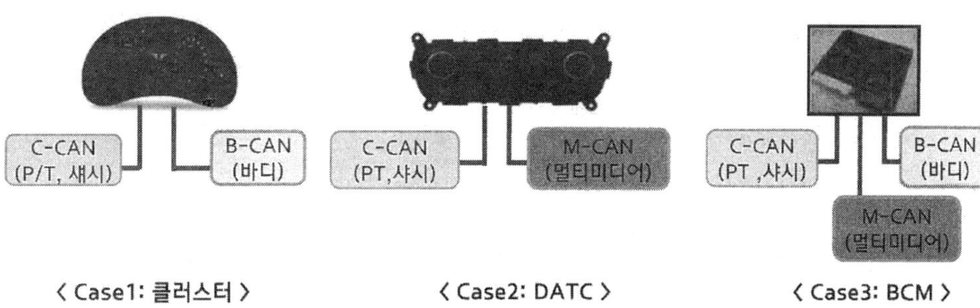


그림 2-4

## [3] 중앙 집중형(CGW) vs 분산형 게이트웨이의 비교

### 1) 중앙 집중형 게이트웨이

① 네트워크 간 통신 전달속도 향상 : 분산형 대비 10배 빠르다.

② 통신 연결가능 제어기 수 증대 : 데이터 부하율 분산

③ 네트워크 보안 강화 : CGW를 통해서만 차량통신 네트워크에 접근 가능하다(해킹방지 방화벽 기술적용).

④ 차종 및 시스템 추가 시 통신 확장성 좋다.

### 2) 분산형 게이트웨이

① 통신연결 가능한 제어기 수 제한 : 데이터 부하율 집중된다.

② 제어기 수 증가 시 오작동 발생 우려 : 특히 고속 CAN에서 발생할 수 있다.

③ 네트워크 보안 성능 취약 : C-CAN 통신라인 노출로 인해 외부기기에 의한 메시지 침입, 유출 우려가 있다.

④ 차종 및 시스템 추가 시 통신 확장성이 어렵다.

## [4] CWG의 주요기능

CGW는 전송속도나 방식 등이 서로 다른 통신 네트워크 간의 정보를 받아서 각 시스템에 위배되지 않도록 메시지를 전송하는 라우팅 기능을 수행하며, 전송방식은 다음과 같이 크게 두 가지로 구분할 수 있다.

### (1) 다이렉트 메시지 라우팅(Direct Message Routing)

① 수신된 CAN 통신 메시지를 가공하거나 재배치하지 않고 통째로 복사하여 전달하는 방식

② 시간 지연 없이 빠른 데이터 전송이 필요한 메시지 전송 방식

③ P/C-CAN 통신에만 해당된다.

### (2) 인 다이렉트 시그널 라우팅(Indirect Signal Routing)

① 수신된 CAN 통신 메시지의 특정 시그널을 다른 네트워크의 CAN 통신 메시지로 재조합하여 송신하는 방식.

② 메시지 내에 있는 몇 개의 신호만 필요할 경우

③ 송・수신 네트워크 간 통신속도, 프로토콜이 상이할 경우

④ 모든 CAN 통신에 적용한다.

또한 RDB(Routing Data Base)에 각 네트워크 제어기별 송・수신 메시지를 정의하고, 각 메시지들을 어느 네트워크에 어떠한 방식으로 전달(라우팅)할지 관리하고 있다.

#### 1) 데이터 라우팅 기능

차량 내에서 서로 다른 통신 네트워크간의 정보 교환을 담당한다.

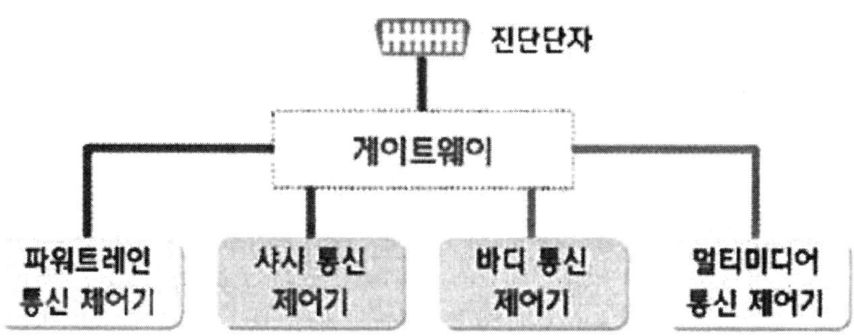


그림 2-5

#### 2) 고장진단 라우팅 기능

진단장비에 의한 P, C, B, M-CAN 네트워크 ECU 진단 및 강제 구동기능 진단장비에 의해 네트워크 ECU 리 프로그램 기능

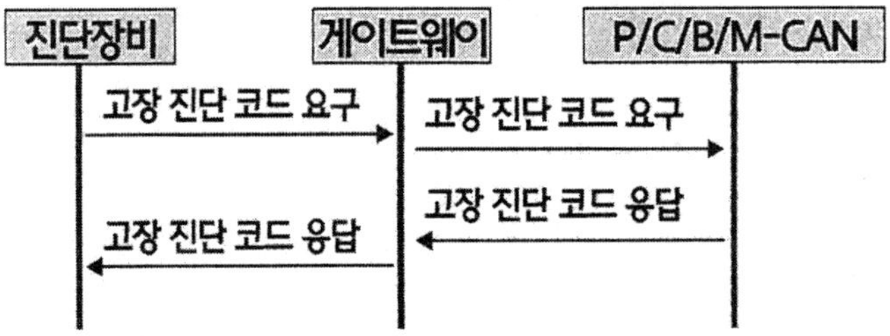


(a)

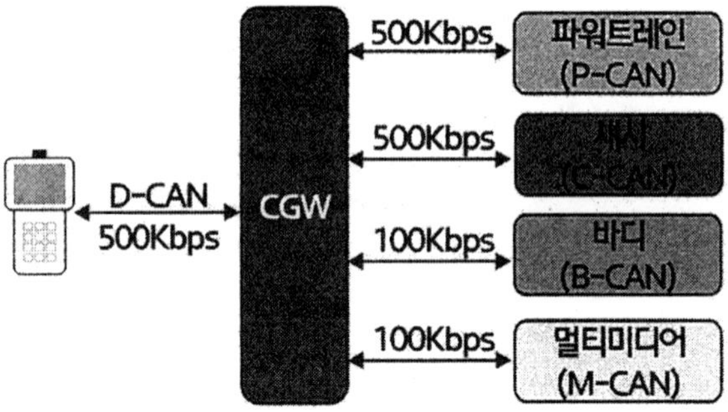


(b)

그림 2-6

### 3) 네트워크 보안관리의 기능

차량 네트워크로의 접속이 GCW와의 진단 통신(D-CAN)을 통해서만 가능하도록 함으로써 외부기기를 이용한 차량통신 네트워크 접속이나 메시지 침입, 해킹을 통한 메시지 유출 등을 방지할 수 있다.

① 차량의 통신(고속 CAN) 경로를 통한 외부의 침입으로부터 차량 내 제어기 보호 및 정보유출 방지

② 통합형 게이트웨이(CGW)를 적용하여 OBD 진단커넥터를 통한 미인가 장비의 접근 또는 리 프로그래밍을 차단한다.

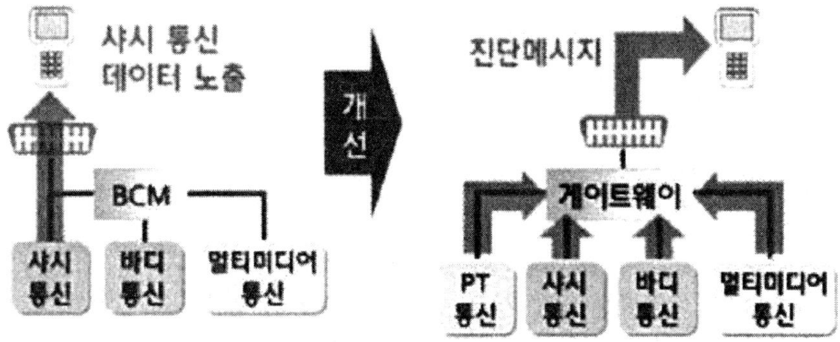


그림 2-7 네트워크 보안

4) 부가기능

### (1) AVN 4.0(I-BOX) 원격진단

① 경고등 점등 시 I-Box와의 게이트웨이를 통한 섀시 시스템(P/C-CAN) 원격진단을 수행한다.

② 진단장비 연결 시 게이트웨이를 통한 I-Box 원격진단(P/C-CAN) 기능은 중지된다.

③ P/C-CAN 10개 제어기 원격진단 수행한다.

④ 시동 on 이후 8.5초가 지난 시점부터 진단 시작한다.

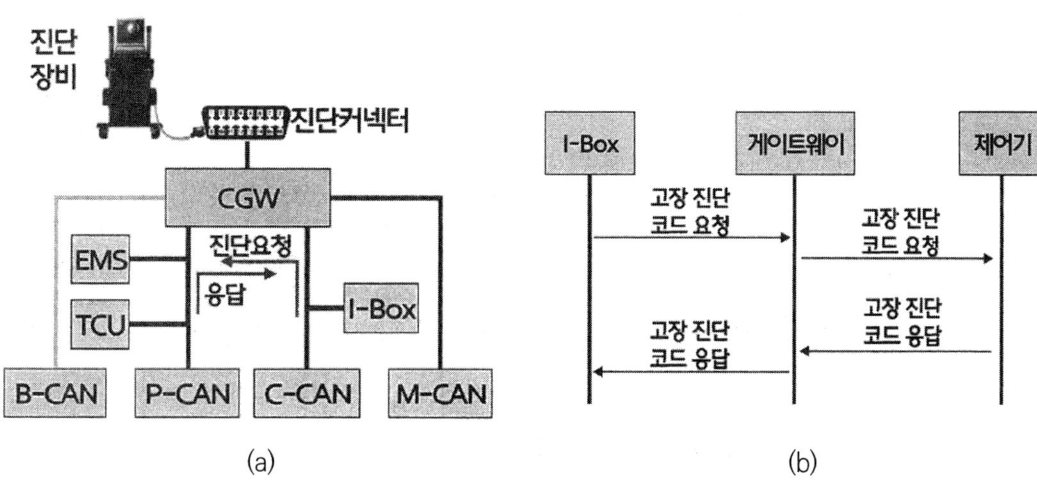


그림 2-8

### 5) 네트워크 확장기능

신규 제어기 추가 시 네트워크 대응이 용이하다.

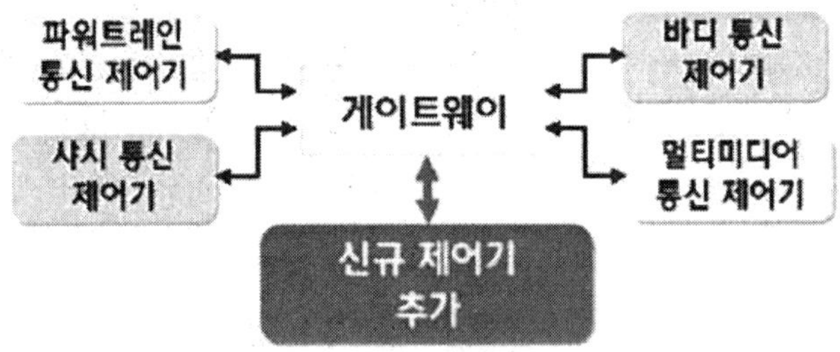


그림 2-9

## (5) 입 · 출력 블록 다이어그램

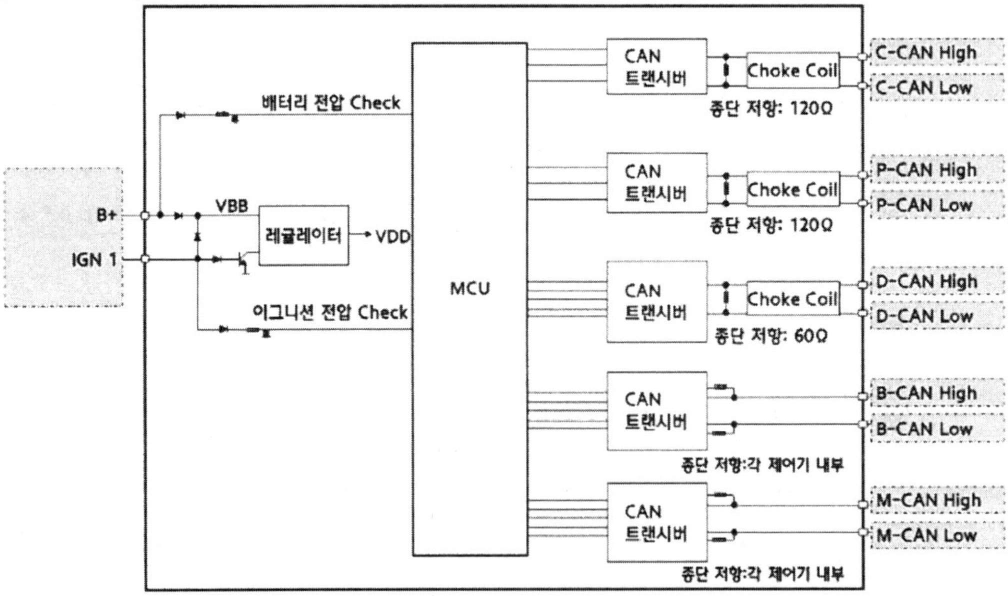


그림 2-10 통합 게이트웨이 모듈과 각 네트워크의 연결 구성

### (1) High Speed CAN 종단 저항 장착위치

① C-CAN : 클러스터 모듈 내부(120Ω)

② P-CAN : EMS 모률 내부(120Ω)

### (2) Gateway 블록 다이어그램

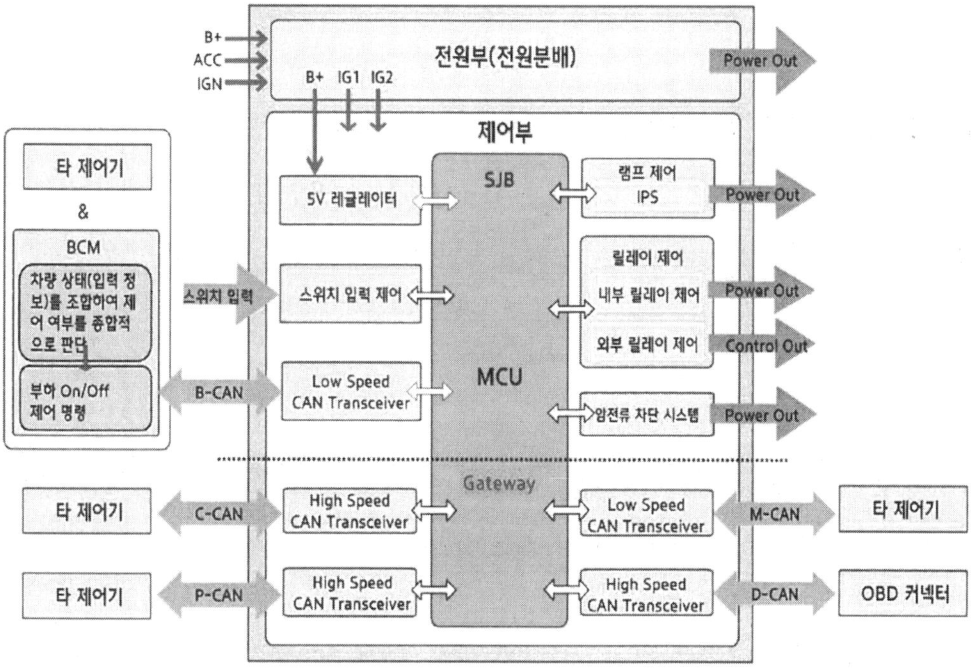


그림 2-11 Gateway 블록 다이어그램

### (3) 커넥터 핀 Lay-out 및 전기적 특성

CGW 모듈의 정상작동 전압은 6.5~18V이고, 이그니션 전원이나 배터리 전원 중 어느 한쪽에 고장(단선, 단락)이 발생하더라도 정상 작동한다.

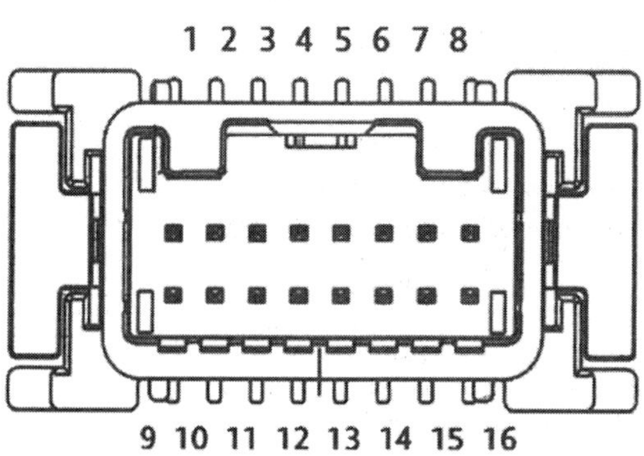


| NO | 명칭 및 기능 | NO | 명칭 및 기능 |
|---|---|---|---|
| 1 | D-CAN Low | 9 | M-CAN Low |
| 2 | D-CAN High | 10 | M-CAN High |
| 3 | - | 11 | B-CAN Low |
| 4 | 접지 | 12 | B-CAN High |
| 5 | - | 13 | P-CAN High |
| 6 | IGN 1전원 | 14 | P-CAN Low |
| 7 | - | 15 | C-CAN High |
| 8 | 배터리 전원 | 16 | C-CAN Low |

그림 2-12

## [6] 서비스 가이드

### 1) DTC 검출

#### (1) 과거 DTC 자동 소거 방식

IG off 또는 ACC 상태에서 IG on 또는 시동상태로의 변경이 30회 발생하는 동안 고장이 검출되지 않으면 과거 DTC는 자동 소거된다(CGW ECU 내부 고장을 제외한 모든 DTC에 적용).

**표 2-1**

<table>
<tr><th>NO</th><th>DTC</th><th>명 칭</th><th>DTC발생 조건</th><th>DTC 판단로직</th></tr>
<tr><td>1</td><td>B1621</td><td>ECU 고장</td><td>Memory failure or register failure 발생한 경우</td><td>IGN= ON<br>9V~16V</td></tr>
<tr><td>2</td><td>B1101</td><td>고 전압 감지</td><td>아래의 모든 조건만족 시<br>Condition1: key 상태가 IGN인 상태로 5초 경과<br>Condition2: 19V 이상<br>Condition3: Condition1과 Condition2를 3초 이상 유지</td><td>IGN= ON<br>9V~16V</td></tr>
<tr><td>3</td><td>B1102</td><td>저 전압 감지</td><td>아래의 모든 조건만족 시<br>Condition1: key condition이 IGN인 상태로 5초 경과<br>Condition2: 6.5V 이하<br>Condition3: Condition1과 Condition2를 3초 이상 유지</td><td>IGN= ON<br>9V~16V</td></tr>
<tr><td>4</td><td>B1581</td><td>IGN 신호 에러</td><td>야래의 모든 조건만족 시<br>Condition1: B-CAN 네트워크가 Network Active 상태<br>Condition2: C-IGN SW 시그널이 time out 상태가 아님<br>Condition3: B-CAN 버스가 Bus off 상태가 아님<br>Condition4: B-CAN 버스가 림프 홈 상태가 아님<br>Condition5: 아래의 다섯 가지 고장상태를 5초 이상 감지<br>
<table>
<tr><th>A-IGN 1</th><th>C-IGN SW</th><th>판단</th><th>A-IGN 1</th><th>C-IGN SW</th><th>판단</th></tr>
<tr><td rowspan="5">ON</td><td>0: Key off</td><td>고장</td><td rowspan="5">OFF</td><td>0: Key off</td><td>-</td></tr>
<tr><td>1: Key In</td><td>고장</td><td>1: Key In</td><td>-</td></tr>
<tr><td>2: Acc</td><td>고장</td><td>2: Acc</td><td>-</td></tr>
<tr><td>3: IGN</td><td>-</td><td>3: IGN</td><td>고장</td></tr>
<tr><td>4: ST</td><td>-</td><td>4: ST</td><td>고장</td></tr>
</table>
</td><td>IGN= ON<br>9V~16V</td></tr>
</table>

| NO | DTC | 명 칭 | DTC발생 조건 | DTC 판단로직 |
|---|---|---|---|---|
| 5 | B1603 | Bus off<br>B-CAN | B-CAN Bus-off 상태 | IGN= ON<br>9V~16V |
| 6 | B2800 | Bus off<br>M-CAN | M-CAN Bus-off 상태 | IGN= ON<br>9V~16V |
| 7 | C1616 | Bus off<br>C-CAN | C-CAN Bus-off 상태 | IGN= ON<br>9V~16V |
| 8 | C160E | Bus off<br>P-CAN | P-CAN Bus-off 상태 | IGN= ON<br>9V~16V |
| 9 | C160F | Bus off<br>D-CAN | D-CAN Bus-off 상태 | IGN= ON<br>9V~16V |
| 10 | B1602 | Single<br>line error<br>B-CAN | B-CAN line error 2초간 감지 시 | IGN= ON<br>9V~16V<br>B-CAN Bus-off<br>미 발생 상태 |
| 11 | B2801 | Single<br>line error<br>M-CAN | M-CAN line error 2초간 감지 시 | IGN= ON<br>9V~16V<br>M-CAN Bus-off<br>미 발생 상태 |
| 12 | B1604 | BCM<br>Time out | ① 차량전원 off 조건에서 WAKE UP시 제어기가 정상적으로 장착되어 있다고 판단되었을 경우<br>② 고속 CAN은 각각의 제어기로부터 가장 높은 우선순위 CAN ID를 가진 주기 메시지를 모니터링하고 저속 CAN은 네트워크 관리 메시지를 모니터링하여 해당 메시지 Timeout 발생 시 제어기의 Time Out DTC를 저장한다. | IGN= ON<br>9V~16V<br>Tine out 상태 10초간 유지<br>해당 네트워크<br>Bus off 미 발생 상태 |

### 2) 네트워크 구성정보 초기화

IGN on 상태에서 CGW와 연결된 제어기 탈거 시 Time Out 고장코드 발생하면 네트워크 구성정보 초기화 실시(미 실시할 경우 DTC 소거 안됨)

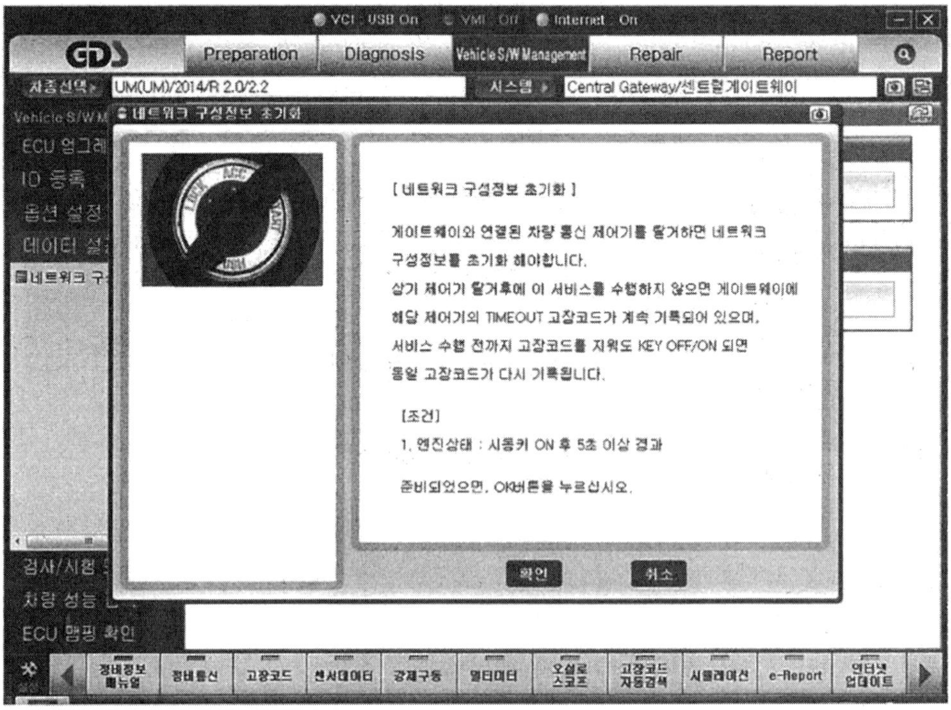


그림 2-13

### 3) MCU 초기화

IGPM의 Main-H 전원 커넥터 탈거 후 재접속

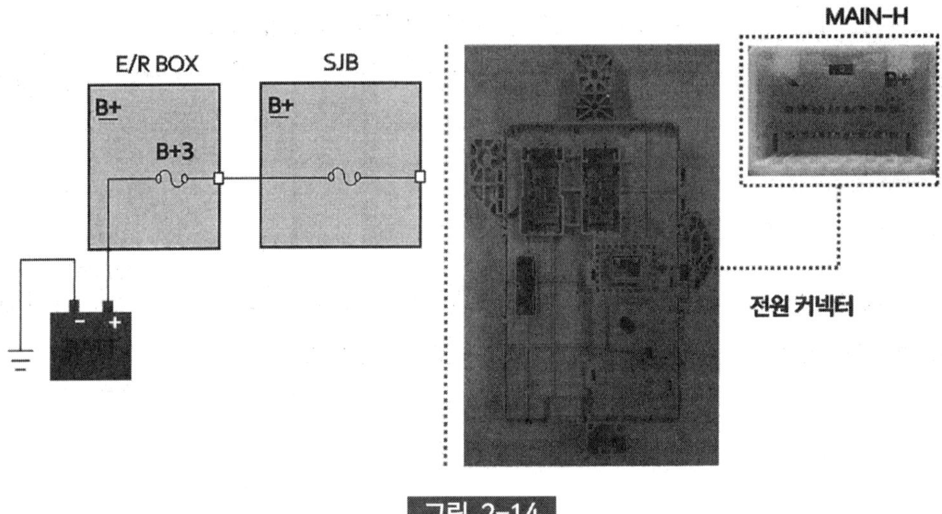


그림 2-14

## 04 바디 컨트롤 모듈(BCM)

### (1) 바디 컨트롤 모듈의 개요

바디전장 기능을 통합 제어하며 파워트레인 CAN 통신과 바디전장 CAN 통신의 정보 및 진단통신 중계(Gate Way)를 수항하며 타이어 압력센서 신호 수신(TPMS기능 내장) 또한 와이퍼, 램프, PAS, 도난방지 등의 동작을 자동 컨트롤하는 시스템으로, 여러 스위치 신호를 입력받아 시간제어 및 경보제어와 관련된 기능을 수행한다.

### (2) 입 · 출력 블록 다이어그램

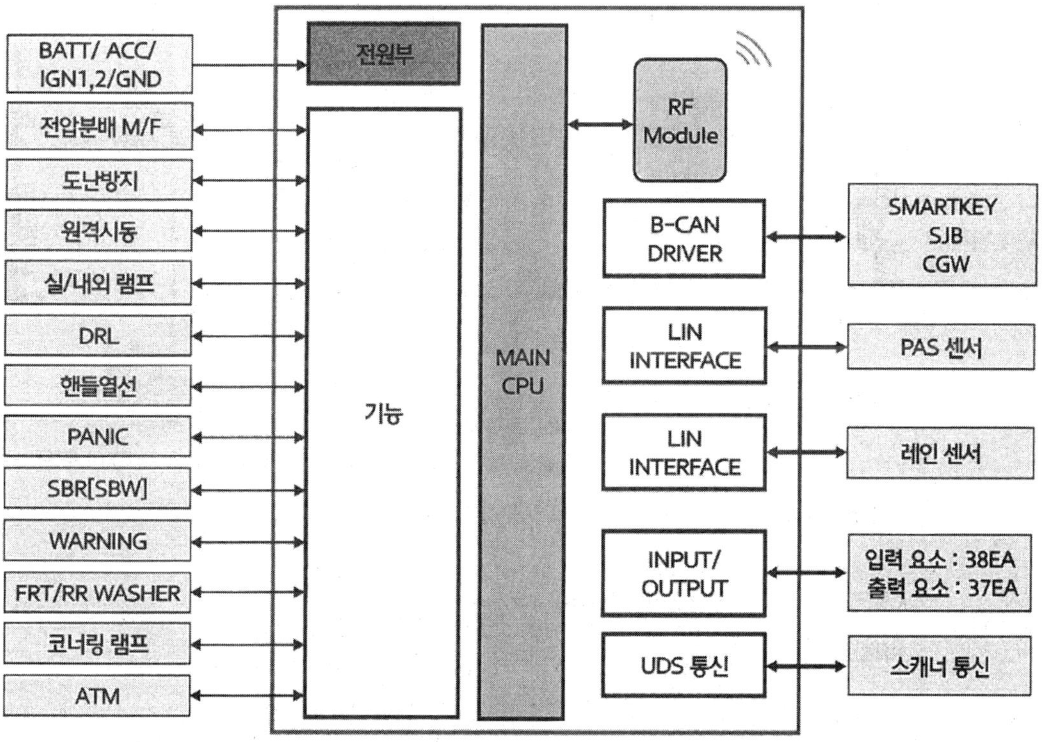


그림 2-15

## (3) 바디 컨트롤의 주요기능

### 1) 주요 기능

표 2-2

| NO | 주요 기능 | 내 용 |
|---|---|---|
| 1 | 전압분배 M, F 시스템 적용 와이퍼, 전조등 시스템 | - 와이퍼 스위치 값 인식 후 와이퍼 HI, LOW 릴레이 제어<br>- 멀티 펑션 스위치의 전조등 HIGH, LOW, 앞 안개등, 미등 멀티 펑션 스위치 값을 인식하여 BCM은 각 스위치별 출력 제어(B-CAN 통신) |
| 2 | 시트벨트 경고 (시트벨트 리마인더) | 시트벨트 착용 유무에 따른 경고 기능 동작 |
| 3 | 고장 진단(스캐너 통신) | UDS 통신 |
| 4 | PAS, RPAS 경고 | 시프트 레버(RorD) 이동 시 PAS센서를 통한 전·후방 장애물 감지 기능 (LIN 통신) |
| 5 | 와이퍼 & 와셔 | Front, Rear 와셔 스위치 ON 시 와셔 와이퍼 출력 |
| 6 | 핸들 열선 | - 스위치 on시 열선 출력시간(30분) 후 자동 off<br>- 저온, 고온, 타깃 온도에 따른 스티어링 휠 열선 제어<br>- 이상 현상 발생 시 경고등 점멸<br>- 49℃ 차단, 48℃ 복귀 → 고장 시 인디케이터 점멸 |
| 7 | 도난방지 (ANTI - THEFT) | REMOTE 록 30초 경과시 도난 경계상태로 유지되며, 이 상태에서 도어 및 후드, 테일게이트 강제 OPEN 시 경보 |
| 8 | ATM SHIFT LOCK | IGN & 브레이크 상태에 따라 ATM SOL을 구동시켜 SHIFT 레버를 이동 가능토록 하는 기능 |
| 9 | 혼& 백 알림기능(HORN ANSWER BACK) | - RKE LOCK 입력 후 4초 내 RELOCK 시 비상등 & 혼 출력<br>- 북미 SMK : HORN ANSWER BACK 2STEP<br>- 내수/북미 RKE : HORN CHIRP |
| 10 | PANIC(패닉) | RKE & FOB PANIC 버튼 ON 시 혼 & 비상등을 출력 |
| 11 | 선루프 제어 타이머 | IG off 후 30초 동안 선루프 타이머기능 동작 |
| 12 | 코너링 램프 | - 차속 40km/h 미만 조건에서 방향지시등 on 시 동작<br>- 전조등 스위치 on(Low/Hi 무관), 변속단 위치는 무관 |
| 13 | DRL | - 점등조건 : 발전기 H신호 입력 시 동작<br>- 소등조건 : 전조등 LOW on 또는 앞 안개등 스위치 on 시 |
| 14 | PAS/에어백 옵션단자(사이드 에어백 유무인지) | - 접지 시 해당 옵션으로 인식<br>- 접지 해제 시 해당 옵션 적용 안됨 |

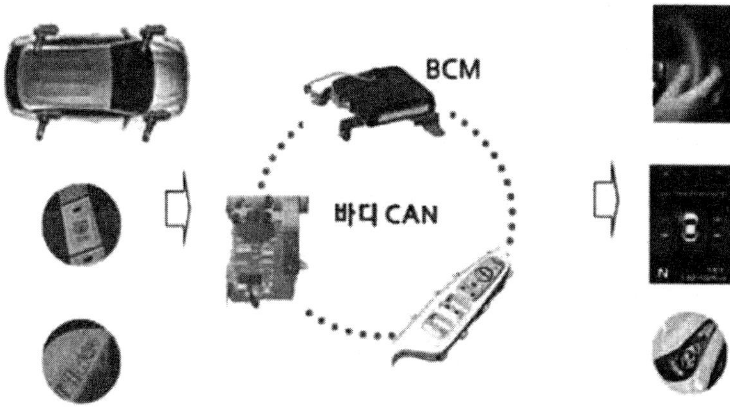


그림 2-16 통합제어 개념

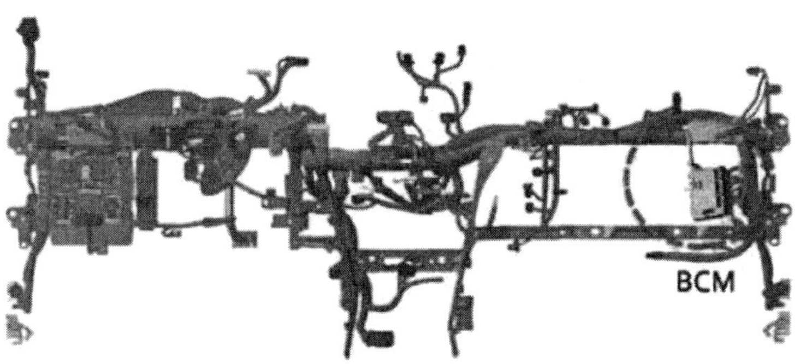


그림 2-17 동승석 글로브박스 우측(장착위치)

BCM은 파워 도어 록 및 실내등과 같이 주로 사용자 의지에 의해 구동되는 기능을 통합 제어하는 모듈로서 사용자가 특정 기능을 동작하기 위해 스위치를 조작하면, 그 신호를 입력받아 로직 판단 후 조건에 맞는 출력을 제어한다.

하지만 단독으로 많은 기능의 입력과 제어를 할 수 없기 때문에 바디 CAN 통신에 연결된 모듈(SJB, DOM)에서 입력신호를 받아 기능에 대한 로직 판단 후 BCM이 직접 제어하거나 CAN 통신을 통해 SJB로 구동신호를 전송한다. 즉, 바디전장 기능을 제어하는 두뇌 역할을 수행한다. 또한 BCM은 통신 프로토콜이 다른 파워트레인 CAN 통신과 바디 CAN 통신의 통신 중계기(Gate Way) 역할도 수행하며 차속 및 도어신호등 각각의 네트워크에 필요한 내용을 송수신한다.

### (1) 통합제어(미등 자동 소등기능)

미등이 점등된 상태에서 IGN off 후 운전석 도어를 열면 자동으로 미등이 소등되는 기능이 동작되면 다음과 같은 로직이 수행된다.

① BCM은 미등스위치 on 및 IGN off 감지한다.

② SJB는 운전석 도어가 열렸다는 신호를 감지하여 CAN 통신을 통해 BCM으로 전달한다.

③ BCM이 "미등 자동소등 기능"에 조건이 만족되는지를 로직으로 판단한다.

④ 조건 만족 시 CAN 통신을 통해 SJB로 미등 출력 off 신호를 전송한다.

⑤ SJB는 미등소등을 한다.

## 2) BCM 제어기능

① 통신 : CAN, LIN 통신 및 UDS 진단 통신.

② 열선 : 조향핸들, 앞·뒤 유리 열선제어.

③ 스마트키 연동 : 아웃사이드 밀러 폴딩 언 폴딩, 포켓 퍼들램프 제어

④ 와이퍼 및 와셔

- 프런트 와이퍼(Auto, Low, High) 제어
- 와셔연동 와이퍼 제어, 레인센서 연동 제어.

⑤ UVO : 도난신호 전송, 도어록, 언록 서비스 제어

⑥ 실내조명 : 감광식 룸램프, IGN 조명 제어, AV연동 제어(AV Tail)

⑦ 외장램프 : 전조등, 미등, 안개등, 오토라이트, 스태틱 밴뎅 램프, 헤드램프, 에스코트, 스마트 웰컴(미등점등)

⑧ 경고 및 부저 : 안전벨트, 선루프 열림경고, PAS, 주차브레이크, 외장램프 단선 경고

⑨ 도난경보장치 : 리모컨 신호에 따른 제어

⑩ 기타 : 파워 도어록(차속 및 충돌 연동제어), 타이어 압력센서 신호 수신(TPMS)

### 3) 기능을 수행하기 위해 BCM에 입·출력하는 요소

#### (1) PAS 옵션

주차 보조시스템 중 PAS(전·후방 경보) 사양인지 및 RPAS(후방 경보) 사양인지 구별하기 위해 와이어링 결선으로 구분한다.

① PAS 사양 : 접지(0V)

② RPAS 사양 : 접지 해제(12V)

#### (2) PAS센서 전원

BCM이 초음파센서 전원 공급

전원단 접지 단락 감지용(약 350mA 이상 흐를 경우) 차단.

#### (3) 레인센서 옵션

레인센서 인지 및 일반 사양인지 구분

① 레인센서 적용사양 : 접지(0V)

② 일반 사양 : 접지 해제(12V)

#### (4) 퍼들 램프 및 아웃사이드 밀러 폴딩 제어

운전석 및 동승석 파워 윈도우 스위치 신호를 B-CAN으로 수신하여 BCM에서 제어한다.

## [4] 바디 컨트롤 모듈의 주요기능

### 1) 전압 분배 M/F 적용

다기능 스위치에 내장된 라이팅, 와이퍼 스위치를 일대일 접점에서 전압 분배 방식으로 변경하여 BCM은 멀티 펑션 스위치 값을 인식하여 각 스위치별 출력제어를 한다.

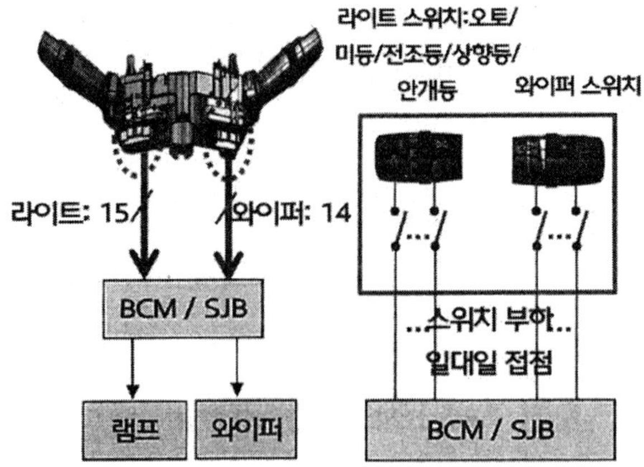


(a) 일대일 접점 멀티 펑션 스위치

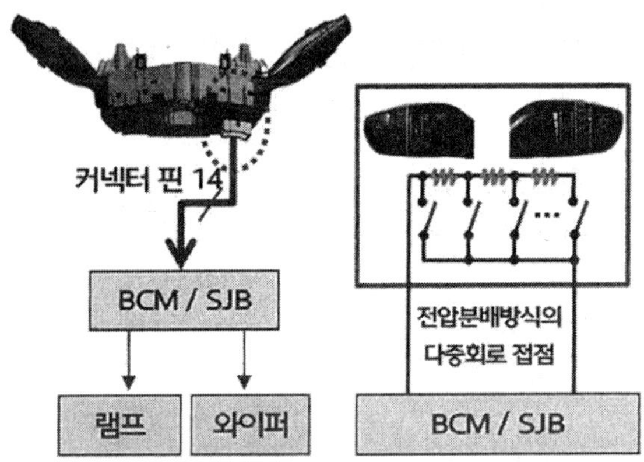


(b) 전압 분배 방식 멀티 펑션 스위치 시스템

그림 2-18

## 2) 라이트 회로

### (1) 작동방식

① 멀티 펑션라이트 스위치ON & IGN2 on 조건이 되면 헤드램프 & 미등을 on한다.

② 운전자가 멀티 펑션 스위치 on 시 BCM은 CAN 통신 데이터로 멀티 펑션 상태 정보를 SJB로 전송한다.

③ SJB는 멀티 펑션 상태 정보에 따라 미등, 전조등을 제어한다.

④ 페일 세이프 진입조건(전조등 Low, 미등 점등)

- SJB 내부 컨트롤러 고장 시 CAN 통신 라인의 단선, 단락(두 선 모두 단선, 단락 시) 발생 시

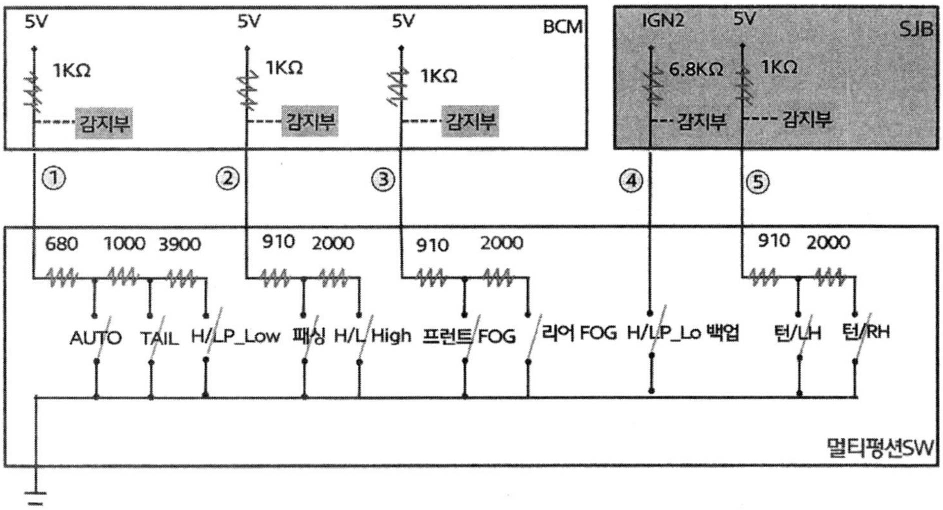


그림 2-19 멀티 펑션 라이트 S/W 회로도

### (2) 라이트 회로 각 단자별 전압 분배도

| NO | 라이팅 스위치 출력 단자 | 라이팅 스위치 | 스위치 타입 | 스위치 단품 합성저항 | | 라이팅 스위치 출력 전압(유닛 5V, 풀업저항 1kΩ 기준) |
|---|---|---|---|---|---|---|
| | | | | MIN | MAX | |
| 1 | 라이트 SW 출력 (풀업저항 1kΩ) | OFF | Lock | ∞ | ∞ | 5.0V±0.22V |
| | | AUTO | Lock | 656Ω | 704Ω | 2.02V±0.22V |
| | | TAIL-LIGHT | Lock | 1621Ω | 1739Ω | 3.13V±0.22V |
| | | H-LP-LOW | Lock | 5385Ω | 5775Ω | 4.24V±0.22V |
| | | GND 쇼트 | - | - | - | 0.0V±0.22V |
| 2 | Head Lamp High SW 출력 (풀업저항 1kΩ) | OFF | Lock | ∞ | ∞ | 5.0V±0.22V |
| | | PASSING | Return | 878Ω | 942Ω | 2.38V±0.22V |
| | | H-LP-High | Return | 2808Ω | 3012Ω | 3.72V±0.22V |
| | | GND 쇼트 | - | - | - | 0.0V±0.22V |

| NO | 라이팅 스위치 출력 단자 | 라이팅 스위치 | 스위치 타입 | 스위치 단품 합성저항 | | 라이팅 스위치 출력 전압(유닛 5V, 풀업저항 1kΩ 기준) |
|---|---|---|---|---|---|---|
| | | | | MIN | MAX | |
| 3 | Fog Lamp SW 출력(풀업저항 1kΩ) | OFF | Lock | ∞ | ∞ | 5.0V±0.22V |
| | | Frt-Fog | 내수/북미 Lock | 878Ω | 942Ω | 2.38V±0.22V |
| | | Rr-Fog | Return | 2808Ω | 3012Ω | 3.72V±0.22V |
| | | GND 쇼트 | - | - | - | 0.0V±0.22V |
| 4 | 헤드램프 로우백업 SW 출력 | OFF | - | ∞ | ∞ | OPEN |
| | | ON | Lock | 0Ω | 0Ω | 0V |
| 5 | Turn Signal Lamp SW 출력 (풀업저항 1kΩ) | OFF | Lock | ∞ | ∞ | 5.0V±0.22V |
| | | T-Sig-LH | Lock | 878Ω | 942Ω | 2.38V±0.22V |
| | | T-Sig-RH | Lock | 2808Ω | 3012Ω | 3.72V±0.22V |
| | | GND 쇼트 | - | - | - | 0.0V±0.22V |

## 3) 와이퍼 회로

### (1) 작동방식

① 이전 차량은 와이퍼 릴레이 전원입력을 IG2 전원을 이용하였으나 신차에는 와이퍼 릴레이 전원 입력방식이 B+ 전원 이용 방식으로 변경되었다.

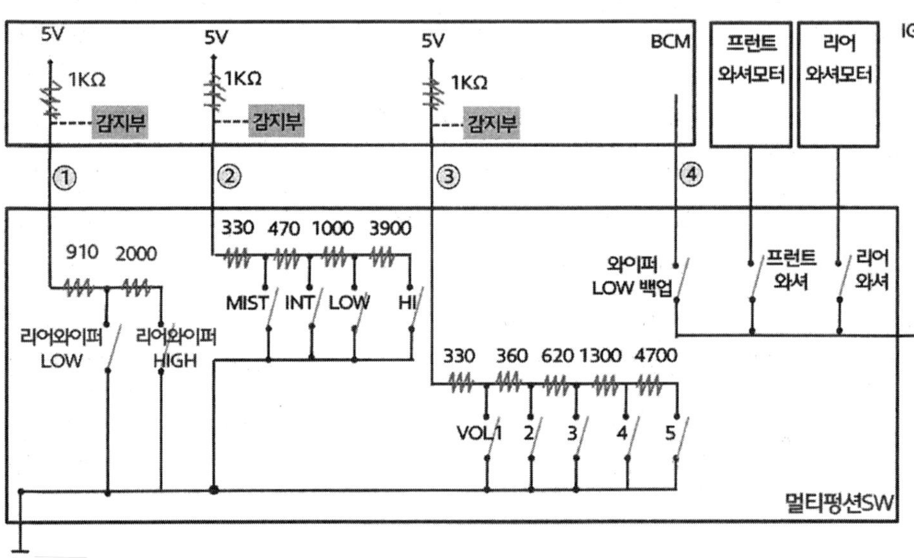


그림 2-20

② 와이퍼 릴레이 전원 입력 방식 변경으로, 와이퍼 스위치 on 와이퍼 구동 중 전원 off시 와이퍼 블레이드 중간 멈춤이 발생되었으나, 릴레이 전원 입력방식 변경 후 중간 멈춤이 해소되었다.

### (2) 와이퍼회로 각 단자별 전압 분배도

표 2-4

| NO | 와이퍼 스위치 출력단자 | 와이퍼 스위치 | | 스위치 타입 | 스위치단품 합성저항 | | 와이퍼스위치출력전압(유닛 5V, 풀업저항 1kΩ 기준) |
|---|---|---|---|---|---|---|---|
| | | | | | MIN | MAN | |
| 1 | 리어 Wiper 스위치 출력(풀업저항 1kΩ) | OFF | | Lock | ∞ | ∞ | 5.0V±0.22V |
| | | Rr-LO | | Lock | 878Ω | 942Ω | 2.38V±0.22V |
| | | Rr-HI | | Lock | 2808Ω | 3012Ω | 3.72V±0.22V |
| | | GND 쇼트 | | - | - | - | 5.0V±0.22V |
| 2 | Wiper 스위치 출력(풀업저항 1kΩ) | MIST | | Return | 318Ω | 342Ω | 1.24V±0.22V |
| | | OFF | | Lock | ∞ | ∞ | 5.0V±0.22V |
| | | INT, AUTO | | Lock | 772Ω | 828Ω | 2.22V±0.22V |
| | | LO | | Lock | 1737Ω | 1863Ω | 3.21V±0.22V |
| | | HI | | Lock | 5501Ω | 5900Ω | 4.25V±0.22V |
| | | GND 쇼트 | | - | - | - | 5.0V±0.22V |
| 3 | Wiper 인트 볼륨 스위치 출력(풀업저항 1kΩ) | INT | VOL1 | Lock | 318Ω | 342Ω | 1.24V±0.22V |
| | | | VOL2 | Lock | 666Ω | 714Ω | 2.04V±0.22V |
| | | | VOL3 | Lock | 1264Ω | 1356Ω | 2.84V±0.22V |
| | | | VOL4 | Lock | 2519Ω | 2701Ω | 3.61V±0.22V |
| | | | VOL5 | Lock | 7054Ω | 7566Ω | 4.40V±0.22V |
| | | | GND 쇼트 | - | - | - | 0.0V±0.22V |
| | | | B+ 쇼트 | - | - | - | 5.0V±0.22V |
| 4 | Wiper Low 백업 출력 | OFF | | - | ∞ | ∞ | - |
| | | ON | | Lock | 0Ω | 0Ω | IGN 2 |

### (3) 와이퍼 회로분석

① 멀티 펑션 스위치가 전압 분배방식으로 적용

② BCM은 멀티 펑션 스위치 입력 전압 값을 통해 운전자의 의지를 파악하고 와이퍼 인트와 Low 구동

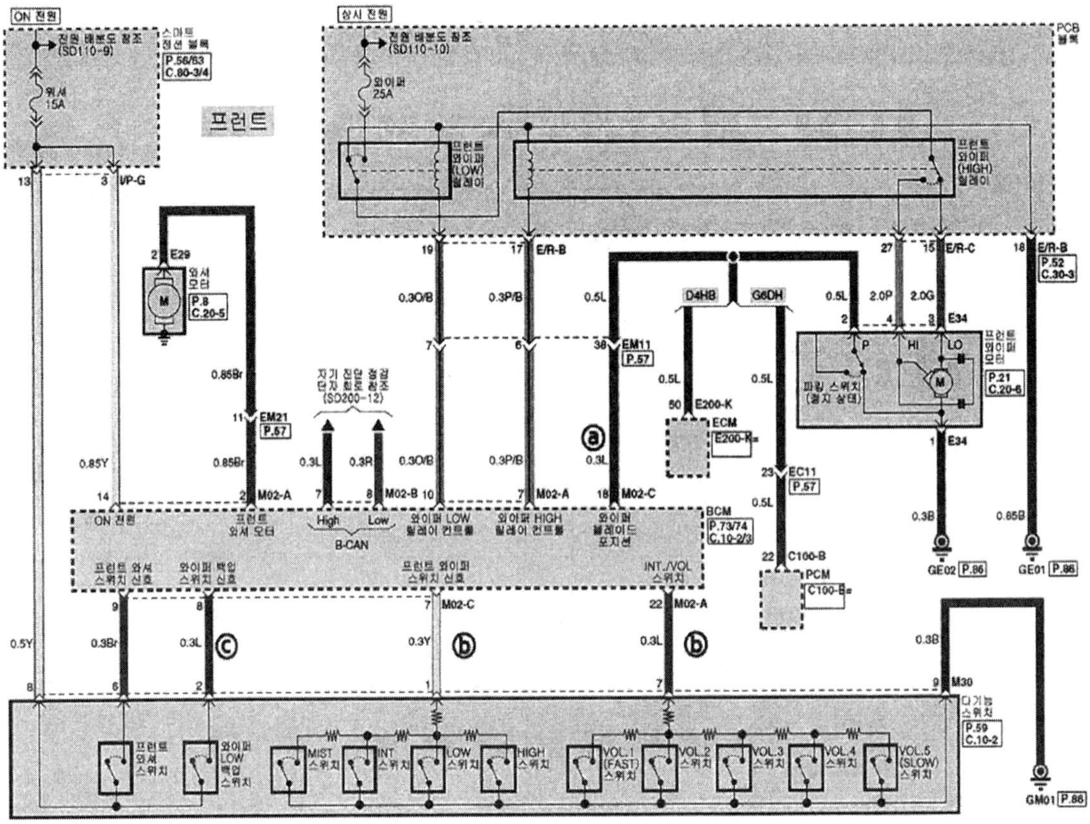

그림 2-21

③ 페일세이프 제어

- 멀티 펑션 스위치 단선으로 와이퍼 Low 신호를 받을 수 없을 때 BCM은 와이퍼 Low 백업 라인이 on 상태이면 와이퍼 Low를 출력한다.
- BCM 마이컴 고장으로 와이퍼 스위치 입력값을 받지 못할 경우 와이퍼 Low 백업 스위치 on시 와이퍼 Low를 출력한다.

④ 파킹 스위치

와이퍼 구동 중 IG off 시 블레이드를 파킹위치로 복귀시키기 위해 파킹 스위치 신호 입력시까지 와이퍼 릴레이를 구동한다. 만일 10초 안에 파킹신호가 입력되지 않으면 와이퍼 블레이드 구속으로 판단하고 와이퍼 릴레이 구동을 중지한다.

- 단자 전압 : 파킹위치 0V, 와이퍼 구동 시 12V

⑤ 다기능 스위치

전압 분배방식의 다기능 스위치 적용(스위치 및 인트 볼륨)

- 단자 전압 : 5V 풀업 및 스위치 단계별 전압 변화

⑥ 백업 스위치

백업신호는 입력되지만 전압 분배신호가 입력되지 않을 경우 와이퍼 모터를 Low로 작동시킨다.

- 단자 전압 : 스위치 Off 시 0V, 스위치 ON 시 12V.

## 05 스마트 정션박스(SJB)

### (1) 스마트 정션박스의 개요

SJB 내부 퓨즈를 통해 차량 각 시스템에 전원공급 및 IPS를 통한 램프 및 릴레이 구동하고 바디전장 스위치 작동여부를 감지하여 CAN 통신을 통해 BCM으로 입력 및 BCM 로직 판단을 CAN 통신으로 입력받아 바디 전장품의 제어를 행한다.

SJB는 실내 정션박스에 BCM의 기능을 일부 포함하고 CAN 통신과 IPS를 이용하여 램프류 및 각종 부하를 제어하는 일종의 전자제어 박스라 볼 수 있다.

IPS(Intelligent Power Switch)는 대 전류 부하 제어기능에 과전류에 대한 보호기능이 추가되어 퓨즈와 릴레이 대처가 가능한 소자를 말한다.

| NO | 명 칭 | 수량 | 역 할 |
|---|---|---|---|
| 1 | MCU | 1 | 각종 명령 입력/수행, 결과 출력 |
| 2 | 스위치 IC | 1 | 스위치 입력값을 MCU로 전달 |
| 3 | CAN IC | 1 | CAN의 물리적 인터페이스 |
| 4 | IPS | 9 | 램프 출력 |
| 5 | RELAY | 4 | 릴레이 출력 |

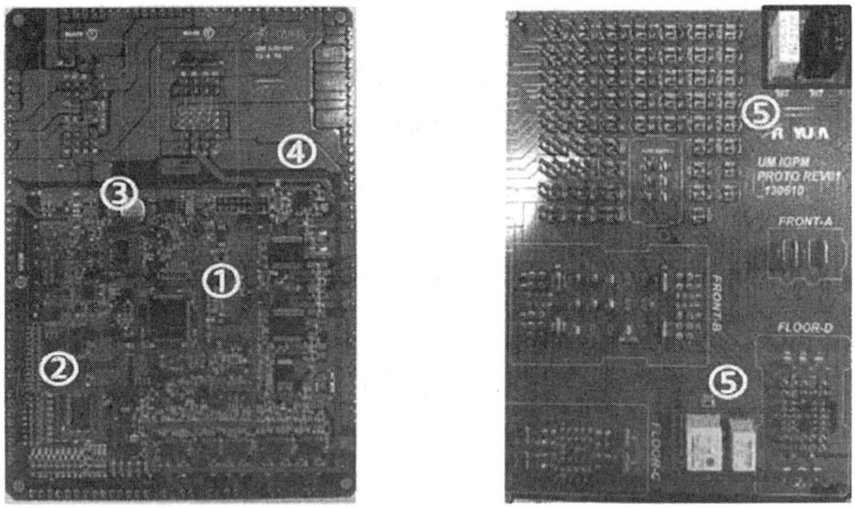

(a) 제어부 (b) 전원부

그림 2-22

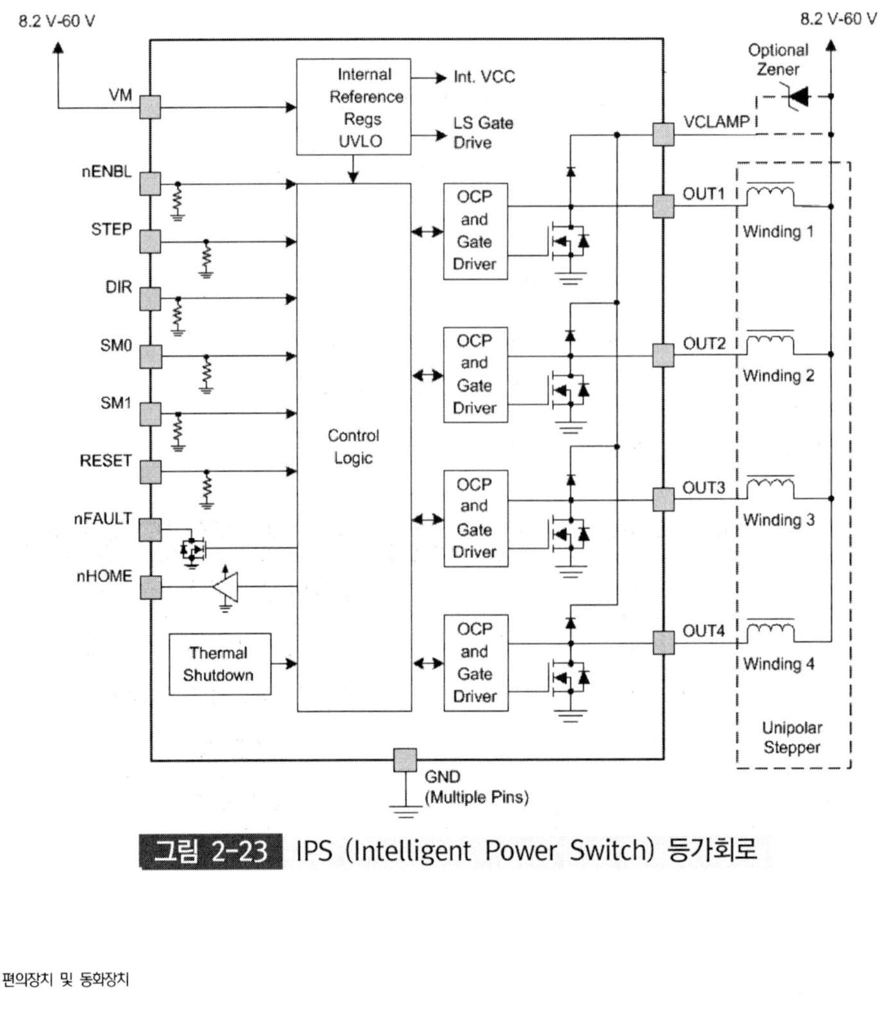


그림 2-23 IPS (Intelligent Power Switch) 등가회로

## 〔2〕 시스템 블록의 다이어그램

### (1) 스위치 입력

스위치 입력을 받아 스위치 상태를 CAN 메시지로 각 모듈에 전송한다.

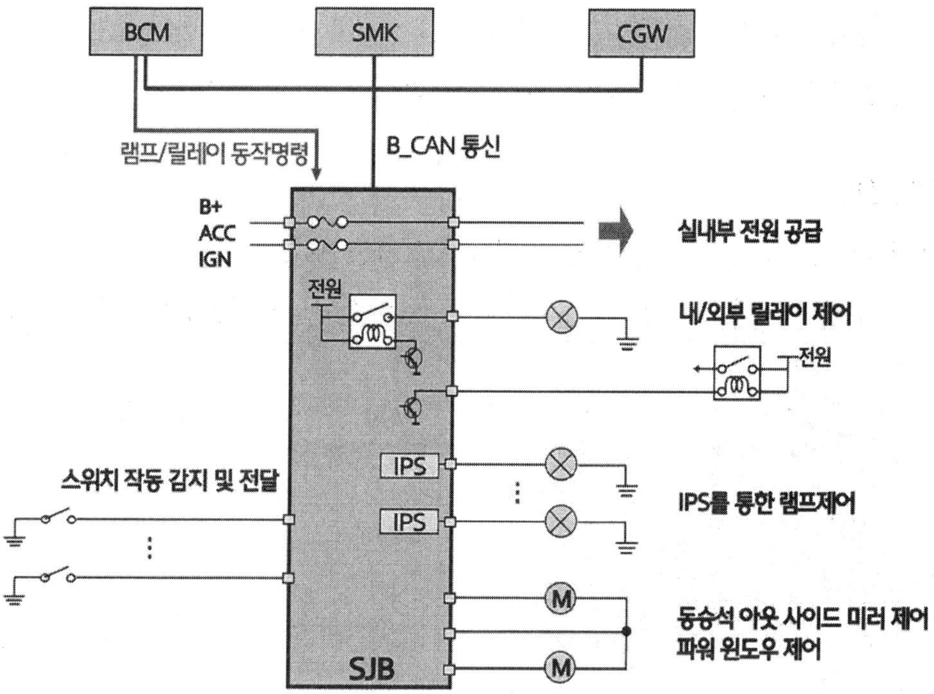


그림 2-24 시스템 블록 다이어그램

### (2) IPS를 통한 램프류 제어

BCM으로부터 CAN 메시지로 명령을 받아 IPS로 램프류를 제어한다.

### (3) 내부 릴레이 제어

BCM으로부터 CAN 메시지로 명령을 받아 SJB 내부에 있는 릴레이를 제어한다.

### (4) 외부 릴레이 제어

BCM으로부터 CAN 메시지로 명령을 받아 SJB 외부에 있는 릴레이를 제어한다.

#### (5) Door Zone Architecture

DDM으로부터 CAN 메시지로 작동명령을 받아 SJB 외부에 있는 보조석 O/S Mirror 및 Power Window를 제어한다.

#### (6) 암전류 차단 시스템

선적 및 장기주차 등 차량의 작동 상태에 따라 불필요한 암전류의 소모를 절감하기 위하여 부하에 공급되는 전원을 자동으로 차단한다.

#### (7) 고장진단

IPS로 제어하는 부하에 대한 상태를 진단하고 표출한다.

SJB는 로직에 대한 판단은 하지 않으며 다른 모듈의 CAN 통신명령에 의해서만 작동한다.

### 〔3〕 주요기능 및 특징

① 바디 CAN 통신전용 IC 적용

② 암 전류 자동 차단장치 적용

③ 바디전장 스위치 감지(방향지시등, 도어스위치, 미러 조정 스위치, 도어록 스위치)

④ 방향지시등 제어(BCM 관계없이 SJB 단독 제어)

⑤ IPS를 통한 각종 램프 제어 및 PWM 정전압 제어(벌브 타입)

⑥ 램프의 단선, 단락 검출을 통한 진단기능 제공

⑦ Fail Safe 기능(통신 불량시 전조등, 미등 직접 제어)

⑧ 릴레이 제어(열선, 트렁크리드, 파워 윈도우 릴레이, ICM : 버글러 알람, 버글러 알람 혼, 미러)

### 〔4〕 스위치 제어 블록 다이어그램

각종 스위치의 동작상태(ON/OFF)를 파악하고 CAN 통신을 통하여 타 모듈로 스위치 상태를 메시지로 전송하는 기능을 수행한다.

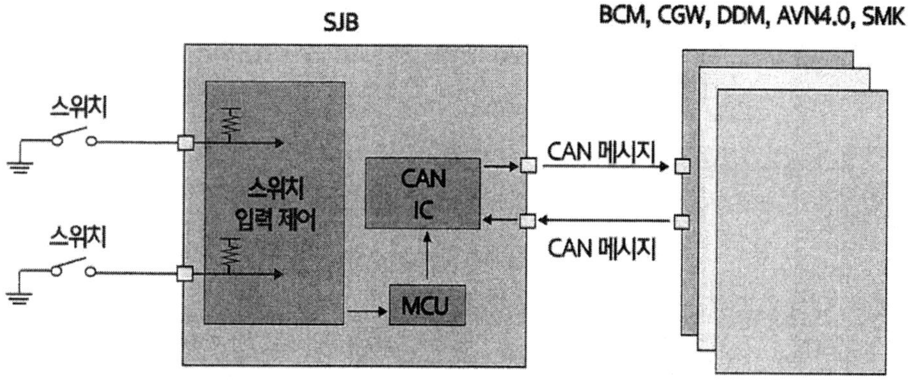


그림 2-25

## (5) 내부 릴레이 제어기능

BCM과 DDM에서 전송하는 CAN 메시지를 통하여 SJB 내부의 릴레이 On/Off 동작을 수행하고 리어 와이퍼 릴레이는 BCM이 하드 와이어로 직접 On/Off를 제어한다.

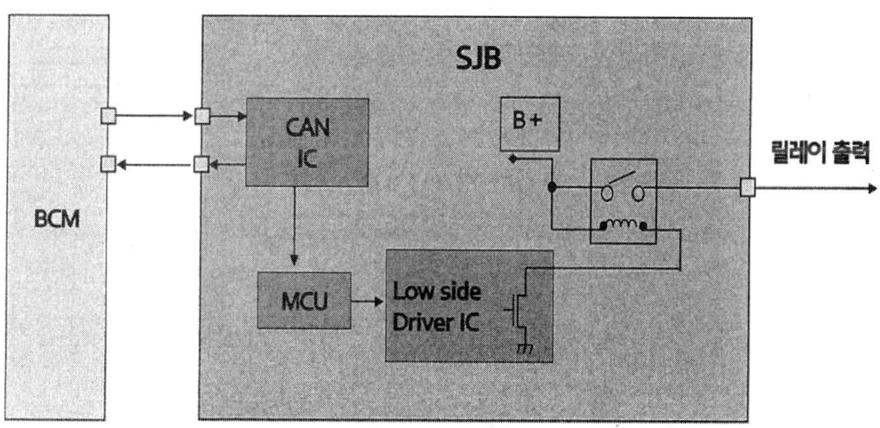


그림 2-26 내부 릴레이제어 등가회로

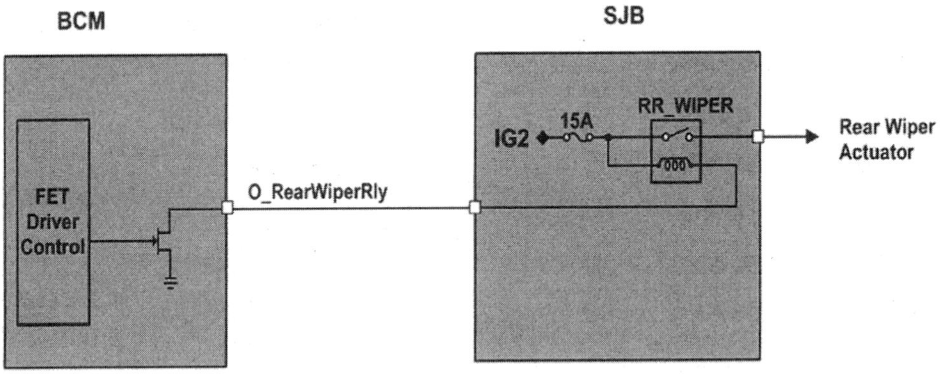


그림 2-27 리어 와이퍼 제어 등가회로

### (6) 외부 릴레이 제어기능

BCM과 DDM에서 전송하는 CAN 메시지를 통하여 SJB 외부의 릴레이 On/Off 동작을 수행하고, 도난방지 혼 릴레이, 앞 유리 열선 릴레이, Dead Lock 릴레이를 직접 On/Off 제어한다.

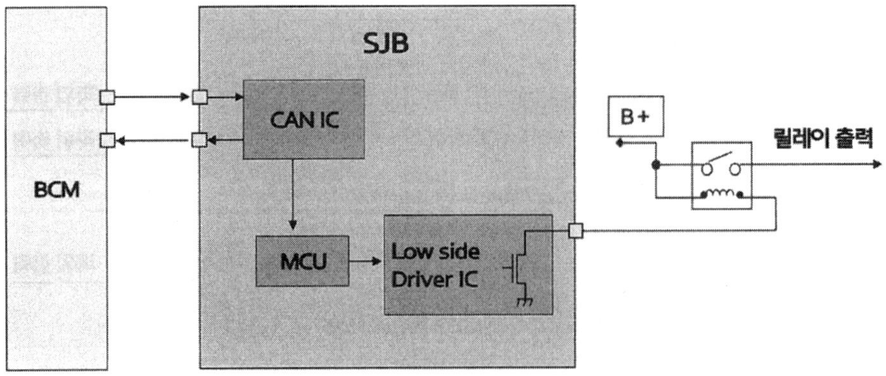


그림 2-28

### (7) IPS 램프제어 기능

BCM에서 전송하는 CAN 통신 메시지를 통하여 램프류 On/Off 동작을 수행하고 IPS를 통하여 램프에 흐르는 전류를 감지하여 과전류가 흐를 시 해당 램프를 Off한다(PCL 제어

: 램프의 전류를 감지하여 기준 전류를 초과할 경우 램프의 전류를 차단).

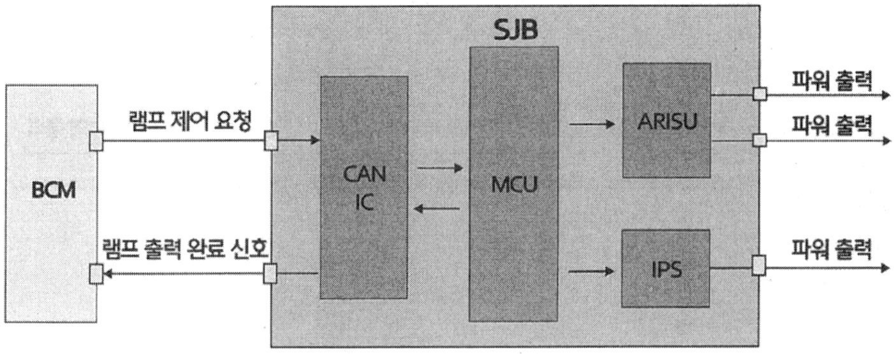


그림 2-29 IPS 램프 제어 등가회로

1) ESS 제어 기능

기존 차량에서 별도 릴레이 장착을 통해 제공하던 급제동 경보 시스템(ESS : Emergency Stop Signal) 기능을 SJB 내부 IPS로 제어한다.

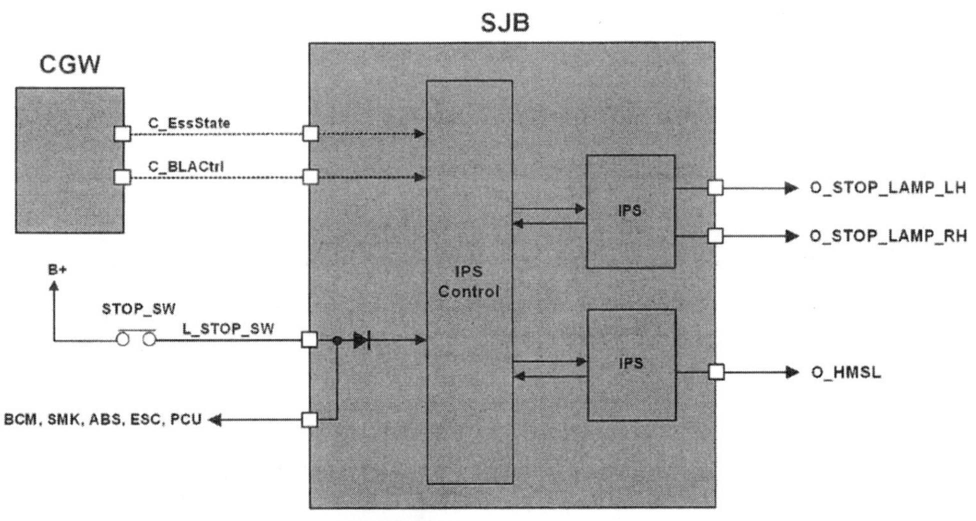


그림 2-30 ESS 제어 등가회로

## 2) 턴 시그널 스위치 전압 검출 방식

기존 차량에서 별도 배선을 통해 입력되던 L/RH 턴 시그널 스위치 신호가 한 선으로 입력되며, SJB는 입력되는 전압의 차이로 LH/RH 신호를 판별한다.

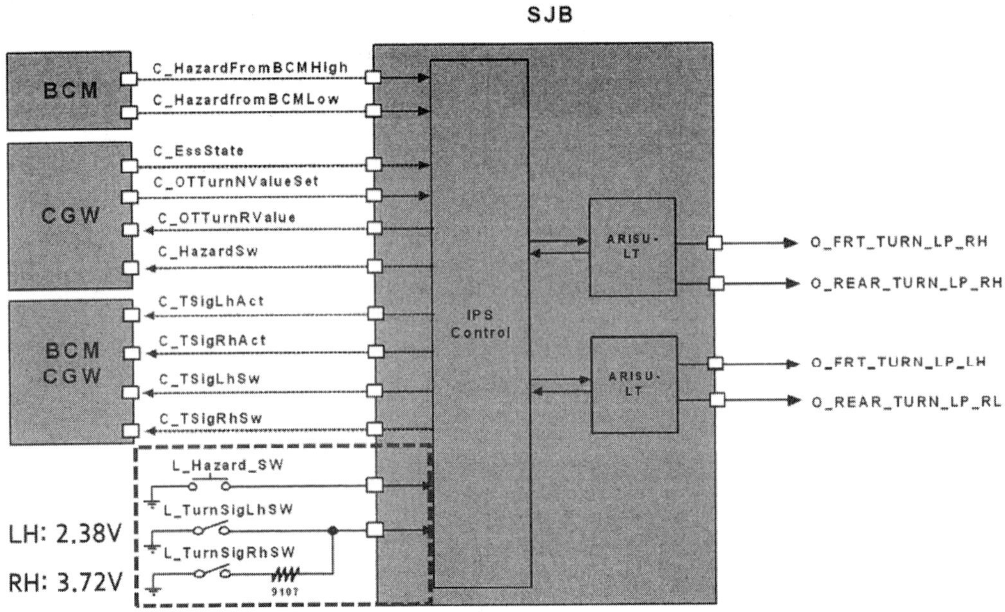


그림 2-31 턴 시그널 스위치 등가회로

## (8) Door Zone Architecture

DDM에서 전송하는 CAN 통신 메시지를 통하여 O/S Mirror의 상·하, 좌·우 동작 및 Power Window 상·하 제어신호를 출력 제어한다.

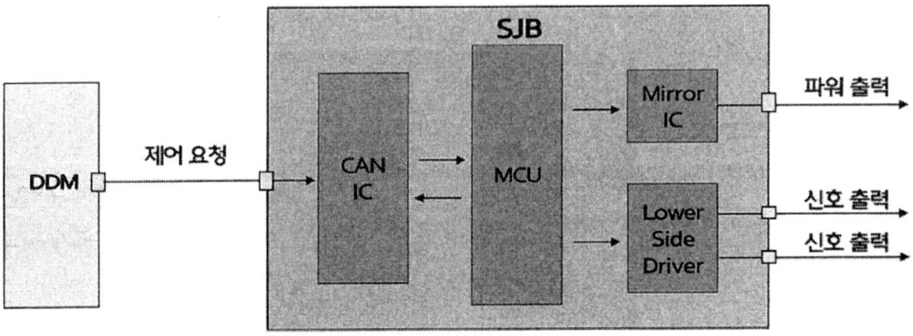


그림 2-32 Door Zone Architecture 등가회로

### 1) O/S Mirror 제어

기존 차량의 아웃사이드 미러는 DDM이 직접 제어하여 구동하였으나 신 차량에서는 DDM의 신호를 받아 SJB가 아웃사이더 미러 모터의 작동을 제어한다(동승석 쪽만 해당되며, 운전석 측은 DDM이 제어한다).

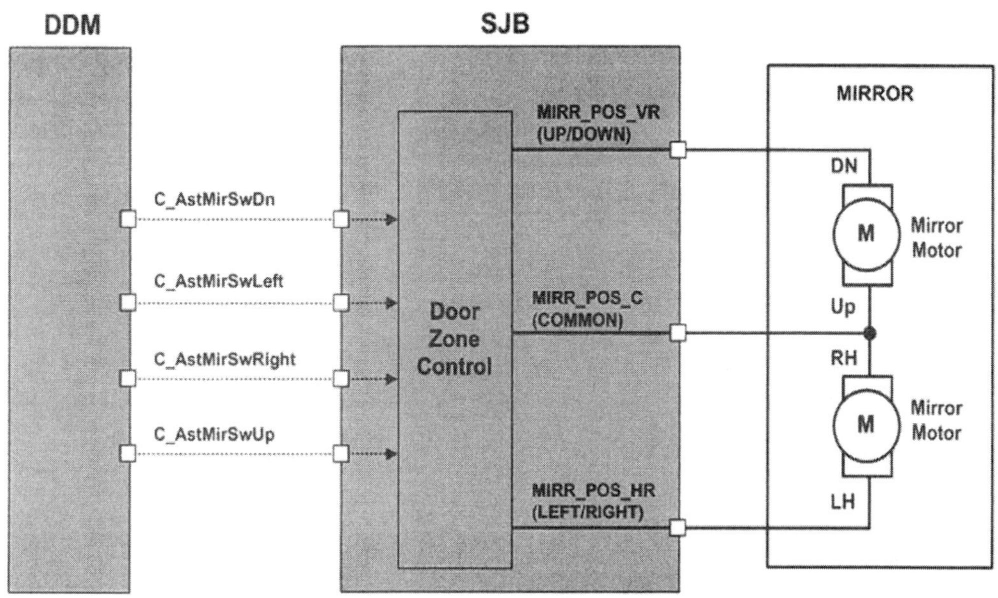


그림 2-33 O/S Mirror 제어 블록 다이어그램

### 2) Power Window 제어

기존 차량의 동승석 및 리어 파워 윈도우 제어는 DDM의 CAN 신호에 따라 ADM이 직접 제어하였으나 신 차량에서는 DDM의 신호를 받아 SJB가 제어한다.

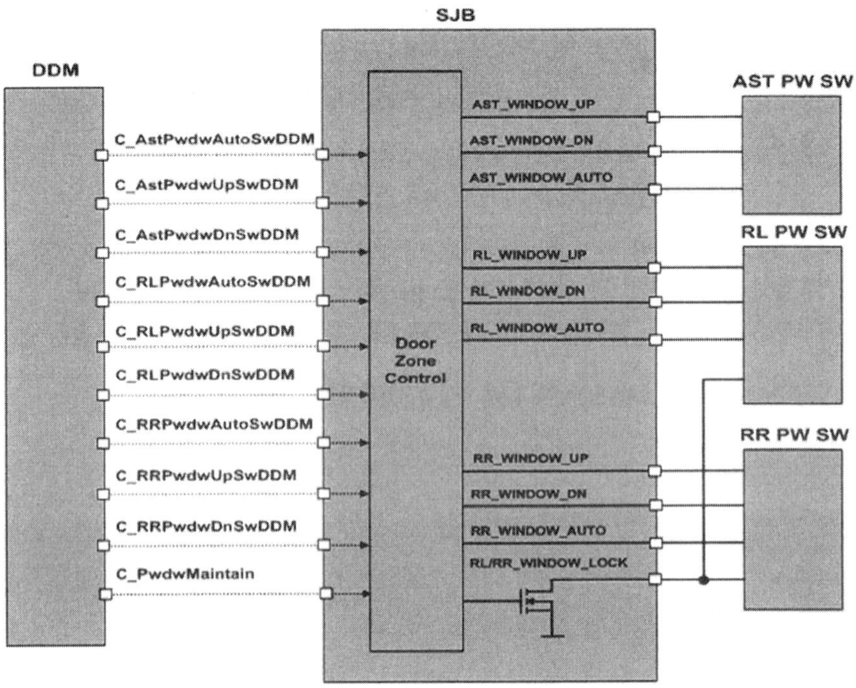


그림 2-34 Power Window 제어 블록 다이어그램

## [9] 페일세이프(Fail-safe) 기능 제어

### (1) B+ Back-Up

① 적용목적 : 메인 전원 이상(단선)에 의한 SJB 구동 불가 방지

② 동작방식 : 메인 전원(B+ 3) 단선 시 Back-Up 전원(B+ 5) 공급

### (2) 암 전류 차단 릴레이 BACK-Up

① 적용목적 : SJB 내 MCU에서 제어불능 상황발생 시 해당 부하의 동작 불가 방지

② 동작방식 : IGN1 SW ON 시 BACK-UP 전원공급으로 암전류 차단 릴레이 구동

### (3) H/W 안전모드(Rescue)

① 적용 목적 : SJB 제어 불능 시 헤드램프 로우 출력으로 야간 시야 확보 및 주행 안전성 확보

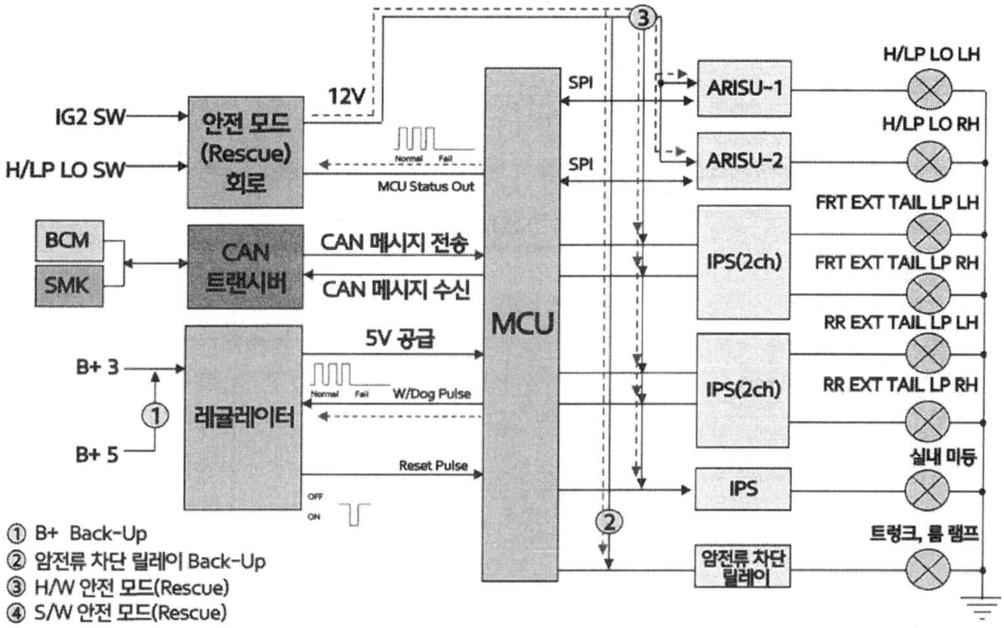


그림 2-35

② 동작방식 : MCU 고장(외부 물리적, 전기적 충격으로 인한 동작불능 시, IGN2 가 ON이고 헤드램프 로우 스위치가 ON 상태이면 미등, 헤드램프 점등.

### (4) S/W 안전모드(Rescue)

① 적용목적 : CAN 라인 단선 또는 BUS OFF 시 헤드램프 로우 점등으로 야간 시야 및 안전성 확보

② 동작방식 : CAN FAIL 시, IGN2가 ON이고 헤드램프 로우 스위치가 ON이면 미등, 헤드램프 점등

### (5) CAN FAIL

주기적인 CAN signal이 1.5초 이상 수신되지 않으면 CAN Fail 조건이 된다.

### (6) MCU 초기화

IGPM의 Front-B 전원 커넥터 탈거 후 재접속한다.

## [10] 정션박스 기능을 수행하기 위한 입·출력요소 사항

### 1) 동승석 리마인드 매트

동승석 안전벨트 경고를 목적으로, 승객 탑승 유무를 감지하는 매트로서 어드밴스드 에어백이 적용된 차량의 경우 승객 구분신호를 CAN 통신으로 받아 BCM이 제어한다.

① 승객 있을 때 : 2.8V 이상

② 승객 없을 때 : 2.2V 이하

### 2) HID 옵션

PCL 제어를 위해 HID 적용 유무를 확인하는 단자로 와이어링 결선으로 구분한다(점등 초기 돌입 전류량 다름).

① HID 전조등 : 접지(0V)

② 벌브 방식 전조등 : 접지 해제(12V)

### 3) 테일램프 옵션

정지등 및 테일램프의 OCL 기능을 수행하기 위해 LED 방식과 벌브 방식을 구분한다.

① LED 방식 : 접지(0V)

② 벌브 방식 : 접지 해제(12V)

### 4) 전방 안개등

전방 안개등 적용 유무 설정

① 안개등 적용 : 접지(0V)

② 안개등 미적용 : 접지 해제(12V)

## [11] 램프 보호기능

IPS 통해 제어하는 대상 램프의 단선 및 접지 단락을 감지하여 해당 회로를 차단하는 기능이다.

### 1) PCL(Programmable Current Limit)

① 램프에 규정 이상의 과전류가 흐를 경우 감지

② 300ms 이상 과전류가 흐르면 회로 차단한다.

③ 스위치 off 후 on시 또는 IGN off 후 on시 과전류가 흐르지 않으면 램프 정상 제어

④ 과전류 감지 시 고장코드 기록

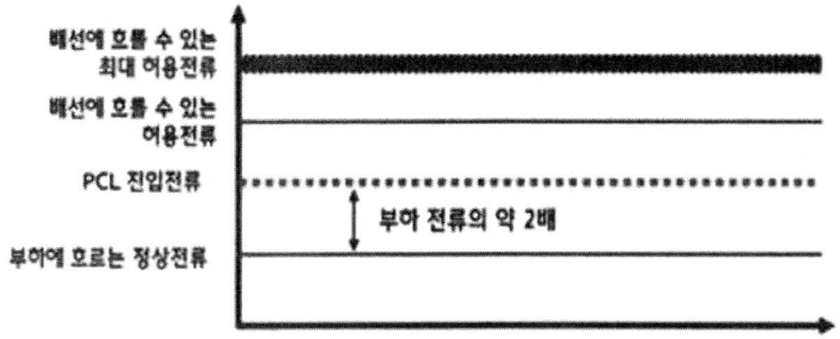


그림 2-36

### 2) OCL 기능(Open Current Limit)

① 램프에 전류가 흐르지 않을 경우 단선 감지

② 램프의 단선 감지 및 방향지시등의 단선을 감지하여 빠른 점멸 동작

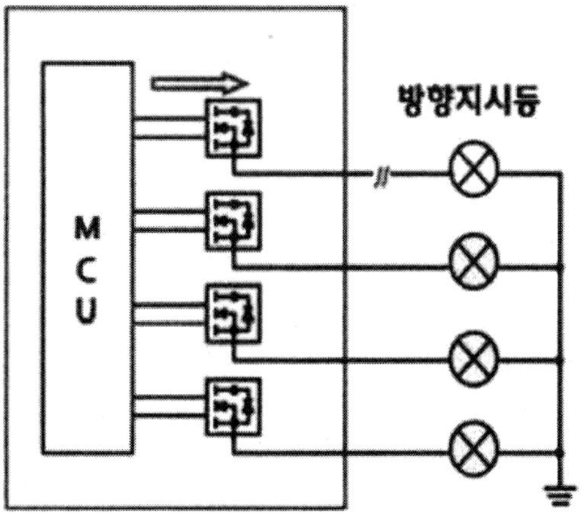


그림 2-37

③ 스위치 off 후 on시 또는 IGN off 후 on시 전류가 정상이면 램프 정상 제어

④ LED 방식 램프는 OCL 기능 없음

### 3) 부하별 허용전류표

| No | 구 분 | PCL 전류(일반) | OCL 전류(일반) | 비교 |
|---|---|---|---|---|
| 1 | 전조등 Low/High 좌, 우(벌브 타입) | 11.5A | 0.6A | |
| 2 | 전조등 Low/High 좌, 우(HID 타입) | 12.2A | 0.6A | |
| 3 | 전방 안개등 | 11A | 0.6A | |
| 4 | 외부 미등(전) | 3A | | OCL 없음 |
| 5 | 외부 미등(후) | 5.5A | | OCL 없음 |
| 6 | 내부 미등 | 4.8A | | OCL 없음 |
| 7 | 방향지시등(전) | 6.4A | 1.3A | |
| 8 | 방향지시등(후) | 6.4A | 1.3A | |
| 9 | 정지등 | 5.6A | 0.45A | |
| 10 | 스태틱 밴딩 램프 | 11.5A | 0.7A | |

### 4) 아반떼 램프 보호기능

| No | 구 분 | PCL 전류(평균)<br>이상시 차단 | OCL 전류(평균)<br>이하시 차단 |
|---|---|---|---|
| 1 | 전조등 Low/High 좌, 우(벌브 타입) | 12.5A | 0.6A |
| 2 | 전조등 Low/High 좌, 우(HID 타입) | 점등 초기 : 21.7A<br>점등 35초 후 : 12.18A | 0.6A |
| 3 | 전방 안개등(좌, 우) | 12.5A | 0.6A |
| 4 | 외부 미등(앞 좌, 우) | 6.2A | 감지하지 않음 |
| 5 | 외부 미등(뒤 좌, 우) | 6.2A | |
| 6 | 내부 미등 | 7.2A | |
| 7 | 방향지시등(전 좌, 우) | 7.2A | 1A |
| 8 | 방향지시등(후 좌, 우) | 7.2A | 1A |
| 9 | 정지등(좌, 우) | 6.2A | 0.3A |
| 10 | DRL (좌, 우) | 7.2A | 벌브 타입 0.35A |

## 12 암 전류 자동 차단장치

스위치 입력이 없을 때(Sleep 모드 진입) 주행과 관계없는 전원을 차단하여 암전류 발생을 억제하여 이상전류의 흐름을 차단한다.

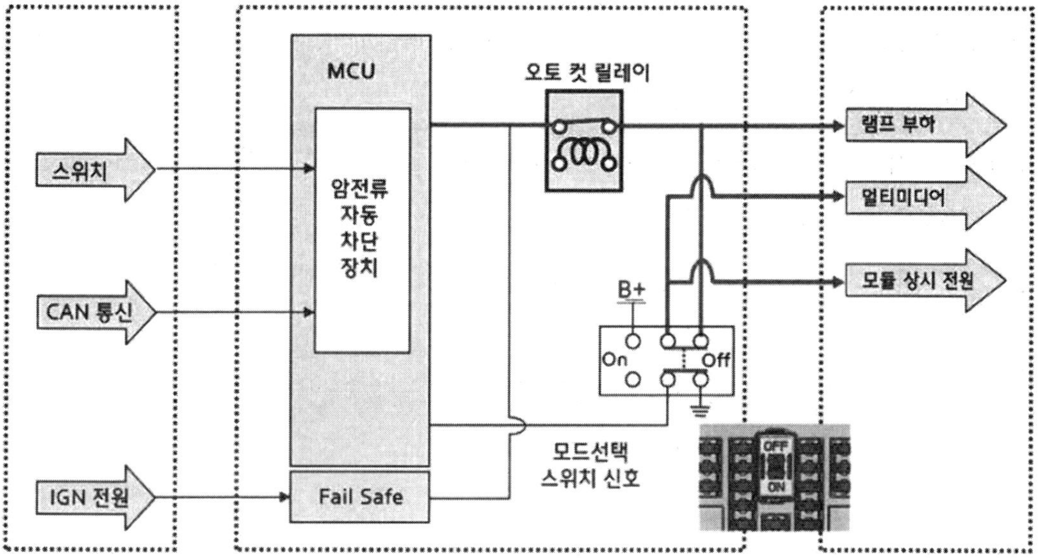


그림 2-38

| 모드스위치 상태 | 차량상태 | 자동차단 모드 |
|---|---|---|
| 고객인도 전<br>(Off 상태) | 경계진입 또는 스위치 상태가 변화가 없을 때 | - CAN Sleep 진입 5분 후 오토컷 릴레이 차단<br>- 릴레이 차단 후 SJB도 power Down |
| 고객인도 후<br>(On 상태) | 스위치 상태가 변화가 없을 때 | - CAN Sleep 진입 20분 후 오토컷 릴레이 차단<br>- 릴레이 차단 후 SJB도 power Down |
| | 경계진입시 | - 35초~65초 후 오토컷 릴레이 차단(타 전장 모듈 Sleep 대기시간 : 30초~60초, SJB Sleep 대기시간 : 5초)<br>- 릴레이 차단 후 SJB도 power Down |

암 전류 차단 이후에 IGN on, 스마트키(리모컨), 도어 스위치, 도어 록 등 주요 스위치 신호가 입력되면 차단모드는 즉시 해제된다.

## 06 바디컨트롤 모듈(IBU : Integrated Body control Unit)

### [1] 바디컨트롤 모듈의 개요

바디전장기능 통합제어 및 스마트키 기능을 내장하고 타이어 압력센서 신호 수신(TPMS) 기능까지 하나로 통합되어 바디 전장을 제어하는 모듈이다. 바디컨트롤 모듈은 다음과 같은 특징을 가지고 있다.

① IBU는 기존의 BCM과 IBU, TPMS의 기능을 모두 제어하는 전자장치의 종합 제어기 역할을 수행한다.

② IBU기능으로는 시트벨트 인디게이터, PAS, 리어 커튼, 스티어링 휠 열선 등을 제어한다.

③ IBU는 버튼 시동 스마트키, 스마트 트렁크 기능을 제어한다.

④ TPMS는 High Line 적용한다.

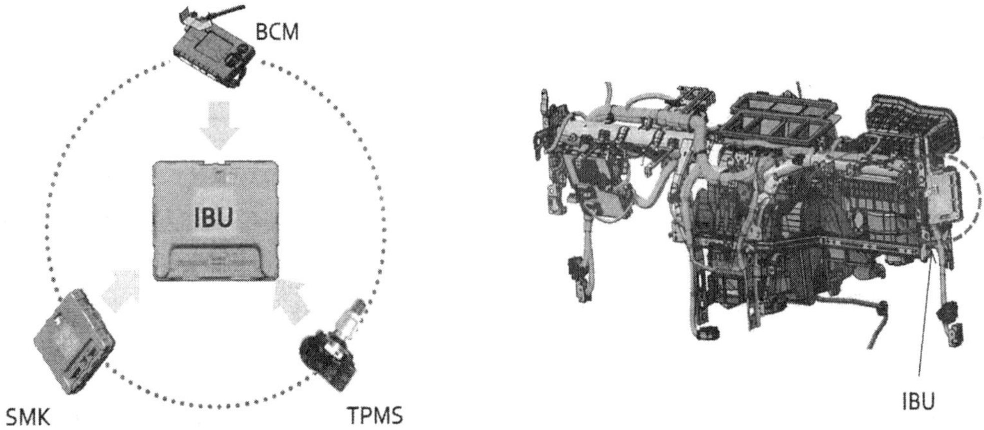


(a) 통합제어 개념 (b) 장착위치

그림 2-39

## [2] 파워 윈도우 제어기능

### 1) 속도 가변형 세이프티 파워 윈도우 제어 구성도

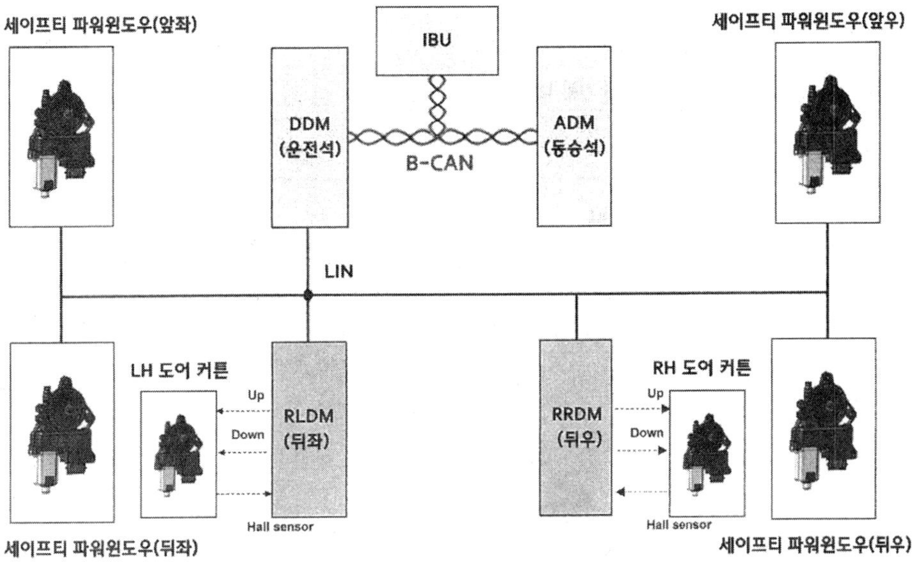


그림 2-40

### 2) 모듈별 주요 입·출력 및 제어

| 입력 구분 | 주요 제어 내용 |
|---|---|
| DDM<br>CAN 입력 | - 동승석 파워 윈도우 스위치 정보<br>- IBU로부터 RKE에 의안 윈도우 Up/Down 명령 수신 |
| DDM<br>LIN 입력 | - RLDM, RRDM 스위치로부터 리어 좌·우측 스위치 및 커튼 위치 정보<br>- 앞좌, 앞우, 뒤좌, 뒤우 세이프티 파워 윈도우로부터 윈도우 개폐상태 정보 |
| DDM<br>LIN 출력 | - 윈도우 동작 가능 상태를 판단하여, 앞좌, 앞우, 뒤좌, 뒤우 세이프티 파워 윈도우에 Auto Up, Auto Down, Manual Up, Manual Down 명령 송신<br>- IBU로부터 신호를 수신하여 Front 윈도우(앞좌, 앞우), Rear 윈도우(뒤좌, 뒤우) Up, Down, Stop 명령 송신<br>- LH/RH 도어 커튼 출력을 판단하여 RLDM, RRDM에게 Up, Down 명령 송신 |

### 3) 리모컨 연동 파워 윈도우 제어

#### (1) 입·출력 및 제어 특징

① LOCK 버튼을 3초 이상 작동시키면 윈도우 Up

② 도어가 UNLOCK 상태에서 LOCK을 하면 도어 LOCK 후 윈도우가 작동

③ 4개의 윈도우를 동시에 작동해야 할 조건에서는 앞쪽 먼저 작동 후 200ms 후에 뒤쪽 작동

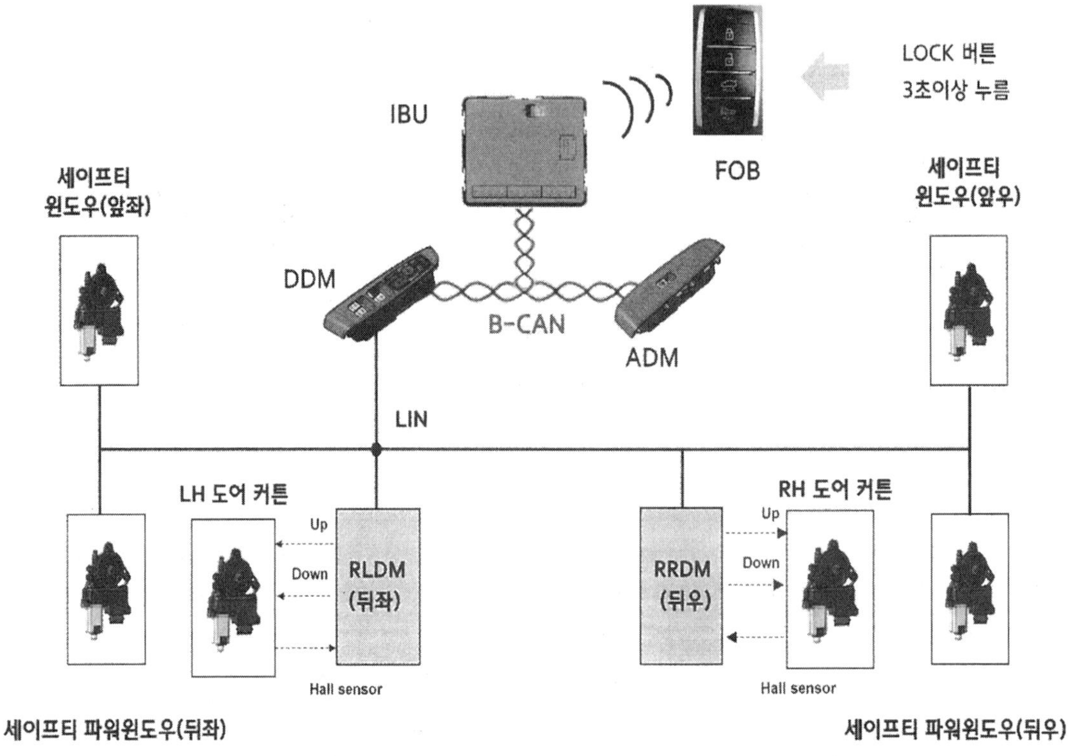


그림 2-41

### 4) 파워 도어록, 언록 제어

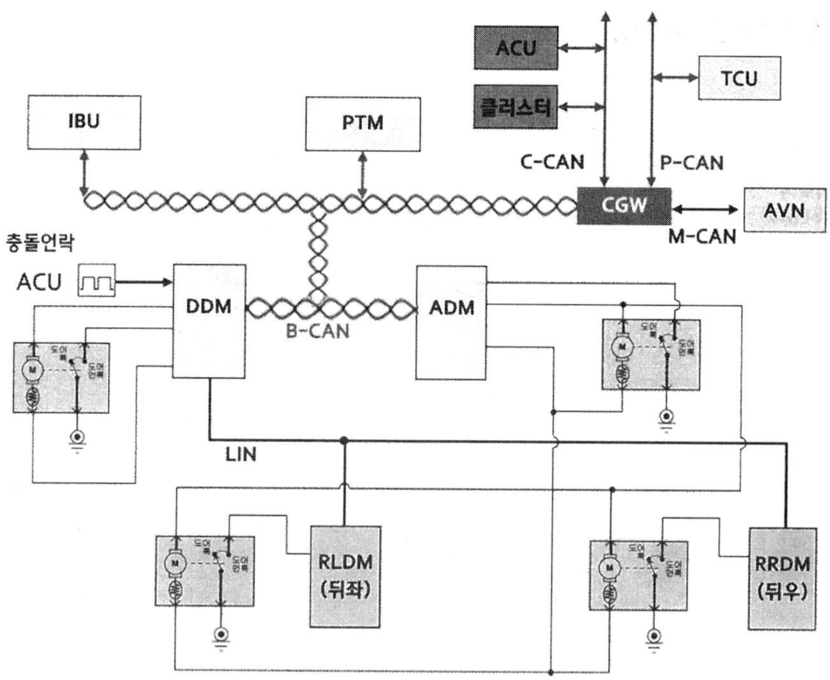


그림 2-42

#### (1) 입 · 출력 및 제어특징

| 구 분 | 주요 입 · 출력 및 제어내용 |
|---|---|
| DDM | - Crash Unlock 입력, 운전석 도어 록 액추에이터 제어 & 운전석 액추에이터 록 · 언록 상태 모니터링<br>- CAN 통신 메시지 송 · 수신, 집중 도어 록 · 언록 동작 관련 CAN 통신 메시지 송 · 수신 & 액추에이터 상태 정보 송신 |
| ADM | - 동승석, 뒤좌, 뒤우 도어 록 액추에이터 제어 & 동승석 액추에이터 록 · 언록 상태 모니터링<br>- CAN 통신 메시지 송 · 수신, 집중 도어 록 · 언록 동작 관련 CAN 통신 메시지 송 · 수신 & 액추에이터 상태 정보 송신 |
| RLDM<br>RRDM | - 뒤좌, 뒤우 액추에이터 록 · 언록 상태 모니터링<br>- LIN 메시지 송신, 뒤좌, 뒤우 도어 록 액추에이터 상태 정보를 DDM으로 송신 |
| IBU | 집중 도어 록 · 언록 제어 관련 정보 CAN 통신 메시지 송 · 수신, 버글러 알람 상태, 30초 Relock, 액추에이터 상태 등 |

## 5) 아웃사이드 밀러 제어

### (1) 시스템 구성 Block Diagram

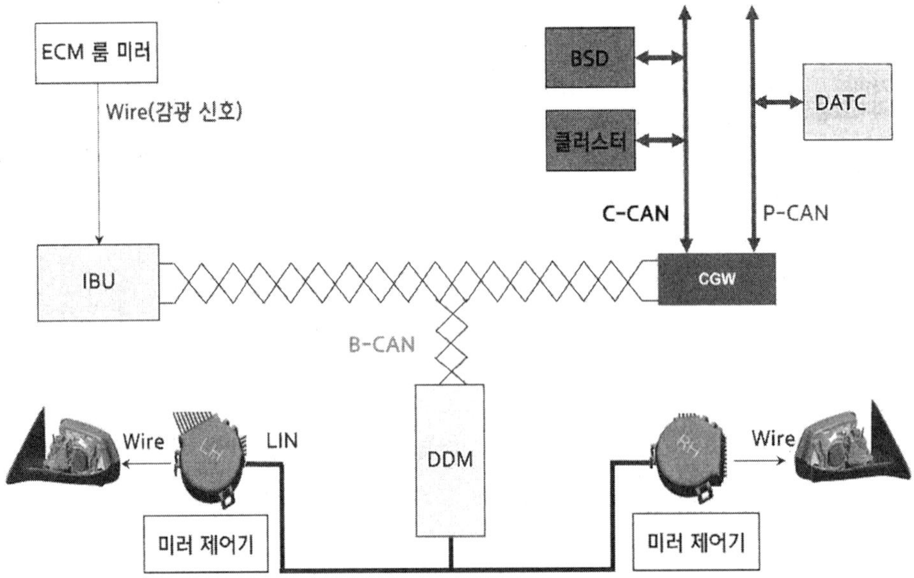


그림 2-43

### (2) 모듈 별 주요 입·출력 및 제어내용

| 구 분 | 주요 제어 내용 |
|---|---|
| ECM룸 밀러 | 실내 룸 미러에 장착된 센서를 통해 ECM룸 미러 감광 실행 결과 값(On, Off 신호)을 배선을 통해 IBU로 출력 → IBU는 입력된 값을 DDM으로 전송 → LIN 메시지로 좌·우 미러 제어기로 전송 → 아웃사이드 미러 감광 제어 |
| IBU | - 아웃사이드 미러 열선 출력 CAN 통신 메시지를 DDM으로 전송 → LIN 메시지로 좌·우 미러 제어기로 전송 → 아웃사이드 미러 열선제어<br>- 패시브 록·언록 CAN 통신 메시지 전송, RKE, 패시브 미러 폴딩, 언폴딩 제어 |
| DDM | - 아웃사이드 미러 각도 신호 및 위치 값(IMS 제어, 오토리버스 포함) LIN 통신 메시지로 송·수신 → 제어기<br>- 미러 폴딩, 언 폴딩 제어신호 LIN 통신 메시지로 전송 → 미러 제어기 |

## (3) 미러 통합 제어기

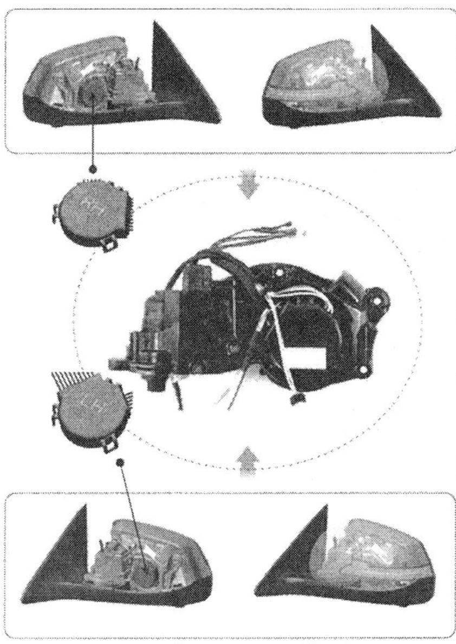


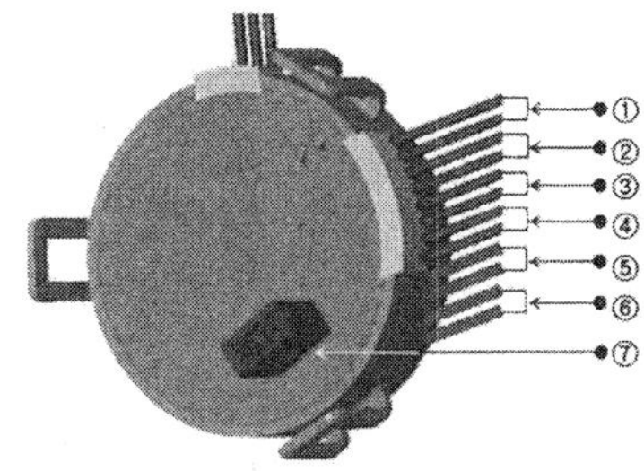


| No | Pin 기능 |
|---|---|
| ① | 전동 폴딩 유닛(모터 제어) |
| ② | 미러 열선 |
| ③ | 퍼들 램프 |
| ④ | BSD 경고등 |
| ⑤ | ECM 감광 미러 |
| ⑥ | 외기 온도 센서 |
| ⑦ | 액추에이터(미러 각도 제어) |

그림 2-44

## (4) 미러통합 제어기 회로도

① DDM(LH), ADM(RH)이 LIN 통신으로 미러 제어기 제어

② 외기 온도센서는 운전석(LH)에만 적용

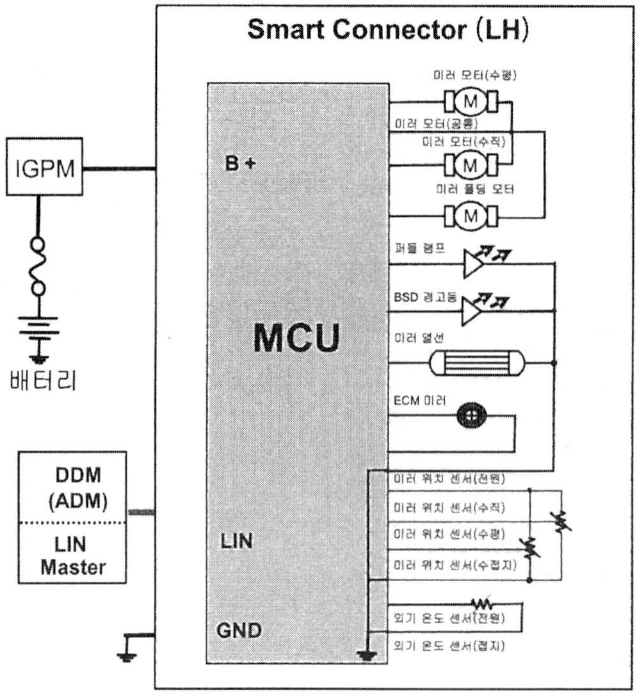


그림 2-45

## 6) 와이퍼 제어 시스템

### (1) 시스템 구성 Block Diagram

와이퍼 제어는 B-CAN과 LIN 통신을 통해 이루어진다.

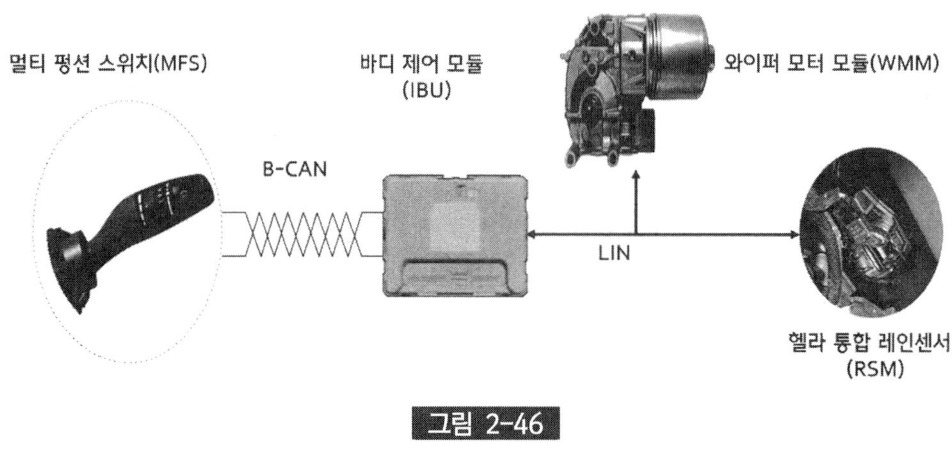


그림 2-46

### (2) 와이퍼 시스템 주요 입·출력 및 제어내용

| 구 분 | 주요 제어내용 |
|---|---|
| 멀티펑션 스위치 | 멀티 펑션 스위치(와이퍼)의 각종 스위치 선택 신호를 B-CAN 통신 라인을 통해 IBU로 전송한다. |
| IBU | IBU는 LIN 통신라인을 통해 와이퍼 제어 관련 스위치 신호, 와이퍼 작동 명령 및 레인 센싱 제어 관련 신호를 전송한다. |
| 와이퍼 모터 | 와이퍼 모터 모듈은 모터 작동, 고장 상태, 모터 위치(파킹 포지션, 와이퍼 작동 중) 정보를 LIN 통신라인을 통해 IBU로 전송한다. |
| 레인 센서 | 레인센서 모듈은 빗물량 감지에 따른 와이퍼 Low, High 구동신호, 센서 고장정보 등을 IBU으로 전송하면 IBU는 와이퍼 모터로 작동 신호를 전송한다. |

## 7) 헬라 통합형 레인센서 시스템의 구성

### (1) 시스템 구성

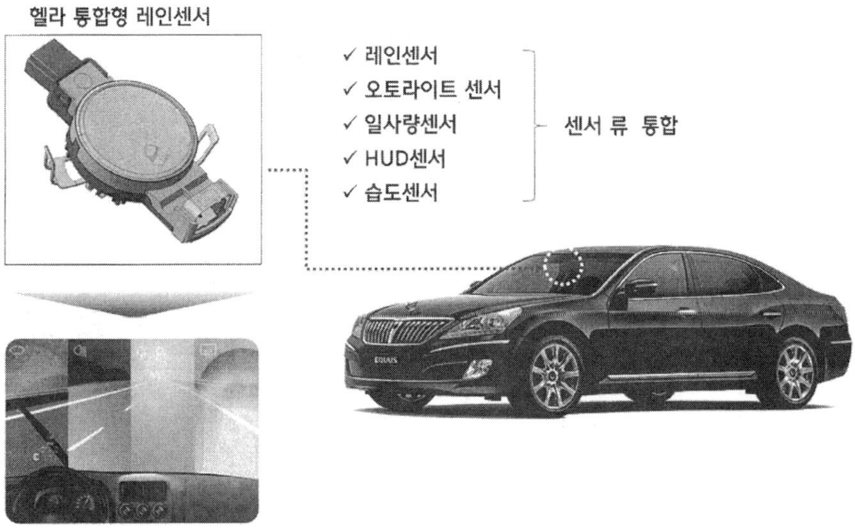


그림 2-47

## (2) 입 · 출력 및 제어특징

| 구 분 | 주요 입 · 출력 및 제어내용 |
|---|---|
| 레인센서 | 빗방울을 감지하여 와이퍼를 자동 제어한다. |
| 오토라이트센서 | 차량 주위와 전방의 빛의 밝기를 감지하여 오토라이트를 제어한다. |
| 일사량센서 | 차량 내부에 비치는 빛의 방향을 감지하여 공조 시스템에 그 신호를 보내준다. |
| HUD센서 | 차량으로 반사되는 빛의 밝기를 감지하여 HUD 밝기를 제어한다. |
| 습도센서 | 앞 유리의 습도와 온도를 감지하여 공조 시스템에 그 신호를 보내준다. |

## (3) 헬라 통합 레인센서 와이퍼 연동 오토라이트 제어

빗물량에 따라 와이퍼와 오토라이트를 연동 제어한다. 헬라 통합 레인센서 와이퍼 연동 오토라이트 제어 상세 로직은 다음과 같다.

① 수동으로 와이퍼를 LOW 또는 HI로 5초 이상 작동시키면 오토라이트 ON 신호를 전송한다.

② 사용자가 빗물 감지 후 AUTO 모드를 선택했을 경우 30초 이내에 2회 이상 와이핑 동작이 된다면 오토라이트 ON 신호를 전송한다,

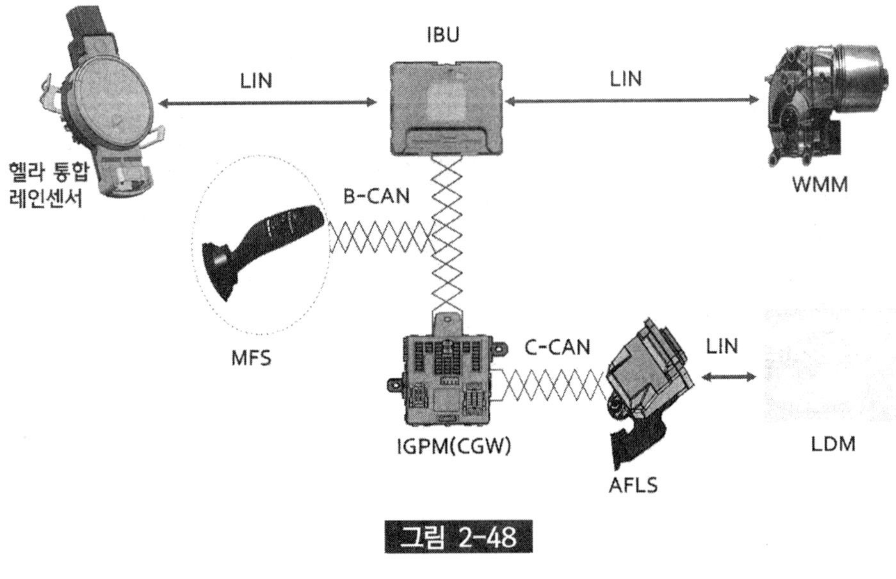


그림 2-48

③ 빗물 감지 이전에 AUTO 모드를 선택했을 경우 60초 이내에 4회 이상 와이핑 동작이 된다면 오토라이트 ON 신호를 전송한다.

④ 상기 제어동작 중 60초 동안 2회 미만 와이핑 동작 시 2분 후에 오토라이트 OFF 신호를 전송한다.

⑤ 수동으로 와이퍼 작동 후 와이퍼 OFF 상태로 30초 이상 유지 시 오토라이트 OFF 신호를 전송한다.

### (4) IBU-헬라 센서 LIN 통신

헬라 통합 레인센서 LIN 통신은 다음과 같다.

① 헬라 통합 레인센서는 LIN 통신을 통해 IBU와 정보를 송·수신한다.

② IBU로부터 받는 신호는 와이퍼 위치, IGN ON, 스위치 감도, 차량속도, 유리 특성의 신호를 받는다.

③ IBU로 주는 신호는 와이핑 요청, 라이트 ON/OFF, 일사량 센싱 값, 앞 유리 온도와 습도, HUD 밝기 신호 값을 보낸다.

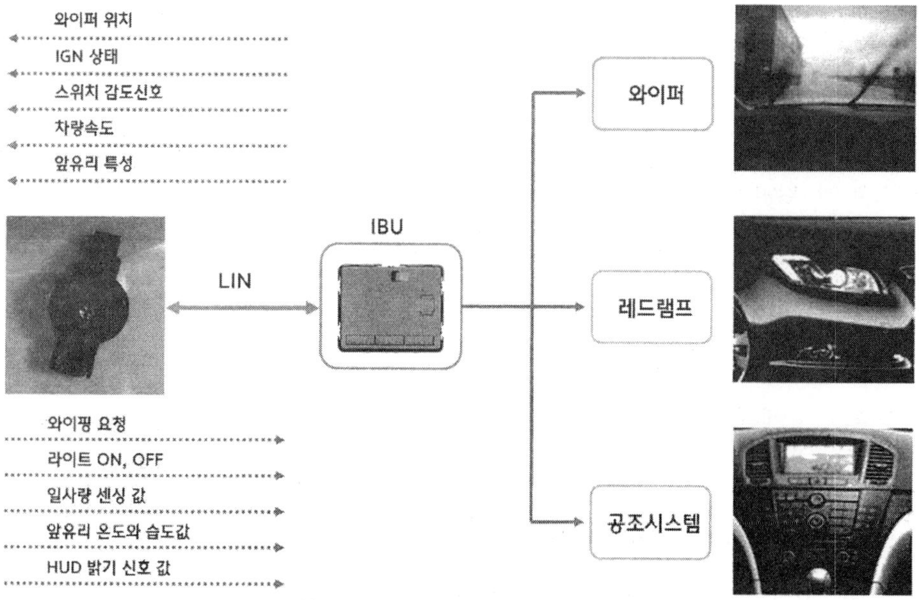


그림 2-49

### (5) 윈도우 열림 알림

윈도우 열림 알림 입·출력 및 제어 특징은 다음과 같다.

윈도우 열림 신호는 세이프티 ECU에서 12펄스(5mm) 이상의 위치 정보를 입력받았을 때 송신한다.

① 각 도어 세이프티 ECU에서 LIN 통신을 통해 DDM으로 윈도우 정보를 송신한다.

② DDM은 B-CAN 통신을 통해 IGPM에 정보를 송신한다.

③ IGPM은 C-CAN 통신을 통해 클러스터에 정보를 송신한다.

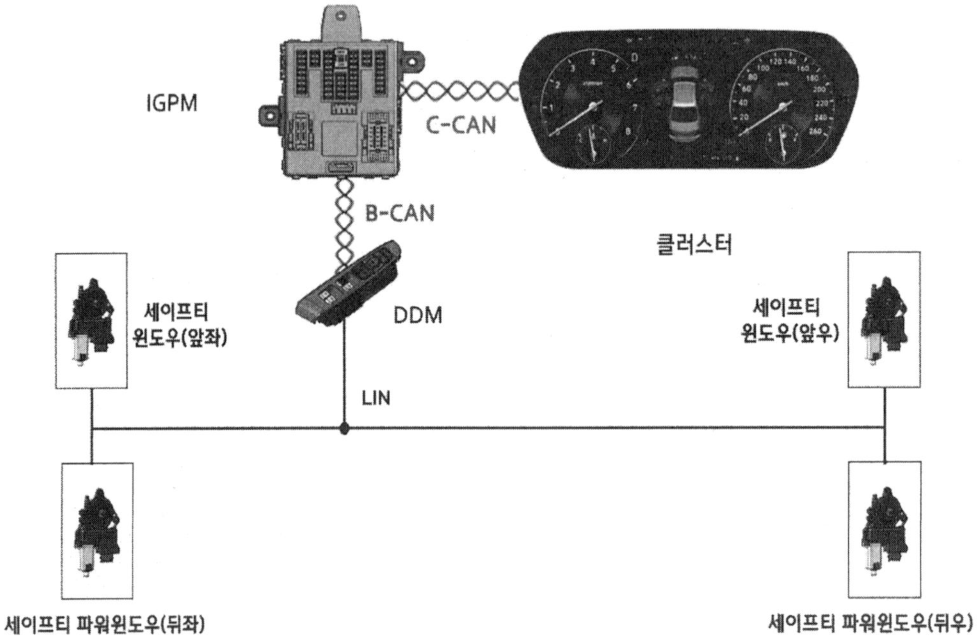


그림 2-50

### (6) 암전류 차단 스위치 Off시 알림

SOC 표출은 고객에게 차량인도 시 또는 장기간 방치 시 배터리 방전을 방지하기 위한 기능으로 입·출력 및 제어 특징은 다음과 같다.

① 총 주행거리 50km 이하에서 표시한다.

② 암 전류 차단 스위치 OFF(고객 인도전 모드) 상태에서 표시한다.

③ 고객에게 차량인도 후 배터리 방전을 사전에 예방하기 위해 표시한다.

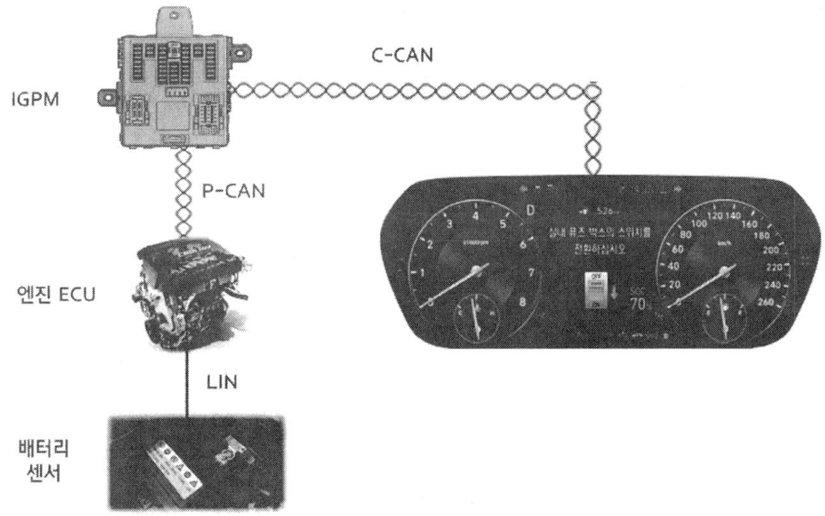


그림 2-51

### (7) 헤드램프 제어 시스템의 구성

① HI 헤드램프는 HID와 LED 타입의 램프 적용

Full AFLS는 C-CAN 통신 라인을 통해 차속, 차고, 조향각 센서 등 차량의 다양한 전장 Unit으로부터 제공되는 CAN 통신 Data를 입력신호로 받아 야간주행 시 발생되는 여러 가지 운전상황(도로상태, 주행상태, 승차인원 및 화물 적재량) 변화에 대해 최적의 헤드램프 조명 상태를 제공하기 위한 지능형 전조등 시스템이다.

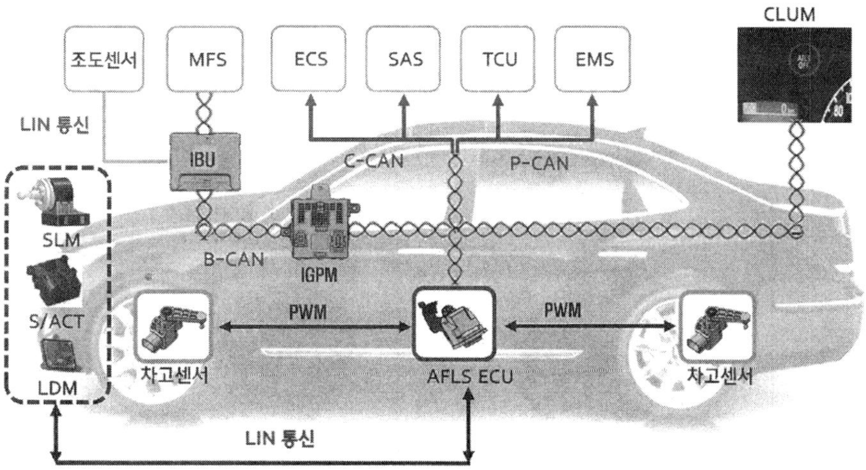


그림 2-52

② AFLS 제어 시스템의 구성

| 역 할 | 입력요소 | 시스템 제어<br>(AFLS) | 시스템 출력<br>(헤드램프) |
|---|---|---|---|
| 형 상 | 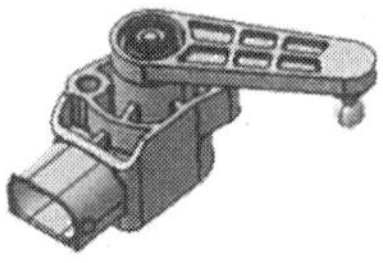 |  |  |
| 기 능 | -차량 주행상태(속도, 차량 기울기, 조향각) 및 각종 센서를 통한 환경 신호수집<br>-차고센서(PWM)<br>-기타 입력(CAN) | -입력신호를 연산, 판단하여 출력부 제어<br>-중앙처리장치(ECU) | -입력 조건에 적합한 최적 조명 패턴조사<br>-LDM |

# 03

CHAPER

# 새시 통합제어 시스템

1. 통합제어의 개요
2. 주행모드 통합제어(i-DMIC)
3. HVCS 새시 통합제어(DSDC)
4. 스마트(Smart) 모드

CHAPTER

# 03 섀시 통합제어 시스템

## 01 통합제어의 개요

섀시 통합제어 = 주행모드 통합제어 + HVCS 섀시 통합제어를 ESC ECU H/W를 이용(유압장치와는 무관)하며, 로직 연산, CAN 통신 송수신, 고장처리 수행 등을 한다.

① 운전자 선택 모드

② 자동모드 : 긴급회피 보조 모드

③ SMART 모드

④ Individual 모드

## 02 주행 모드 통합제어(i-DMIC)

### (1) 운전자 선택모드

운전자가 DRIVE MODE 버튼 클릭 시 개별시스템 모드 변경

### (2) 자동모드 적용

긴급회피 보조 모드(충돌 위험경보 시 ESC/ECS 모드 자동 변경)

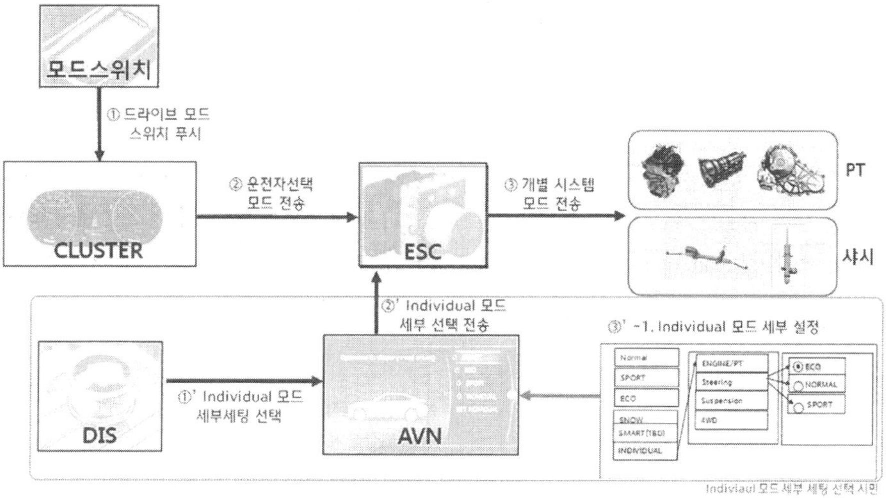


그림 3-1

### (3) SMART 모드 적용

TCU가 계산한 운전자 성향 판단 정보를 기반으로 개별 섀시 시스템 모드로 자동변경하는 모드 적용

### (4) Individual 모드 적용

운전자가 각 개별 시스템 모드를 직접 변경을 결정하는 모드

## 03 HVCS 섀시 통합제어(DSDC)

ESC ECU 내부에 로직 연산위치, 필요 입출력 신호는 ESC를 통하여 전달되며, ECS(전자제어 댐퍼) 전 · 후륜의 감쇠력 제어를 통한 핸들링(민첩성 및 안정성) 성능을 향상한다.

① ECS(전자제어 댐퍼)를 이용한 차량 횡 거동 제어

② 민첩성 제어 : 일반 선회 시 민첩성 증대, 긴급 선회 시 회피 성능 향상(전륜 댐퍼를 부드럽게, 후륜 댐퍼를 단단하게 세팅)

③ 안정성 제어 : ESC 진입조건에서 안정성 증대를 통한 ESC 개입 최소화 및 이질감 최소(전륜 댐퍼를 단단하게, 후륜 댐퍼를 부드럽게 세팅)

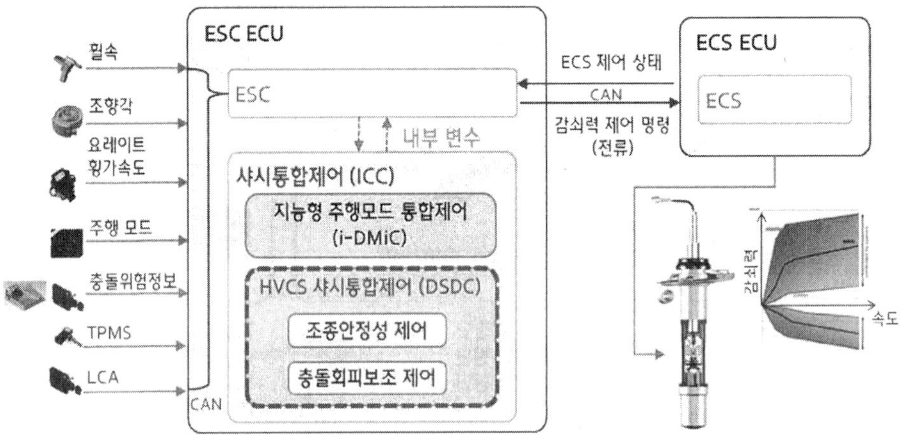


그림 3-2

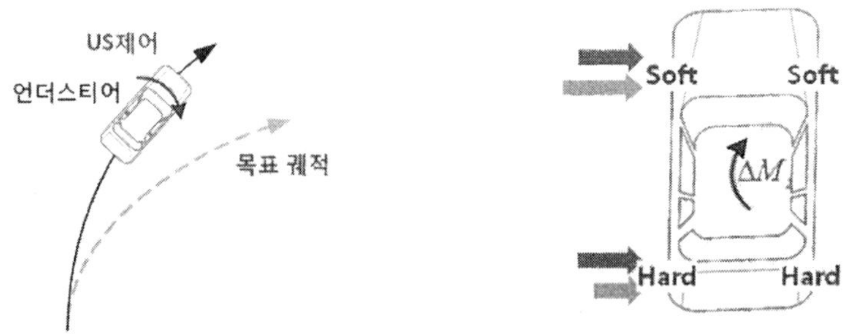


언더 스티어 조건 전륜 Soft

(a) 후륜 Hard 제어(민첩성 UP)

오버 스티어 조건 전륜 Hard

(b) 후륜 Soft 제어(안정성 UP)

그림 3-3

# 04 스마트(Smart) 모드

## (1) 스마트 모드의 개요

운전자의 가속페달, 핸들링 조작 등을 학습 및 실시간 감지하여 기존에 제공되던 ECO, COMFORT, SPORT 모드 중 현재의 운전 상황에 가장 적합한 주행 모드를 자동으로 제어하는 인공지능 주행모드 시스템이다.

| 운전 정보 입력 | 운전 성향 판단 | 차량 제어 |
|---|---|---|
| 가속 페달 <br>스티어링<br>전방레이더 <br>차속 <br>종 · 횡가속도 | 장기 및 단기<br>운전 성향 판단<br><br>*Fuzzy Control* | 연비형 제어 <br><br>가속형 제어 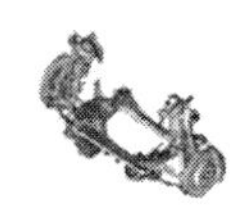 |
| 운전조작 및 도로특성 검출 | 발진 성향 판단<br>가속 성향 판단<br>선회 성향 판단 | 차량제어 모드<br>연비형<br>표준형<br>가속형 |

## (2) 스마트 모드의 장점

① 고객의 운전 성향을 실시간 학습하여 마일드 고객에게는 연비와 정숙성을, 스포티 고객에게는 가속 및 코너링 성능을 제공한다.

② 고객의 운전 성향을 클러스터 상에 마일드 ⇔ 다이나믹의 그래프로 표시하여 연비 및 안전운전을 유도한다.

③ 현재의 주행 모드를 클러스터에 표시하여 인식성을 극대화한다.

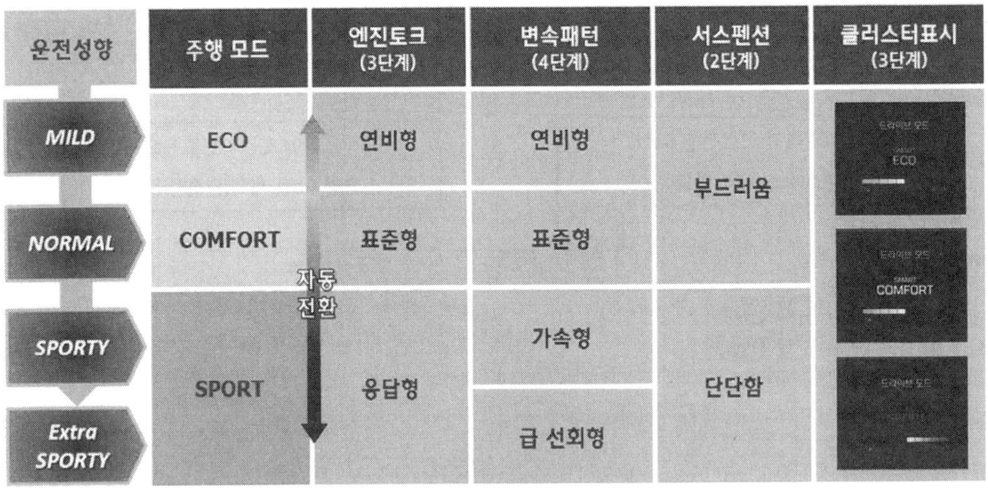
운전성향
주행 모드
엔진토크
(3단계)
변속패턴
(4단계)
서스펜션
(2단계)
클러스터표시
(3단계)
MILD
NORMAL
SPORTY
Extra
SPORTY
ECO
COMFORT
SPORT
자동
전환
연비형
표준형
응답형
연비형
표준형
가속형
급 선회형
부드러움
단단함
ECO
COMFORT

그림 3-4

# 04

CHAPER

# AVM [Around View Monitoring]

1. AVM시스템의 개요
2. 전체시스템 블록도
3. 시스템 상세기능
4. AVM 뷰
5. 공차보정

CHAPTER

# 04 AVM[Around View Monitoring]

## 01 AVM 시스템의 개요

차량의 전방, 양 측면, 후방에 각 1개씩 총 4개의 초 광각 카메라로부터 입력된 영상을 합성기술을 기반으로 차량 주변의 360도 조감도를 위에서 아래로 내려다 본 영상을 제공하는 시스템이다. AVM 시스템은 주차 및 저속운행 시 차량 주변 영상을 운전자에게 제공하여 차량운행의 안전성과 편의성을 향상시키는 것을 목적으로 한다.

① 차량 주변 영상 표시기능
② 가이드라인 조향 연동 표시기능
③ 전후방 근접 경고 표시기능
④ AS 공차 보정기능

등을 실시간으로 제공하는 주차 지원 시스템이다.

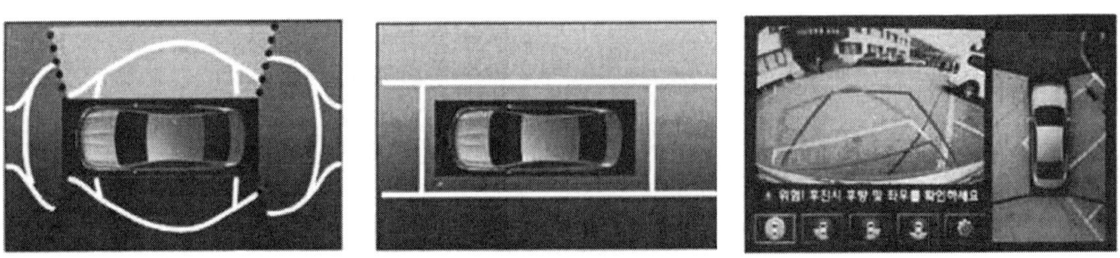

(a) 카메라 영상 (b) 어라운드 뷰 합성영상 (c) 어라운드 뷰 및 후방표시

그림 4-1

## 02 전체 시스템 블록도

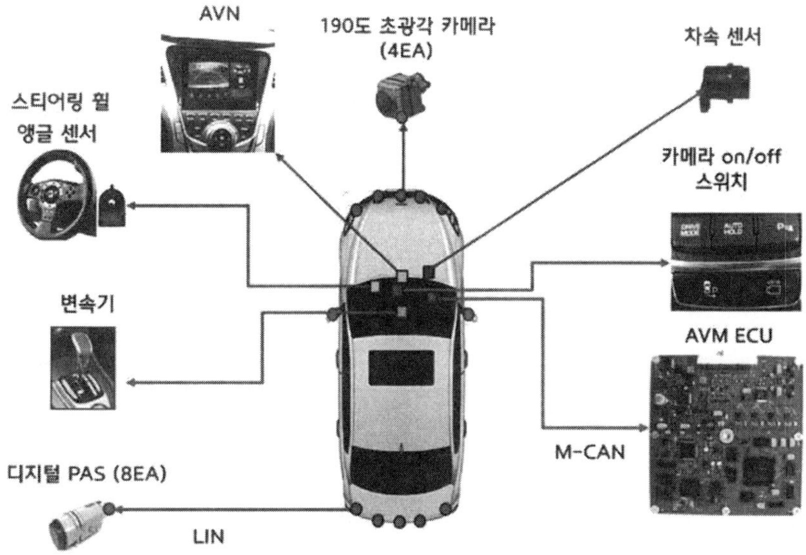


그림 4-2

## 03 시스템 상세기능

| NO | 주요기능 | 상세설명 | 비교 |
|---|---|---|---|
| 1 | 8개 뷰 모드 제공 | 전방 4개 뷰 모드, 후방 4개 뷰 모드 제공 | 왜곡 보정, 시점 변환, 영상합성 |
| 2 | 전방지원 모드 선택 기능 | 전방 모드 선택 스위치 이용한 전방 모드 선택 기능 | PGS blind 스위치와 통일 |
| 3 | 후방 조향연동 주차지원 | 실시간 조향 연동 주차 가이드선 제공 | 후방영상에 표시 |
| 4 | PAS 경보 표시 | 후방 및 전방 PAS 경보 표시 | 클러 A에 표시 로직과 동일 |
| 5 | 사용자 기능선택 옵션 | 조향 연동 가이드 선 표시 여부<br>전후 충돌 경보(PAS) 표시 여부<br>전방, 후방 뷰 초기 화면 설정 | 별도 설정 화면 제공 |
| 6 | 인라인 공차보정 기능 | 카메라 장착 오차 및 인라인 조립 공차에 대한 보정<br>자동차 생산라인별도 공 차보정 작업 필요 | 보정점 영상 인식 로직 적용 |

# 04 AVM 뷰

## (1) AVM 뷰 표현 로직

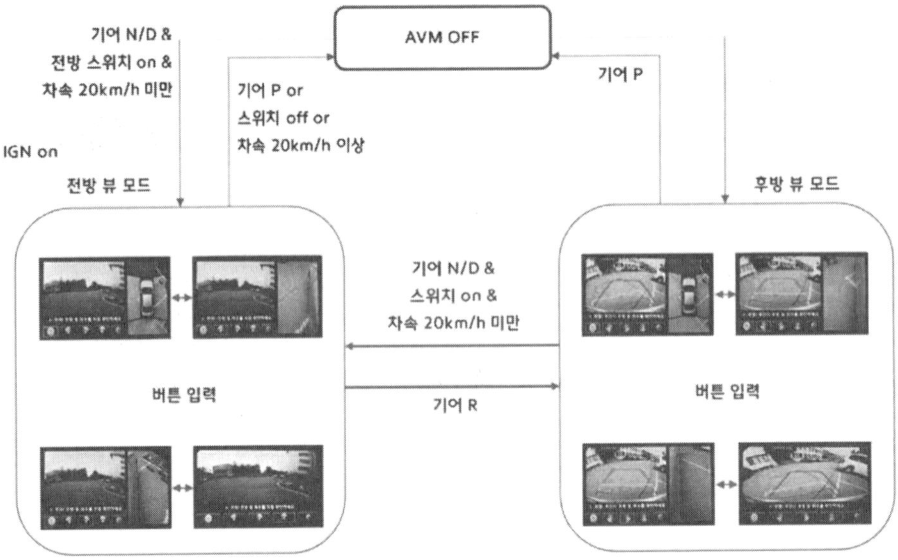


그림 4-3

## (2) AVM 뷰 모드

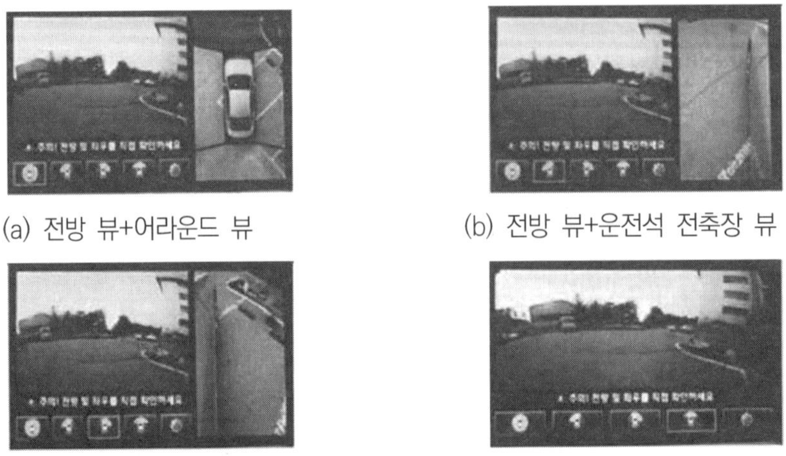

(a) 전방 뷰+어라운드 뷰

(b) 전방 뷰+운전석 전축장 뷰

(c) 전방 뷰+조수석 전축장 뷰

(d) 전방 와이드 뷰

그림 4-4 전방 뷰 모드

(a) 후방 뷰+어라운드 뷰

(b) 후방 뷰+운전석 전축장 뷰

(a) 후방 뷰+조수석 전축장 뷰

(b) 후방 와이드 뷰

그림 4-5 후방 뷰 모드

후방 뷰/후방 와이드 뷰에서 조향 연동 가이드라인 및 고정 가이드라인 제공

그림 4-6

## 05 공차 보정

### (1) 보정시기

① 생산공장에서 차량 조립 후 조립 오차 보정

② AVM 고장으로 인한 교체 및 기타 이유로 조립편차가 발생했을 경우

③ 사고로 인한 전방 그릴 및 후방 범퍼, 좌, 우사이드 미러 교환 수리 시

## (2) 보정조건

① 4개의 카메라를 장착하는 인라인 공정에서 장착 공차로 인해 발생하는 설계기준 영상 대비 어라운드 뷰 영상의 오차를 보정하기 위해 AVM ECU는 공차보정 프로세스를 내장하였다.

② 공차보정 프로세스에 진입하기 위해서는 아래 차량 조건이 만족하고 외부 진단 장비에서 공차보정 진입 명령을 수신한 경우 진입하게 된다.

[차량조건

| AVM상태 | | 진단 통신 | 비 교 |
|---|---|---|---|
| 기 어 | 차 속 | 공차보정 모드 진입 명령 수신 | 공차보정 초기 뷰 표시 AVM 스위치 LED 1Hz 점멸 유지 |
| N | 차량 정지 상태 | | |

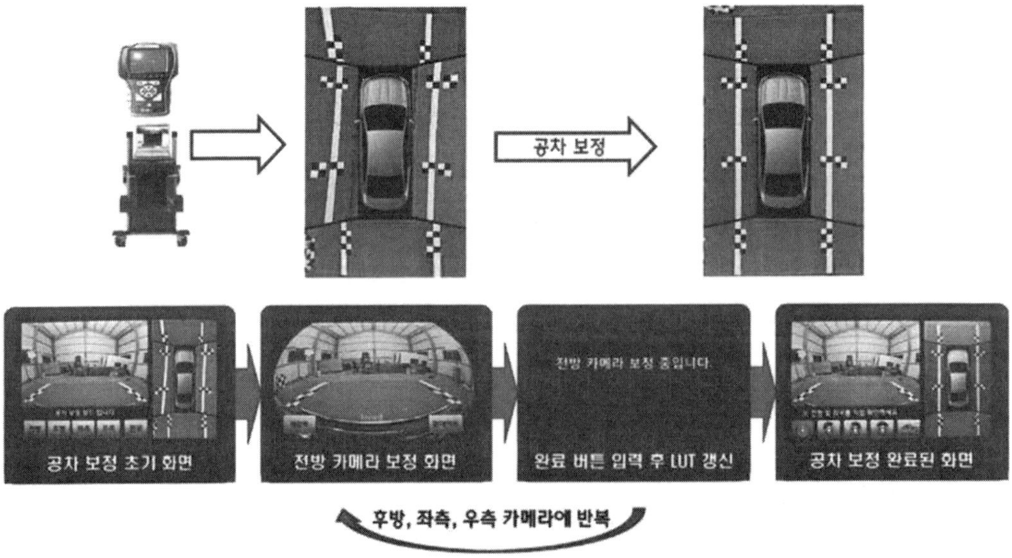


그림 4-7

## [3] 공차보정 환경요약

### 1) 차량정렬 기준

① 대상 차량은 차량 위치 공간 내 전륜축을 1m 지점에 위치해야 한다.
- 전륜축이 모든 차량의 정렬기준임

② 전후, 좌우 정렬 오차는 3cm 이하로 관리(좌우 ± 3cm)
- 한 축에 대하여 3cm가 넘어갈 경우에 보정 시 영상과 차량의 오차를 운전자가 인지 가능

③ 정렬 시 회전오차는 좌우 1도 이내로 관리한다(회전오차가 1도인 경우 차량전면/차량후면은 3cm 이상 오차 발생).

### 2) 환경 셋업 시 주의사항

① 보정판 흰색 검은색 방향 주의하여 셋업

② 보정판의 센터 위치는 매우 정밀한 설치 필요(보정 품질에 직접적인 영향을 미침)
- 기준 좌표이기 때문에 위치 정밀도가 매우 중요함(거리, 직각 등 정밀하게)

③ 좌측 그림상에 점선은 바닥에 존재하는 선이 아님

④ 바닥면, 보정판, 라인은 모두 무광 수성 페인트 사용

⑤ 바닥면은 밝은 녹색, 보정 타겟은 흰색+검은색, 보정결과 확인용 라인은 흰색임

⑥ 바닥면, 보정 타겟이 얼룩 등으로 오염되지 않도록 관리 필요

⑦ 작업공간 내 오인식 가능한 물체 없을 것(작업 시 작업공간 내 작업자 없을 것)

⑧ 조명은 간접 조명 형태를 권장, 보정공간 내 전체적으로 균일한 조도를 상시 유지할 수 있도록 셋업 필요

⑨ 태양광 및 직접 광에 의한 영향 절대 없을 것(낮, 밤, 계절에 따른 국부 조도가 변하지 않도록, 차량 등의 라이트 카메라에 비치지 않도록 등 보정공간 천막 등을 이용한 외부광 차단막 설치 필요

⑩ 조도는 약 500LUX(±20LUX)로 셋업

⑪ 차량, 기구물 등에 의한 그림자 등이 발생하지 않도록 셋업

⑫ 후방 카메라의 경우 기온과 습도에 따라 머플러의 연기로 인하여 인식 대상체가 가리는 연상으로 간헐적으로 오인될 수 있음. 시동 걸지 않은 상태에서 작업 진행 권장

⑬ 카메라 렌즈 오염 또는 렌즈보호 필름이 있을 경우 인식 불가

- 카메라 렌즈 오염되지 않도록 관리 필요

⑭ 흰색 라인용 보정 결과를 확인하기 위한 선으로, 별도 확인 공정 있을시 삭제가능

⑮ 다수 라인 설치시 라인별 공차 보정 환경 편차가 없도록 라인 셋업 필요

⑯ 보정용 격자판 주변에 기구장치 등으로 카메라를 가리지 않도록 셋업 요망

⑰ 보정공간은 반드시 평지여야 하며, 보정용 격자판은 지면과 단차(높이차)가 없어야 함.

## (4) 공차보정 작업완료 확인

(a) 공차 보정전 초기화면 (b) 공차 보정 후 AVM 초기화면

그림 4-8

① AVM 초기 설정 영상(전방 뷰 화면 + 어라운드 뷰 화면)이 출력되는지 확인한다.

② 갱신된 화면에 의해 어라운드 뷰 영상이 출력되는지 확인한다.

③ 어라운드 뷰 영상에서 흰색선이 위의 그림과 같이 똑바로 표시되는지 육안 확인한다.

- 최대 8cm의 이격 오차발생 가능하며, 8cm 이내의 오차발생시 양품으로 판단한다.

④ 어라운드 뷰 영상의 육안확인 결과 영상이 잘못되어 있을 경우 재작업이 필요하다.

⑤ 공차보정이 정상적으로 이루어졌을 경우 차량의 전원을 OFF 상태로 전환한다.

# 05

CHAPER

# 설정 및 초기화

1. 설정 초기화 및 작동법

CHAPTER

# 05 설정 및 초기화

## 01 설정 초기화 및 작동법

### [1] 공조장치

#### 1) 자기진단

##### (1) 오토 디포깅 설정 및 해제방법

습도에 따라 자동으로 DEF 모드로 제어

① Auto Defog 동작 중 DEF 버튼을 3초 이상 누른다(설정 해제).

② 설정 해제 상태에서 DEF 버튼을 3초 이상 누른다(설정).

##### (2) 수동 디포깅 설정 및 해제방법

DEF 버튼을 눌러 수동으로 앞 유리 제습

① DEF 선택 후 A/C 버튼을 누른 상태로 3초 이내에 내・외기 버튼을 5회 이상 누른다.

② 설정 완료 시 A/C 및 내・외기는 설정 이전 상태로 동작한다(기본 동작 : A/C On, 외기 제어).

③ 설정 및 복귀방법은 동일하다.

### (3) 온도단위(℃ ↔ ℉) 변경방법

① Off 버튼을 누른 상태로 Auto 버튼을 3초 이상 누른다.

② 다른 단위로 변환방법은 동일하다.

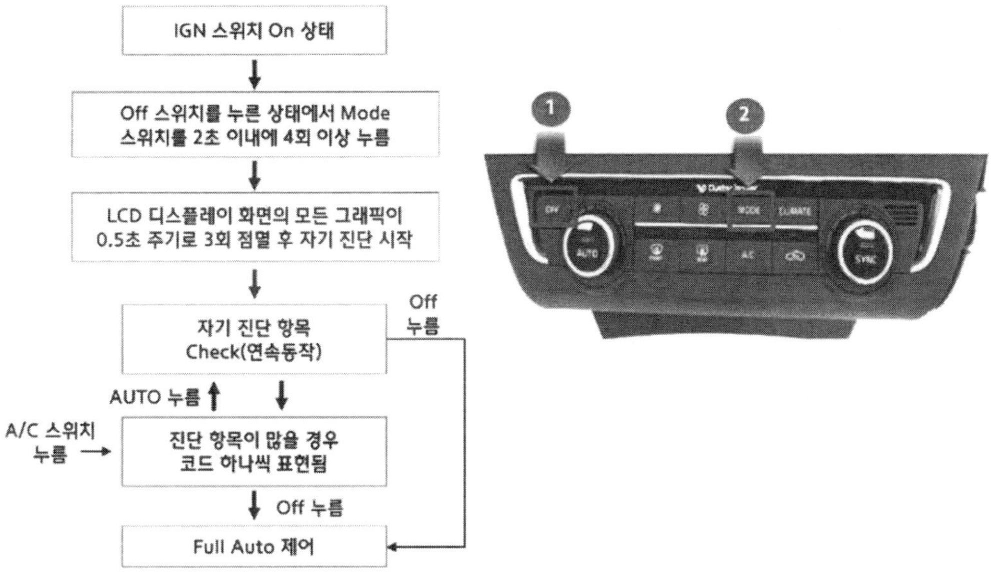


그림 5-1

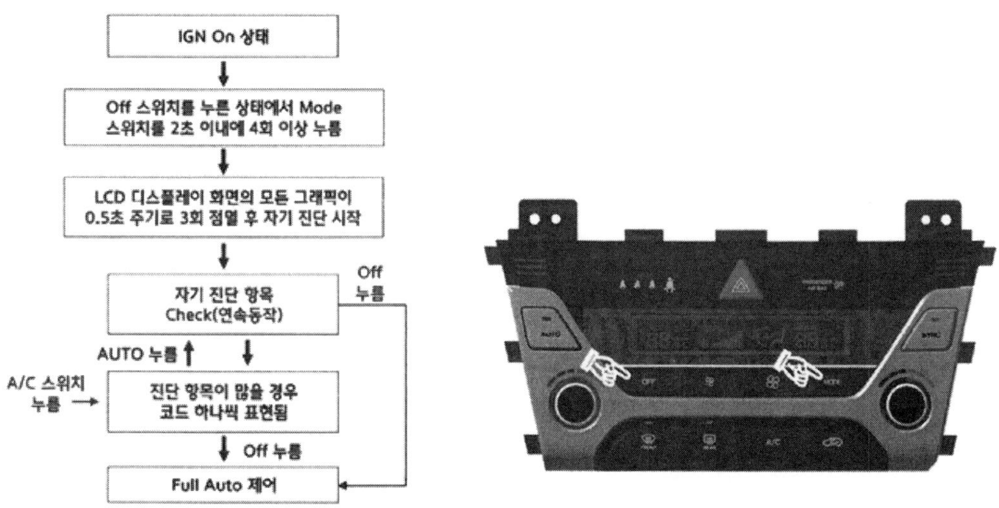


그림 5-2 아반떼 공조장치 초기화 방법

① 오토 디포깅 설정 및 해제방법

습도에 따라 자동으로 DEF 모드로 제어

㉠ Auto Defog 동작 중 DEF 버튼을 3초 이상 누른다(설정 해제).

㉡ 설정 해제상태에서 DEF 버튼을 3초 이상 누른다(설정).

㉢ 해제, 복귀 시 ADS 심볼은 3회 점등 및 소등한다.

② 수동 디포깅 설정 및 해제방법

DEF 버튼을 눌러 수동으로 앞 유리 제습

㉠ DEF 선택 후 A/C 버튼을 누른 상태로 3초 이내에 내 · 외기 버튼을 5회 이상 누른다.

㉡ 설정완료시 내·외기 표시등이 0.5초 추기로 3회 점멸한다.

㉢ 설정완료시 A/C 및 내·외기는 설정 이전 상태로 동작한다.

㉣ 설정 및 복귀방법은 동일하다.

③ 온도단위(℃ ⇔ ℉) 변경방법

㉠ Off 버튼을 누른 상태로 Auto 버튼을 3초 이상 누른다.

㉡ 다른 단위로 변환방법은 동일하다.

㉢ DATC 모듈 또는 클러스터에서 온도단위 변경 시 두 모듈은 동기화되어 같은 단위를 표시한다.

④ 결로방지 로직 설정 및 해제방법

㉠ VENT 모드 설정 후 A/C 버튼을 누른 상태에서 내·외기 버튼을 5회 이상 누른다.

㉡ 기능 억제 시 내·외기 표시등이 0.5초 주기로 3회 점멸한다.

㉢ 기능 복귀 시 내·외기 표시등이 0.25초 주기로 6회 점멸한다.

## [2] 세이프티 파워 윈도우

### 1) 세이프티 윈도우 초기화 방법

세이프티 윈도우는 초기화가 완료되면 배터리를 탈거하여도 초기화 내용이 사라지지 않는다. 만일 사용 중 시스템이 이상 동작을 하거나 윈도우 관련 부품을 교체하였을 경우에는 반드시 초기화를 해제한 후 재 초기화를 해야 안전을 확보할 수 있다.

이그니션 ON → 윈도우 하강 → 윈도우 상승 → 최상단에서200ms 이상 유지 → 초기화 완료

### 2) 세이프티 윈도우 초기화 해제방법

이그니션 ON → 도어 열린 상태 유지 → 윈도우 하강 (Hard Stop) → 이그니션 OFF → 이그니션 ON 5초 이내에 IGN OFF 후 ON할 것 → 매뉴얼 다운 스위치 3회 동작 IGN ON 이후 5초 이내 → 초기화 완료

**참고** Hard Stop

오토기능으로 윈도우를 하강시킨 후(Soft Stop) 매뉴얼 스위치를 다시 눌러 윈도우를 완전히 하강시킨 상태를 뜻한다.

① JF 이전 차량은 오토 업 작동 후 세이프티 작동을 15회 연속으로 시키면 초기화가 해제된다.

② JF 차량은 세이프티 작동을 연속으로 3회만 실시하면 세이프티 초기화가 해제된다.

③ 오토 업 작동 중 배터리 케이블 탈거나 세이프티 ECU 커넥터 탈거 시 초기화 해제된다.

## (3) 선루프 초기화 방법

선루프에는 오토기능이 적용되어 One Touch로 선루프의 열림과 닫힘을 제어할 수 있다. 또한 닫힘 시 선루프가 구속될 경우 반전 동작을 통해 안전을 확보한다. 주행 중 선루프를 닫게 되면 맞바람에 의해 선루프의 움직임이 제한되는데 이를 물체에 의한 구속으로 판단하여 반전 동작이 일어나는 것을 방지하기 위해 차속신호가 입력된다. 즉, 주행 중 물체에 의한 구속판정은 차속에 대한 로직과 구속된 부하량의 합으로 결정된다. 선루프를 교환하거나 이상 동작을 할 경우 초기화를 통해 원활한 동작을 유도해야 한다.

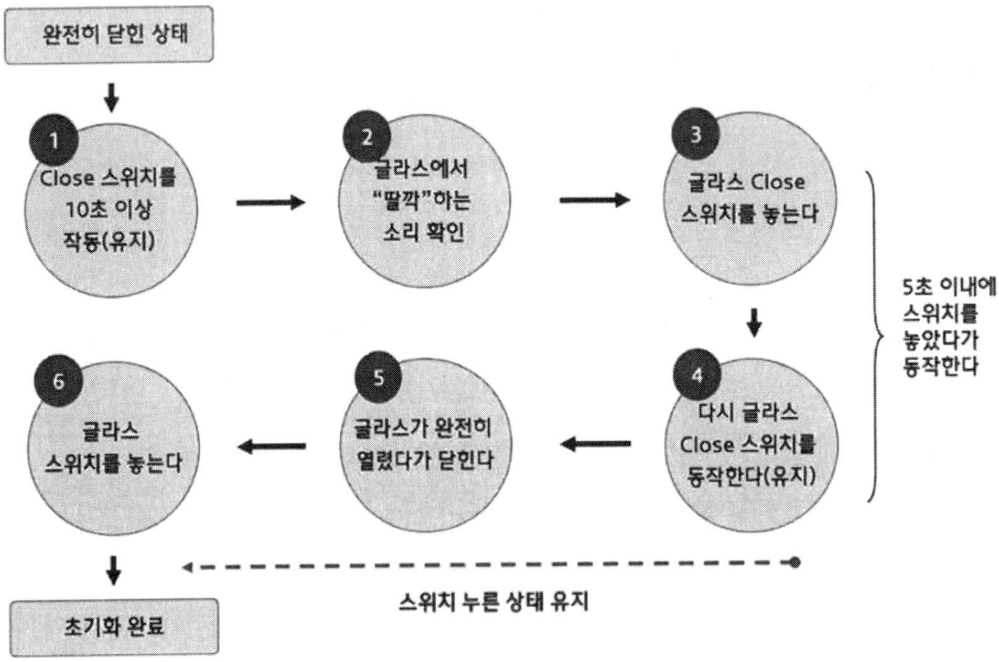


그림 5-3

## (4) 배터리센서

### 1) 배터리센서 학습

최근 차량용 AMS(Alternator Management System) 및 ISG(Idle Stop & Go)를 적용하여 차량상태에 따른 발전 전류제어 및 연비 향상과 배기가스 저감을 수행하고 있다.

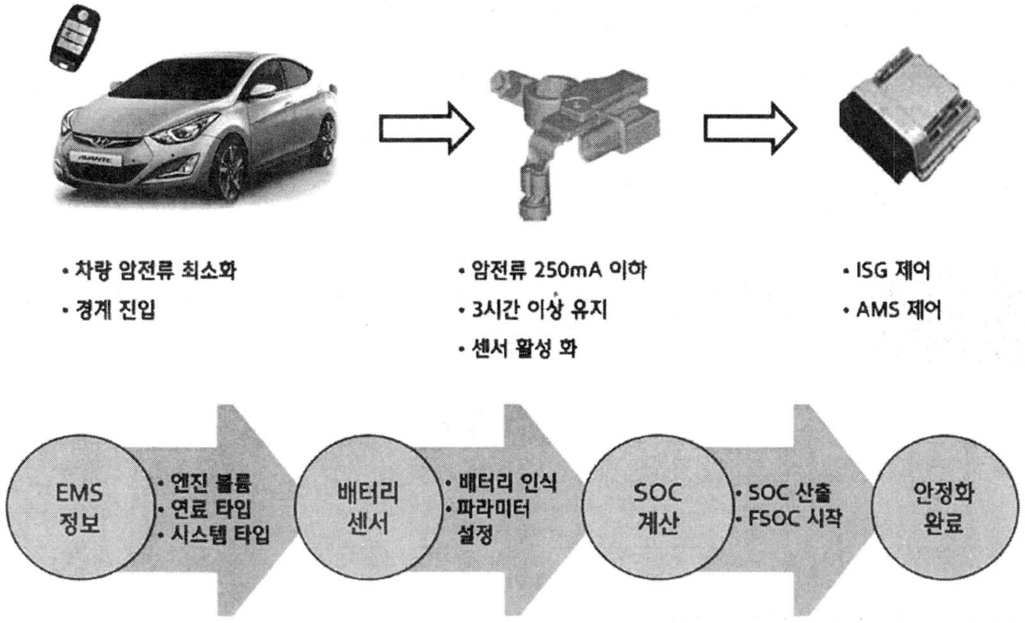


그림 5-4

두 시스템 모두 배터리의 상태를 파악해야 정확한 제어를 수행할 수 있는데, 이때 필요한 요소가 배터리센서이다. 배터리센서는 두 가지 타입이 적용되며, 스마트 타입의 경우 반드시 센서 학습(안정화)을 수행해야 한다, 만일 센서 학습을 수행하지 않거나 암 전류가 높으면 두 시스템 모두 동작하지 않는다.

배터리센서 학습(안정화)의 목적은 배터리센서에서 측정된 배터리의 전압, 전류, 온도 정보를 활용하여 현재 배터리 충전량(SOC)을 산출하는 행위로, 만일 센서 학습을 수행하지 않거나 암 전류가 높으면 두 시스템 모두 동작하지 않는다.

### 2) 배터리센서 타입별 특징

| 스마트 타입 센서 | 아날로그 타입 센서 |
|---|---|
| - 2핀으로 구성되며 EMS와 LIN 통신으로 정보 공유<br>- ISG 및 AMS 제어 수행<br>- 센서 학습 필요 | - 4핀으로 구성되며 EMS와 전압으로 정보 공유<br>- AMS 제어 전용(ISG 제어 불가)<br>- 센서 학습 불필요 |

#### (1) FSOC 제어 암 전류 상승시 활성화 상태로 유지시간

센서 학습 이후 차량의 암 전류 값이 상승할 경우(250mA 이상) 즉시 비활성화되지 않고 설정된 시간동안(4주) 활성화 상태로 유지 후 비활성화 상태로 전환된다. 만일 암 전류 값이 학습조건에 만족되면 다시 활성화 상태를 유지한다.

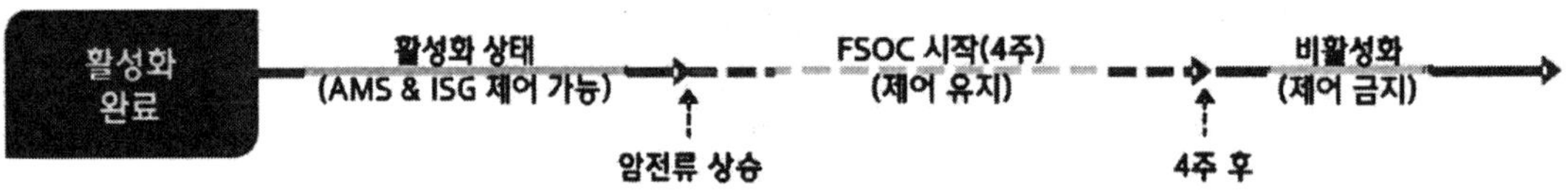


그림 5-5

### 3) 사용자 설정

#### (1) 진단 장비를 이용한 설정

**[BCM 항목]**

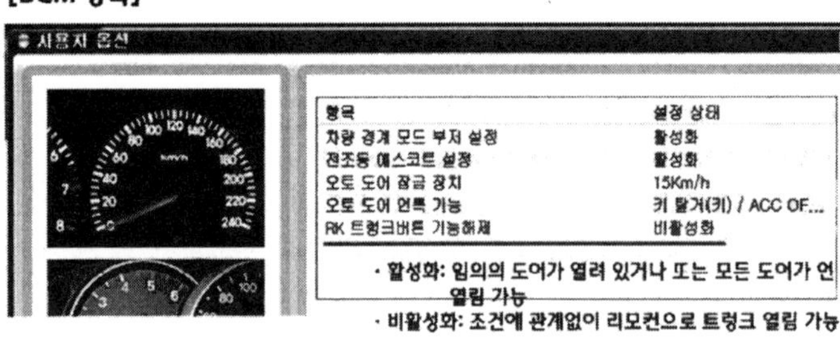


- 활성화: 임의의 도어가 열려 있거나 또는 모든 도어가 언록된 상태에서만 리모컨으로 트렁크 열림 가능
- 비활성화: 조건에 관계없이 리모컨으로 트렁크 열림 가능

그림 5-6

#### (2) 클러스터를 이용한 설정

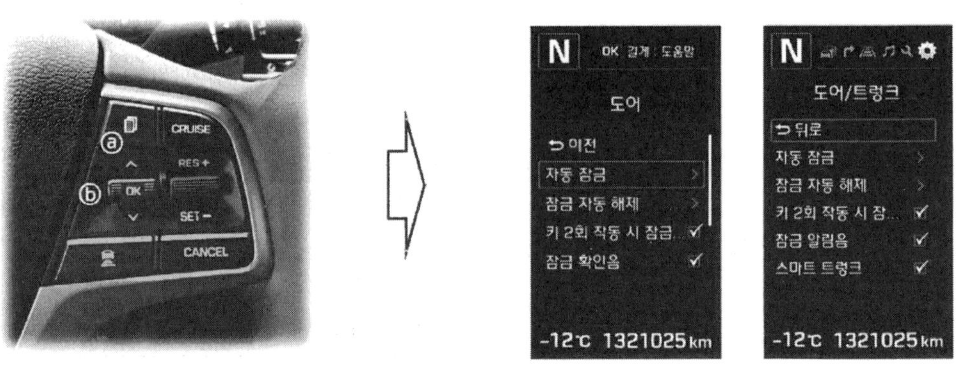


그림 5-7

① 조향핸들 우측의 ⓐ 버튼을 눌러 클러스터 LCD의 메뉴를 사용자 설정으로 변경한다.

② ⓑ의 스크롤을 돌려 원하는 항목으로 위치를 선택한다.

③ 스크롤을 누르면 해당 항목이 선택된다(OK).

# 06

CHAPER

# 등화장치

1. 자동차 전선(cable, 케이블)
2. 등화장치 조명 용어
3. 등화장치(Lighting System)의 종류
4. 등화장치 전구
5. 조명등 종류
6. 신호등
7. 표시등

CHAPTER

# 06 등화장치

## 01 자동차 전선(cable, 케이블)

자동차용 전선(케이블)은 차량 내에서 전력과 신호를 전달하는 중요한 부품으로, 인체의 신경과 혈관과 같은 역할을 한다. 다양한 종류와 규격으로 제공되며, 전원 공급, 센서 작동, 제어 신호 전달 등에 사용된다.

전선 소재 기술의 발달과 IT 기술의 접목으로 자동차는 전선과 커넥터의 증가로 전선의 도전성과 접속구의 신뢰성이 확보되지 않으면 여러 가지 전기적인 문제를 유발할 수 있으며 차량의 중량 증가로 이어지게 된다. 이러한 이유로 자동차용 전선은 도체 저항이 낮고 내유성, 난연성, 내마모성 등이 요구되며 또한 가벼워야 한다.

자동차에서 사용하는 전선은 시동장치, 충전장치, 등화장치 등에 사용되는 저압 전선과 점화장치에 사용되는 고압전선, 하이브리드 및 전기차에서 사용되는 고전압 케이블 그리고 제어회로에 사용되는 제어용 전선 등이 있으며, 피복 재료에 따라 PVC, 합성고무 전선으로 구분된다. 자동차 부품의 다양화로 인한 하니스(harness) 증가로 전선의 유연성과 내마모성 및 차량 경량화를 요구하므로 세션화된 전선의 사용이 요구되고, 엔진의 높은 출력 및 엔진 주위의 온도, 배기가스 규제로 인한 내열 전선의 사용이 요구된다.

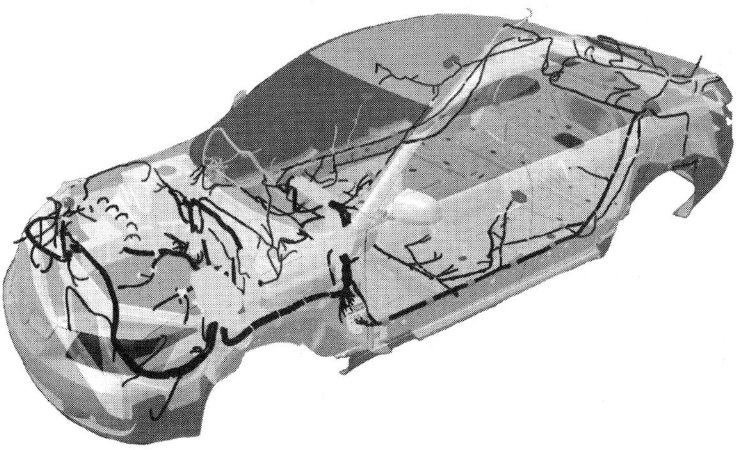

그림 6-1 자동차의 각종 배선 설치상태

### (1) 자동차용 전선의 종류 및 특징

자동차 전선의 종류는 사용되는 온도 범위와 목적에 따라 다양하게 구분된다. 일반적인 자동차 전선은 PVC, 폴리에틸렌, 가교 폴리에틸렌 등으로 절연되어 있으며, 내열성이 요구되는 부분에는 내열 전선이 사용된다. 온도가 높은 엔진룸 등에는 내열성이 우수한 가교 폴리에틸렌 절연 전선(XLPE)이나 내열 전선이 사용되며, 일반 배선에는 PVC 절연 전선이 사용된다.

① 일반 케이블 : 기본적인 전력 공급 및 신호 전달에 사용된다.

② 내열 케이블 : 고온 환경에서 사용되는 엔진룸 등에 적합하다.

③ 배터리 케이블 : 높은 전류를 전달하는 배터리 연결에 사용된다.

④ 센서 케이블 : 차량 내 센서 작동에 필요한 신호 전달에 사용된다.

⑤ 고전압 케이블 : 하이브리드 및 전기차에서 고전압이 흐르는 부위에 사용되는 특수 전선으로 고전압 전력 전달에 사용된다.

⑥ 경량화 전선 : 차량 무게 감소를 위한 전선이다.

⑦ 데이터 통신 케이블 : 이더넷 등 고속 데이터 통신을 위한 케이블이다.

⑧ 피복 전선 : 전선 외부에 절연 피복이 있는 전선이다.

⑨ 비피복 전선 : 접지용으로 사용되는 피복이 없는 전선이다.

⑩ 600V 이하 : 일반적인 저전압 회로에 사용된다.

⑪ 600V AC/900V DC : 고전압 케이블의 정격 전압이다.

## [2] 자동차 전선 선택 시 고려사항

① 적용 분야 : 전선의 종류 및 규격은 사용 목적에 따라 선택해야 한다.

② 내열성 : 사용 환경의 온도 조건에 따라 적절한 내열 등급의 전선을 선택해야 한다.

③ 전선 규격 : 차량 제조사 및 부품 규격에 맞는 전선 규격을 사용해야 한다.

④ 전선 색상 : 전선의 색상은 용도에 따라 구분되며, 일반적으로 빨간색은 전원, 검은색은 접지를 나타내며, 전기자동차의 고압 배선은 안전을 위해 주로 주황색(Orange)으로 표시한다.

## [3] 온도에 따른 전선의 종류

① AV(자동차용 저압 비닐 전선) : 자동차용 저압 전선으로 최대 도체 허용 온도는 80℃

② AVS(자동차용 비닐 절연 저압 전선) : 자동차, 농기계, 자동 전기설비의 내부 배선용 전선으로 내유성이 우수하고(기름이 묻어도 잘 버틴다.) 최대 도체 허용 온도는 80℃

③ AVX(조사 가교 내열 비닐 절연 저압 전선) : 자동차의 엔진룸 등 고온부에 사용되며, 최대 도체 허용 온도는 90℃.

④ AEX(조사 가교 PE 절연 저압 전선) : 도체 위에 폴리에틸렌(PE : Polyethylene)을 피복한 후 고전압의 양자 또는 변화 자장을 이용하여 가속시킨 고입자선의 Energy를 이용하여 선형 구조의 분자를 3차원 망상구조(3 Dimension Network Sysyem)의 분자로 변화시킨 전선을 말함. 자동차의 엔진룸 등 고온부의 배선에 사용하며 최대 도체 허용 온도는 100도~120℃.

## (4) 등화장치의 전선(케이블) 특징

자동차 등화장치 전선은 차량의 조명 및 신호 장치에 사용되는 전선이다. 이러한 케이블은 전조등, 후미등, 방향지시등, 제동등, 안개등 등 다양한 등화장치에 전기를 공급하여 차량의 안전과 시인성을 확보하는 역할을 한다.

① 내열성 : 높은 온도에서도 안전하게 작동할 수 있도록 내열성이 우수한 재료로 제작된다.

② 내구성 : 외부 충격, 진동, 습기 등에 강하도록 내구성이 높다.

③ 유연성 : 차량 내부 배선 작업의 편의성을 위해 유연성이 좋은 전선을 사용한다.

## (5) 전선호칭 치수에 따른 규격과 허용전류

| 호칭 단면적 ($mm^2$) | 가닥 수 | 안지름 | 바깥지름 (피복 포함) | 도체저항 ohm/m | 허용전류(A) 30℃ 기준 | 허용전류(A) 40℃ 기준 | 허용전류(A) 50℃ 기준 |
|---|---|---|---|---|---|---|---|
| 0.5 | 7 | 0.32 | 2.2mm | 0.0325 | 13 | 9 | 8 |
| 0.85 | 11 | 0.32 | 2.4mm | 0.0205 | 17 | 12 | 10 |
| 1.25 | 16 | 0.32 | 2.7mm | 0.0141 | 22 | 15 | 13 |
| 2.0 | 26 | 0.32 | 3.1mm | 0.0087 | 30 | 20 | 17 |
| 3.0 | 41 | 0.32 | 3.8mm | 0.0055 | 40 | 27 | 23 |
| 5.0 | 65 | 0.32 | 4.6mm | 0.0035 | 50 | 37 | 32 |
| 8.0 | 50 | 0.45 | 5.5mm | 0.0023 | | 47 | |
| 15.0 | 84 | 0.45 | 7.0mm | 0.0014 | | 59 | |

## (6) 전선의 피복 색깔

도체는 순도 99.9% 이상의 전기용 황 인동선을 가공한 전기용 연동선이나 주석도금 연동선을 주로 사용한다. 절연체는 사용 환경 및 특성에 맞는 재질을 도체 위에 동심원상으로 피복한다.

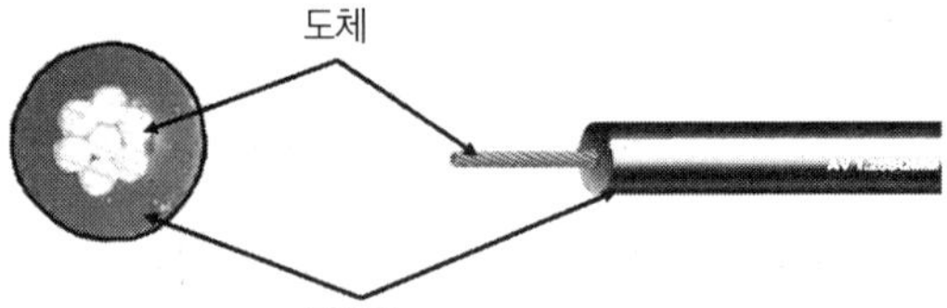


그림 6-2 도체와 절연체

자동차 전선의 피복 색깔은 전선의 기능을 구분하는 중요한 역할을 한다. 일반적으로 전원 라인은 적색 또는 흑색, 접지선은 녹색, 신호 라인은 녹색, 계기장치 또는 에어백 장치 관련 전선은 황색을 사용한다. 그러나 선의 색상은 규정에 따라 달라질 수 있으며, 모든 차종의 전선이 동일한 색상을 사용하는 것은 아니다. 전기 작업 시에는 피복 색상만으로 전선의 기능을 판단하지 않고, 회로도 등을 참고하여 정확하게 확인해야 한다. 최근에는 IEC(International Electrotechnical Commission, 국제전기 기술위원회) 규정에 따라 전선 색상이 통일되는 추세이며, 갈색, 흑색, 회색, 청색, 녹색 및 황색 조합 등을 사용한다.

① 전원 라인 : 주로 적색 또는 흑색으로 표시되며, 배터리에서 전력을 공급하는 역할을 한다.

② 접지선 : 녹색으로 주로 표시되며, 회로의 접지 역할을 한다.

③ 신호 라인 : 녹색으로 주로 표시되며, 각종 센서나 스위치에서 발생한 신호를 제어장치로 전달하는 역할을 한다.

④ 계기장치 및 에어백장치 관련 전선 : 황색으로 주로 표시되며, 계기판이나 에어백 시스템에 필요한 정보를 전달한다.

전선을 구분하기 위한 전선의 색깔은 전선 피복의 바탕색, 보조 줄무늬 색깔의 순서로 표시한다.

AVX-0.5GR(Y)

AVX : 내열 자동차용 비닐 절연 저압 배선.   0.5 : 전선 단면적(0.5mm$^2$),   G : 바탕색(녹색),
R : 줄무늬색(빨간색),   Y : 튜브색(노란색)

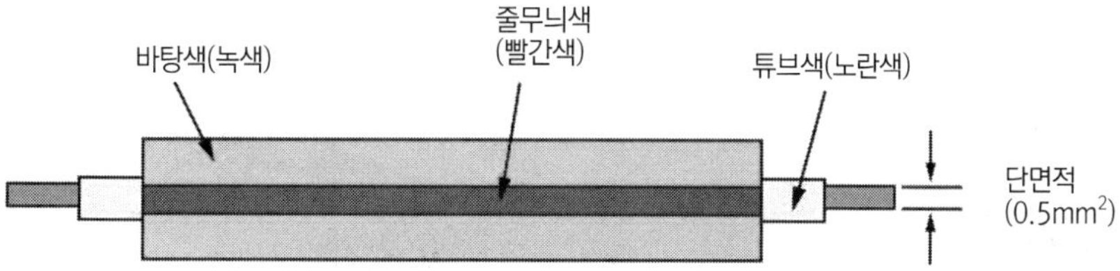


그림 6-3 전선의 피복 색상표시

표 6-1 와이러링 칼라 지정 약어

| 기호 | 영 문 | 색 | 기호 | 영 문 | 색 |
|---|---|---|---|---|---|
| B | BLACK | 검정색 | O | ORANGE | 오렌지색 |
| Be | BEIGE | 베이지색 | P | PINK | 분홍색 |
| Br | BROWN | 갈색 | Pp | RURPLE | 자주색 |
| G | GREEN | 녹색(초록색) | R | RED | 빨간색 |
| Gr | GRAY | 회색 | T | TAWNY | 황갈색 |
| L | BLUE | 청색(파란색) | W | WHITE | 흰색 |
| Lg | LIGHT GREEN | 연두색 | Y | YELLOW | 노란색 |
| Ll | LIGHT BLUE | 연청색(하늘색) | | | |

## (7) 특수 전선

### 1) 차폐 전선(쉴드 케이블 : shield cable)

센서 및 비디오 신호등의 미세 신호 NOISE 차폐용으로 사용된다.

### 2) TWIST(꼬임) 전선

두 전선을 꼬아 자계에 의한 유도를 방지하며 스피커 신호등의 "+", "-" 신호 NOISE 차폐용으로 사용된다.

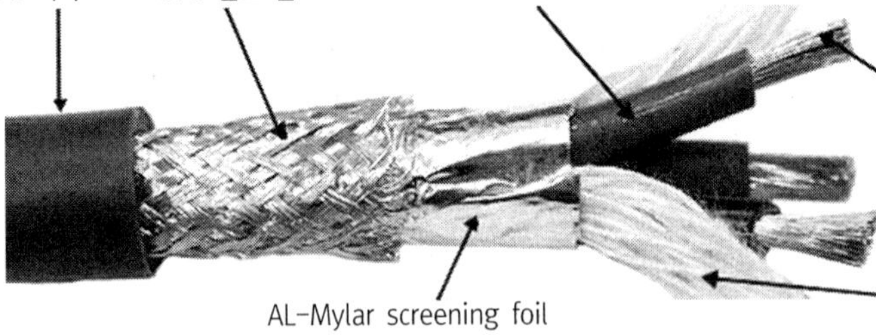


(a) 차폐 전선

(b) TWIST 전선

**그림 6-4 특수 전선**

## [8] 전선 및 하니스

자동차용 저압 전선은 차량 실내에 적용되는 자동차용 저압 비닐 전선(AV : Automobile Vinyl)과 엔진룸과 같이 고열 부위에 적용되는 자동차용 저압 내열선(AVX : Automotive Vinyl eXtreme), 그리고 신호전달용이나 전기적인 노이즈 차폐용 전선으로 자동차용 저압 비닐 절연 쉴드선(AVS : Automobile Vinyl Shield wire) 등으로 보통 구분하고 있다.

### 1) 전선의 분류

자동차 전선은 사용 환경에 따라 크게 일반 배선용 전선과 내열 배선용 전선으로 구분된다. 일반 배선용 전선은 차량 실내 등 비교적 낮은 온도에서 사용되며, 내열 배선용 전선은 엔진룸 등 고온 환경에서 사용된다. 또한, 전선의 절연 방식, 재료, 용도 등에 따라 다양한 종류로 나뉜다.

#### (1) 사용 환경에 따른 구분

① 일반 배선용 전선 : 차량 실내, 도어, 트렁크 등 비교적 낮은 온도에서 사용된다. 예시로 AV, AVS, AVSS 등이 있다.

② 내열 배선용 전선 : 엔진룸, 배터리 주변 등 고온 환경에서 사용된다. 예시로 AVX, AEX, AVSSX, AEXHF 등이 있다.

③ 배터리용 전선 : 배터리 연결에 사용되는 전선으로, 높은 전류를 안전하게 전달한다. AEXSF, AVUHSF 등이 있다.

#### (2) 절연 방식에 따른 구분

① 절연 전선 : 도체(구리선 등)를 절연재료(PVC 등)로 덮은 전선으로, 일반적으로 가장 많이 사용되는 전선이다.

② 코드 : 유연성이 좋고 유동적인 사용에 적합한 전선이다.

③ 케이블 : 여러 가닥의 전선을 묶어 외부 피복으로 감싼 전선으로, 전력 및 통신 등에 사용된다.

④ 나전선 : 절연 피복이 없는 전선이다.

#### (3) 재료에 따른 구분

① 동선 : 구리로 만들어진 전선으로, 전기 전도성이 우수하여 널리 사용된다.

② 알루미늄선 : 알루미늄으로 만들어진 전선으로, 가볍지만 동선보다 전기 전도성이 떨어진다.

③ 합금선 : 구리나 알루미늄에 다른 금속을 섞어 만든 전선으로, 특정 특성을 개선하기 위해 사용된다.

### (4) 용도에 따른 구분

① 자동차용 전선(AV, AVS, AVSS 등) : 차량 내부 배선에 사용되며, 내열성, 유연성 등 다양한 특성을 갖는다.

② 일반 자동차용 배선 : AV, AVS, AVSS, CHFUS, AV-V

③ 내열 자동차용 배선 : AVX, AVSSX, AEX, AEXF, AESSXF, HFSSF-T3, AEXHF, ATW-FEP

④ 배터리용 자동차용 배선 : AEXSF, AVUHSF

⑤ 쉴드 자동차용 배선 : AVSSF-ALS, AVSSXF-ALS, AESSXF-ALS, AVSS-BS, AVSSXF-BS, AESSXF-BS, APEX-BS, AEXHF-BS

⑥ 트위스트 자동차용 배선 : AVSST, AVSSXFT, AESSXFT, AEXHFT

⑦ 고압 자동차용 배선 : AHEX, AHEX-BS, AHHEX, AHHEX-BS, AHFX

⑧ ISO 자동차용 배선 : FLY, FLRY-A, FLRY-B, FLR2X-A, FLR2X-B, FLR91X-A, FLR91X-B, FL2G, FLRYBY

### (5) 기타 특징

① 내유성 : 기름에 대한 내성을 의미하며, 엔진룸 등 유류 환경에서 사용되는 전선에 중요한 요소이다.

② 난연성 : 불에 잘 타지 않는 성질을 의미하며, 화재 위험을 줄이는 데 중요하다.

## 2) 하니스

전선을 배선할 때 한 선씩 처리하는 경우도 있지만 대부분 같은 방향으로 설치될 전선을 다발로 묶어 처리하는 경우가 많다. 이런 전선 묶음을 전선 하니스(wiring harness) 또는 간단히 하니스라 한다. 하니스로 배선을 하면 전선이 간단해지고 작업이 쉬워진다. 자동차용 하니스는 한 조 이상으로 구성되며, 일반적으로 하니스를 구분하는 기호는 다음과 같다.

표 6-2 하니스 구분 기호

| 구분기호 | 하니스명 | 장착위치 |
| --- | --- | --- |
| E | 엔진, 배터리 케이블 하니스 | 엔진 룸 |
| M | 메인, 연료펌프, 콘솔 케이블 하니스 | 실내 및 대시 패널 |
| C | 컨트롤 하니스 | 크래쉬 패드, 크래쉬 패드 |
| I | 인스트루먼트 판넬 | 계기판, 대시 패널 |
| R | 뒤 루프 하니스 | 트렁크 부위, 루프, 차량 후미 |
| M7 | 루프전선 하니스 | 루프 |
| D | 프론트 도어, 리어 도어 하니스 | 도어 |
| T | TCU 전선 하니스 | 변속기 제어 구성부품 |
| J | 정션 박스 하니스 | 엔진 룸, 실내 |
| S | 시트 하니스 | 시트 |
| A | 에어백, 에어컨 하니스 | 실내, 블로워 유닛 부위 |
| E/R- | 엔진 룸 정션 박스 | 좌측 엔진 룸 |
| I/P- | 실내 정션 박스 | 크래쉬 패드 좌측 하단부 |

### (1) 하니스 커넥터 구별

하니스는 엔진룸 정션 박스(junction box)와 점화 스위치 등을 통해 각 와이어 하니스 가지로 전원을 공급하기 위한 메인 와이어 하니스와 엔진룸 정션v 박스나 점화 스위치를 통해 시동회로와 전조등 회로 등에 전원과 신호를 전송하기 위한 엔진 와이어 하니스, 그리고 메인 하니스나 실내 정션박스를 통해 클러스터와 AV 시스템에 전원과 신호를 전송하기 위한 인스트루먼트 와이어 하니스, 메인 와이어 하니스나 실내 정션 박스를 통해 도어 스위치 등의 전원과 신호를 전송하기 위한 도어 와이어 하니스, 메인 와이어 하니스나 실내 정션 박스를 통해 리어 콤비네이션 램프(Rear Combination Lamp) 등에 전원과 신호를 전송하기 위한 리어 와이어 하니스 등으로 나누어져 있다.

하니스에 붙어있는 커넥터의 구별은 하니스 구분 기호와 커넥터 번호의 조합으로 나타낸다.

① 부품과 와이어링 연결

E 10 -1

E : 엔진 와이어링 하니스 기호 10 : 메인 커넥터 일련번호
-1 : 보조 커넥터 일련번호

② 와이어링 간의 연결

M R 01

M : 메인 와이어링 하니스 기호 R : 리어 와이어링 하니스 기호
01 : 커넥터 일련번호

③ 정션 박스와의 연결

I/P-A

I/P : 실내 정션 박스를 나타내는 약어 A : 실내 정션 박스 내 커넥터 명칭

E/R-A

E/R : 엔진룸 정션 박스를 나타내는 약어 A : 엔진룸 정션 박스 내 커넥터 명칭

### (2) 하니스 종류

① 메인 하니스 : 실내 C/PAD에 장착되며, 실내 및 트렁크까지의 전원공급 및 오디오 클러스터, 각종 UNIT류의 작동을 지원한다.

② 프런트 하니스 : 엔진룸 전방에 위치하며 차량의 모든 전원공급 및 램프류나 차량냉각 성능 작동을 지원한다.

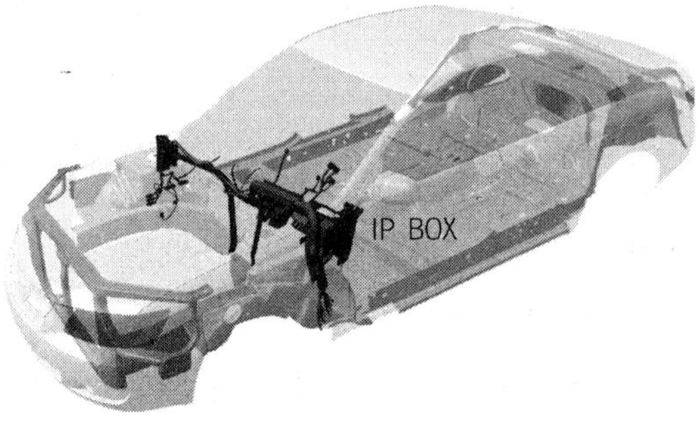


그림 6-5 메인 하니스

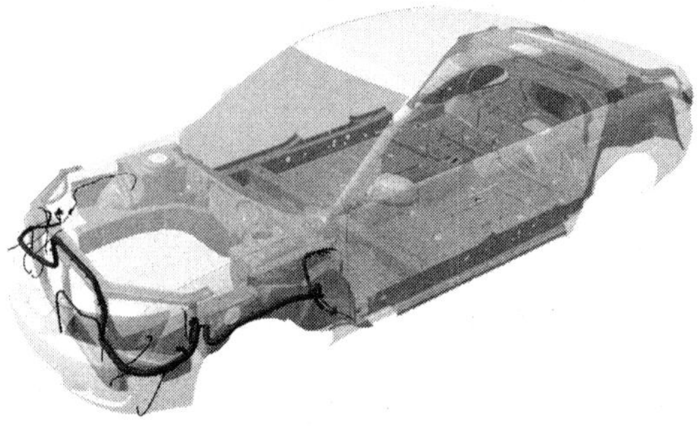

그림 6-6 프런트 하니스

③ 플로워 L/H 하니스 : 실내 운전석 카페트 밑에 배선되며 트렁크 및 리어 도어 측에 장착되는 전장품을 동작지원한다.

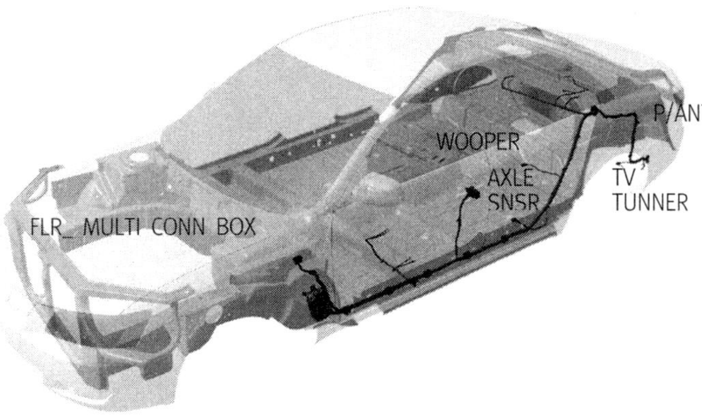


그림 6-7 플로워 L/H 하니스

④ 플로워 R/H 하니스 : 실내 조수석 카페트 밑에 배선되며 트렁크 및 리어 도어 측에 장착되는 전장품을 동작 지원한다.

⑤ 컨트롤 하니스 : 엔진룸 중 엔진 및 TM에 배선되며 엔진 가동과 관련된 각종 센서 및 ECM/TCU측에 동작 지원한다.

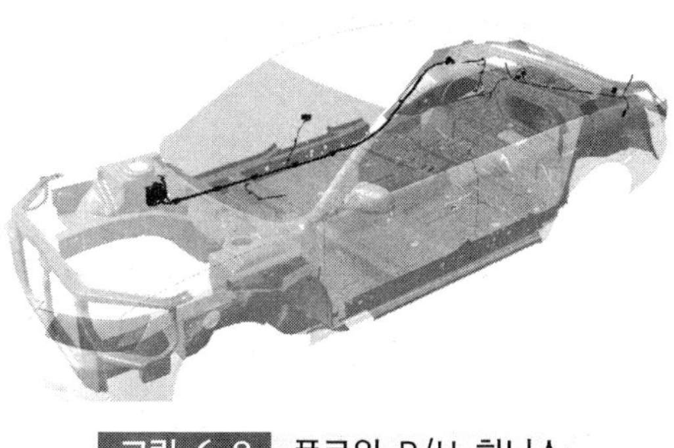

그림 6-8 플로워 R/H 하니스

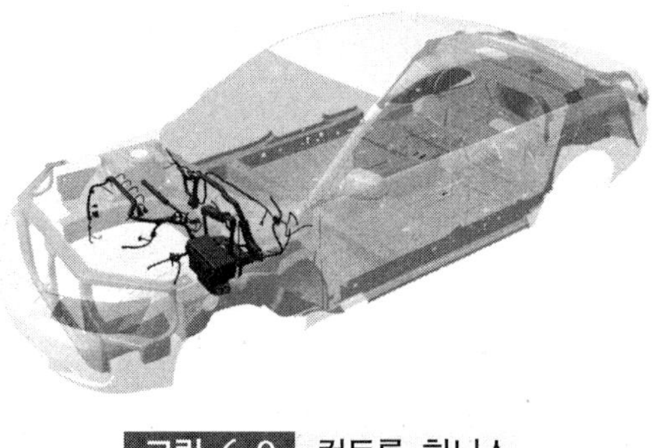

그림 6-9 컨트롤 하니스

⑥ 에어백 하니스 : 실내 및 엔진룸에 장착된 에어백 관련 센서 및 UNIT를 동작 지원하며 하니스 색은 노란색(Safety 부품)이다.

⑦ 루프 하니스 : ROOF에 배선되며 SUNROOF 및 각종 실내 LP 동작을 지원한다.

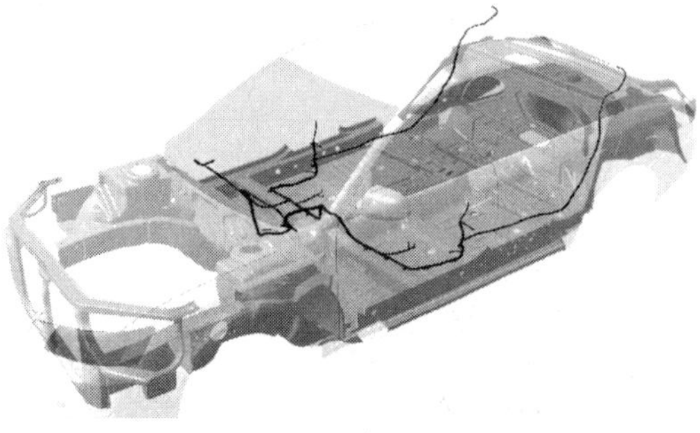

**그림 6-10** 에어백 하니스

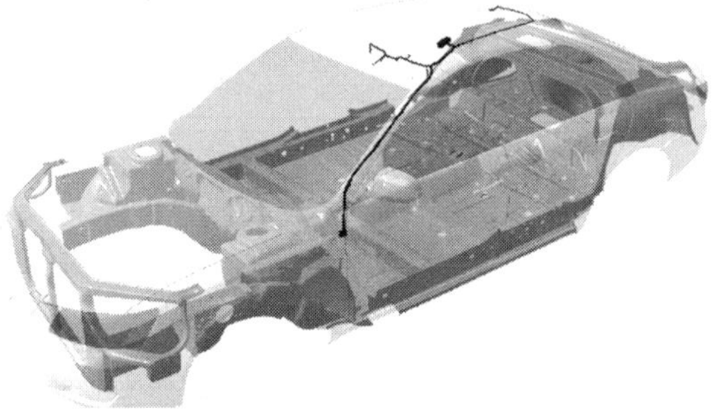

**그림 6-11** 루프 하니스

⑧ 트렁크 리드 하니스 : TRUNK OPEN 관련 차체에 배선되며 TAIL/STOP/RR FOG LP 등을 동작 지원한다.

⑨ 도어 하니스 : 차량 도어에 장착되며 P/WDW, DR LOCK, O/S MIRROR 등과 같은 전장품의 동작을 지원한다.

**그림 6-12** 트렁크 리드 하니스

**그림 6-13** 도어 하니스

### 3) 전선의 배선 방식

자동차 전선의 배선 방식은 크게 단선 방식과 복선 방식으로 나눌 수 있다. 단선 방식은 부하의 한쪽을 차체에 접지하는 방식으로, 주로 소량의 전류가 흐르는 곳에 사용된다. 복선 방식은 양극선과 음극선을 모두 사용하여 전선을 연결하는 방식으로, 전조등과 같이 큰 전류가 흐르는 곳에 사용된다.

#### (1) 단선 방식(Single Wire System)

단선 방식은 부하의 한 끝을 자동차 차체나 프레임에 접지하는 것이다. 전선은 전원 쪽의 한 선만으로 충분하나, 접지 쪽에서 접촉 불량이 발생하거나 큰 전류가 흐를 때에는 전압강하가 커진다. 주로 작은 전류가 흐르는 회로에 사용된다.

① 한쪽 전선을 자동차 차체에 접지하여 회로를 구성하는 방식이다.

② 주로 소량의 전류가 흐르는 곳(예: 계기판 조명, 경고등 등)에 사용된다.

③ 차체 접촉 불량이나 접지 부분에서 전압 강하가 발생할 수 있다.

#### (2) 복선 방식

복선 방식은 접지 쪽에도 전선을 사용하는 방식으로 접지 불량 등에 의한 전압강하가 생기지 않는다. 비교적 큰 전류가 흐르는 회로에 사용되나 전선이 많아지는 단점이 있다.

① 양극선과 음극선 모두 전선을 사용하여 회로를 구성하는 방식이다.

② 전조등, 방향지시등, 와이퍼 모터 등과 같이 많은 전류가 흐르는 곳에 사용된다.

③ 단선 방식보다 안정적인 전력 공급이 가능하다.

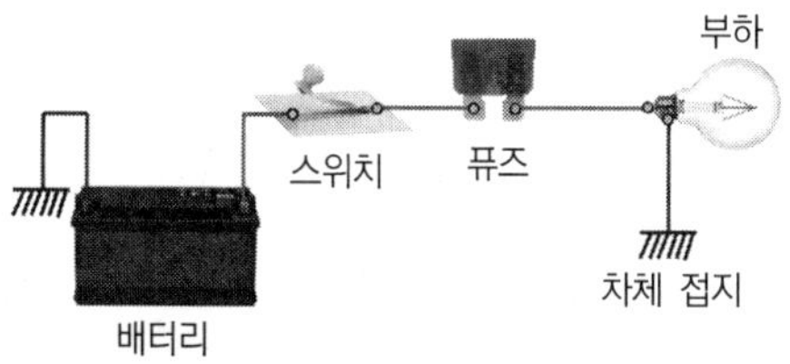


그림 6-14 단선 방식

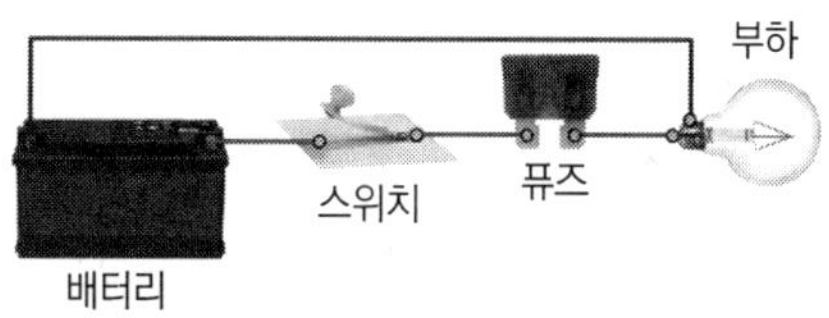


그림 6-15 복선 방식

## 02 등화장치 조명 용어

### 1) 광원(luminous source)

광원이란 빛의 원천을 말한다. 자연 빛인 태양빛, 달빛은 물론이고 자동차의 전조등, 실내의 각종 조명으로부터 나오는 빛 등을 광원이라 한다.

### 2) 광속(luminous flux)

밝기 휘도에 대해서 빛을 측정하여 평가한 양이 광속으로, 광원에서는 빛의 다발이 사방으로 방사되며, 사람의 눈은 그 방사된 빛의 다발의 일부를 빛으로 느낀다. 이 빛의 다발을 을 광속($\Phi$)이라 하며, 광속이 많이 나오는 광원은 밝다고 한다. 광속의 단위는 루멘(lumen, Lm)이다.

### 3) 광도(luminous intensity)

특정 방향으로 방출되는 광원의 밝기를 나타내는 양(빛의 세기)으로 단위는 캔들(cd, candle)이며, 인간의 시감도를 기준으로 측정된다. 쉽게 말해, 광도는 광원에서 나오는 빛의 세기를 특정 방향으로 측정했을 때의 밝기를 의미하며, 1캔들은 광원에서 1m 떨어진 $1m^2$의 면에 1루멘(Lm)의 광속이 통과하였을 때의 빛의 세기이다.

### 4) 조도(illuminance)

어떤 면에 투사(投射)되는 광속을 면의 면적으로 나눈 것을 말한다. 즉, 조사되는 면의 생각하고 있는 점에서의 광속밀도이다. 조도의 단위는 룩스(lux, Lx)이다. 1lux란 $1m^2$의 면적 위에 1lm의 광속이 균일하게 비춰질 때를 말한다.

피조면의 밝기를 표시하는데 사용하며, 피조면의 조도는 광원에 비례하고 광원에서의 거리의 2승에 반비례한다. 즉, 광원에서 r(m) 떨어진 빛의 방향에 수직한 피조면의 조도를 E(Lx), 그 방향의 광원의 광도를 I(cd)라 하면, $E = \frac{I}{r^2}$ (Lx)로 표시된다.

### 5) 휘도(luminance)

휘도는 어떤 광원의 단위 면적당의 광도, 즉 빛이 발산하여 도달하는 면을 어느 방향에서 볼 때 그것이 어느 정도 밝아 보이는가를 나타내는 양으로 눈부심의 뜻으로 단위로는 칸델라 매 제곱미터를 사용하며, 이를 줄여서 니트(nit : nt)라고도 부른다. 칸델라 매 제곱센티미터($cd/m^2$), 줄여서 스틸브(stilb : sb)라는 단위를 사용하기도 한다. 칸델라의 단위가 루멘/스테라디안이므로, 휘도의 기호는 L이다.

### 6) 투과율(brightness)

입사광에 대한 투과광의 비율로 투과율(Transmittance)은 어떤 물질을 통과하는 빛의 양을 측정한 값으로, 빛이 물질에 입사했을 때 얼마나 많은 빛이 통과하는지를 나타낸다. 즉, 투과율은 빛이 물질에 의해 흡수되거나 반사되지 않고 통과하는 정도를 의미하며, 광학 분야에서 중요한 지표로 사용된다.

### 7) 빛(light)

전자파의 일종으로 사람의 눈을 통해 밝기로서 감지될 수 있는 가시광선이라고 불리는 파장이며, 넓게는 적외선과 자외선을 포함한다. 파장이 0.4~0.75$\mu$m인 것으로, 빛에는 직진・반사・굴절의 세 가지 성질이 있다.

### 8) 잔상(afterimage)

잔상(afterimage)은 외부 자극이 사라진 후에도 시각 경험이 지속되는 현상을 말한다. 빛을 오랫동안 보다가 눈을 감았을 때 또는 움직이는 물체를 보다가 멈췄을 때 잠시 동안 보이는 이미지나 색깔이 잔상이다. 이는 망막의 광화학적 활동이 일시적으로 지속되거나 뇌에서 이미지를 기억하는 과정에서 발생한다. 잔상의 종류는 다음과 같다.

① 양성 잔상 : 자극과 동일한 색이나 형태가 남는 경우이다. 강한 빛을 짧은 시간 동안 볼 때 주로 나타난다.

② 음성 잔상 : 자극과 반대되는 색이나 형태가 남는 경우이다. 강도를 가진 자극을 오랫동안 볼 때 주로 나타난다.

### 9) 밝기(brightness)

밝기(Brightness)는 빛의 밝고 어두운 정도를 나타내는 물리량이다. 주로 시각적인 감각을 표현할 때 사용되며, 객관적인 측정값보다는 주관적인 인상에 가깝다. 예를 들어, "밝다", "어둡다"와 같이 표현된다. 휘도(Luminance)와 혼동될 수 있지만, 휘도는 빛의 밝기를 측정 가능한 수치로 표현한 값이다.

### 10) 명도(value)

색의 어둡고 밝음을 표현하는 것으로 순백을 100으로 순흑을 0으로 측정한다. 명도가 높을수록 색이 밝아지고, 낮을수록 어두워진다. 예를 들어, 흰색에 가까울수록 명도가 높고, 검은색에 가까울수록 명도가 낮다

### 11) 가시광선(visible light)

가시광선은 전자파의 스펙트럼 중 380~780nm 사이의 파장을 말하며 파장의 길이가 짧은 쪽으로부터 긴 쪽으로 이른바 일곱 가지의 색(보라색부터 빨간색까지)으로 나뉜다. 가시광선이라고 불리는 파장을 가지는 빛들이 모여서 나타내는 것이 색이다. 빛의 파장에는 nm(나노미터)라는 단위가 사용되며 이것은 1mm의 100만분의 1(1nm= 1 × $10^{-6}$mm)이라는 길이를 나타낸다.

## 03 등화장치(Lighting System)의 종류

자동차 등화장치는 크게 조명등, 신호등, 표시등, 경고등으로 구분할 수 있다. 조명등은 전조등(상향등, 하향등), 안개등, 후진등, 실내등, 계기판등이 있고, 신호등은 방향지시등, 제동등, 비상점멸 표시등, 위험 신호등 등이 있으며 표시등은 차폭등, 후미등, 번호판등, 반사기 등이 있고 경고등은 유압 경고등, 충전 경고등, 연료 경고등, 엔진점검 경고등, 안전벨트 경고등, AIR BAG 경고등, 트렁크 열림 경고등, ABS 경고등, ECS 경고등이 있다.

(a) 정면

(b) 뒷면

(c) 실내

그림 6-16 등화장치

## (1) 조명등

자동차 조명등은 운전자의 시야 확보와 다른 차량과의 소통을 돕는 중요한 부품이다. 전조등(헤드라이트), 후진등, 안개등, 후진등, 실내등, 계기판등 등 다양한 종류가 있으며, 각각의 역할과 기능이 다르다.

① 전조등 : 주행 시 전방을 밝히는 등화로, 상향등과 하향등으로 구분된다. 코너링 조명등과 같은 추가 기능이 있는 경우도 있다.

㉠ 상향등((High Beam, 주행빔) : 멀고 어두운 곳에서 전방 100m 이상을 비추는 용도로 사용된다. 가로등이 없는 어두운 시골길이나 야간 운전 시 시야 확보가 어려울 때 사용한다. 하지만 맞은편 차량이나 선행 차량에게 눈부심을 유발할 수 있으므로, 차량이 있거나 불빛이 밝은 곳에서는 사용하지 않아야 한다.

㉡ 하향등((Low Beam, 변환빔) : 일반적인 주행 시 사용하며, 전방 50~60m 정도를 비춘다. 도로의 중앙선을 기준으로 빛이 아래로 향하도록 조사되어 맞은편 차량에 눈부심을 주지 않도록 설계되었다.

㉢ 오토 하이빔 : 주변 밝기에 따라 상향등과 하향등을 자동으로 전환해 주는 기능이다.

㉣ LED 조명 : 최근에는 에너지 효율과 수명이 우수한 LED 조명이 많이 사용된다.

② 안개등 : 안개, 눈, 비 등으로 시야가 확보되지 않을 때 사용하며, 전조등 아래쪽에 장착된다.

③ 후진등 : 후진 시 후방을 비추는 등화이다.

④ 실내등 : 차량 내부를 밝히는 등화이다.

⑤ 계기판등 : 차량 계기판을 밝히는 등화이다.

⑥ 무드등/앰비언트 라이트 : 실내 분위기를 연출하거나 튜닝 목적으로 사용되는 조명 등이다.

## (2) 신호등

차량의 움직임이나 위치 정보를 다른 차량 운전자 또는 도로 사용자에게 알리는 역할을 하는 등화장치이다.

① 방향지시등 : 차량의 진행 방향(좌・우)을 다른 운전자에게 알리는 등화이다. 방향지시등은 보통 전조등 옆이나 후미등 옆에 위치하고, 전면, 후면에 각각 한 쌍씩 설치하고 옆면에는 보조방향지시등 한 쌍을 설치한다.

② 제동등 : 브레이크를 밟을 때 켜지는 등화로, 적색으로 표시된다.

③ 비상점멸 표시등 : 차량에 이상이 생겼거나 위험 상황을 다른 운전자에게 알릴 때 사용한다.

④ 주간주행등 : 주간 주행 시 차량의 존재를 알린다.

### (3) 표시등

표시등은 차량의 위치, 방향, 제동 상태 등을 다른 운전자나 보행자에게 알리는 역할을 한다.

① 차고등 : 자동차의 높이를 알리는 등화이다.

② 차폭등(미등) : 차량의 폭을 표시하여 다른 운전자에게 차량의 크기를 알리는 등화이다.

③ 후미등 : 차량 후방을 밝혀 후방 차량에게 차량의 위치를 알리는 등화이다.

④ 번호판등 : 차량 번호판을 비추는 등화이다.

⑤ 후부 반사기 : 차량의 후방에 부착되어 빛을 반사하여 다른 운전자에게 차량의 위치를 알리는 장치이다.

⑥ 주차등 : 자동차 주차 상태임을 알리는 등화이다.

### (4) 경고등

경고등은 차량의 시스템에 문제가 있음을 알리는 표시이다. 이러한 경고등은 운전자의 안전과 직결되므로, 경고등이 켜지면 즉시 점검 및 수리가 필요하다. 경고등의 정확한 의미는 차량 제조사 및 모델에 따라 약간의 차이가 있을 수 있으므로, 차량 취급 설명서를 참고하는 것이 좋다.

① 유압 경고등 : 유압이 규정 이하일 때 경고하는 경고등이다.

② 충전 경고등 : 충전되지 않을 때 경고하는 경고등이다.
③ 연료 경고등 : 연료보유량이 규정 이하일 때 경고하는 경고등이다.
④ 엔진점검 경고등 : 엔진 제어장치가 고장일 때 경고하는 경고등이다.
⑤ 안전벨트 경고등 : 안전벨트 미착용일 때 경고하는 경고등이다.
⑥ AIR BAG 경고등 : 에어백이 고장일 때 경고하는 경고등이다.
⑦ 트렁크 열림 경고등 : 트렁크 열림 경고하는 경고등이다.
⑧ ABS 경고등 : ABS 고장일 때 경고하는 경고등이다.
⑨ ECS 경고등 : ECS 고장일 때 경고하는 경고등이다.

## [5] 전기차 경고등

전기차 경고등은 차량 상태, 배터리 잔량, 충전 상태, 고장 등을 나타낸다. 경고등 색상(초록, 노랑, 빨강)과 모양에 따라 의미가 다르므로 주의가 필요하다.

① 구동용 배터리 잔량 경고등 : 배터리 잔량이 부족할 때 표시되며, 충전이 필요함을 알린다.
② 파워다운 경고등 : 차량 성능이 저하될 수 있음을 나타내며, 즉시 충전하거나 서비스 센터 점검이 필요할 수 있다.
③ 보조 배터리 충전 경고등 : 보조 배터리 충전이 필요할 때 켜진다.
④ 서비스 경고등 : 차량 시스템에 이상이 발생했음을 알리며, 서비스 센터 점검이 필요하다.
⑤ 충전 표시등 : 충전 상태를 나타내며, 충전 중에는 빨간색, 충전 완료 시에는 초록색으로 표시된다.
⑥ 주행 가능 표시등 : 차량이 주행 가능한 상태임을 나타낸다.
⑦ 브레이크 경고등 & 회생 제동 경고등 : 브레이크 시스템 이상, 회생 제동 기능 작동 불가 등을 의미하며, 동시에 켜질 경우 브레이크 성능 저하를 의심해야 한다.
⑧ 고전압 배터리 과온 경고등 : 고전압 배터리가 과열되었을 때 켜지며, 안전한 곳에 정차 후 점검해야 한다.

## 04 등화장치 전구

자동차 등화장치 전구는 자동차의 안전 운행과 다른 운전자들에게 정보를 전달하는 역할을 한다. 전구의 종류는 크게 필라멘트 램프, 가스관 램프, LED 램프 등으로 나눌 수 있다. 각 등화장치에 맞는 전구를 사용해야 하며, 전구의 색상이나 밝기 등은 법규에 따라 규정되어 있다.

전구는 전압을 공급하면 즉시 정격전력(W)에 도달하도록 설계되어 있으나 스위치를 ON으로 한 순간은 정격전류의 10배 이상의 전류가 흐르므로 일반적으로 전구 부하에 사용하는 접점, 릴레이 용량은 전구의 정격전류보다 높게 설정한다. 자동차에서 사용하는 전구는 여러 가지가 있으며 종류는 다음과 같다.

① 필라멘트 램프 : 진공관 내부에 발열체를 내장한 램프이다.

② 가스관 램프 : 램프 내부에 특정 가스를 채워 넣어 필라멘트의 밝기와 수명을 향상시킨 램프로, 할로겐 램프 등이 있다.

③ HID(고압 방전) 램프 : 할로겐보다 밝고 수명이 길지만, 가격이 비싸다.

④ LED 램프 : 반도체 소자를 이용하여 빛을 내는 램프로, 에너지 효율이 높고 수명이 길며, 전력 소모가 적다는 장점이 있고 다양한 색상 구현이 가능하다.

⑤ CAN bus 전구 : CAN bus 전구는 CAN bus 시스템과 호환되는 전구이다. 즉, CAN bus 시스템에 연결되어 데이터를 주고받을 수 있다. 이러한 전구는 전기/전자 시스템과 직접적인 연결이 필요하지 않고, CAN bus 네트워크를 통해 연결된다. CAN bus 전구는 일반적으로 LED 전구로 만들어져 있으며, 일반 전구와 달리 내부 저항을 가지고 있다.

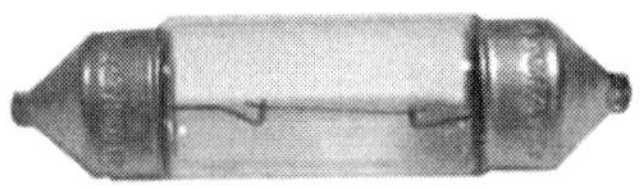

(a) 룸램프용 전구

(b) 조명용 전구

(c) 더블 전구

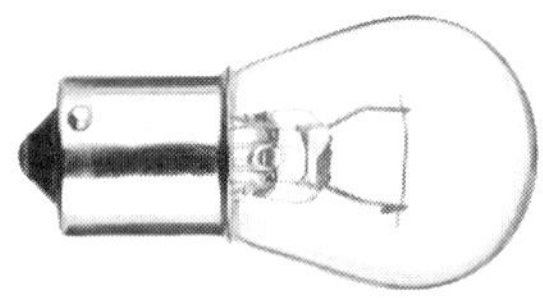

(d) 싱글 전구

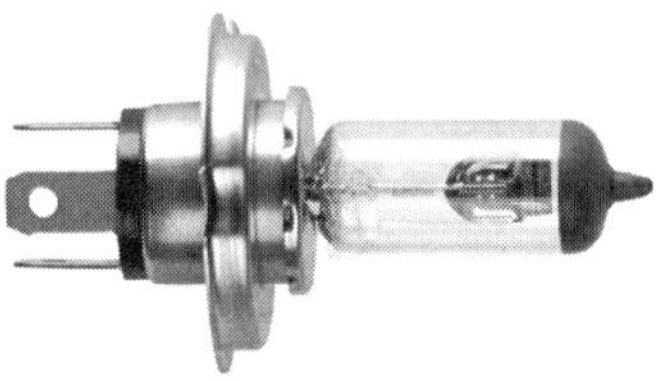

(e) 할로겐 라이트 전구

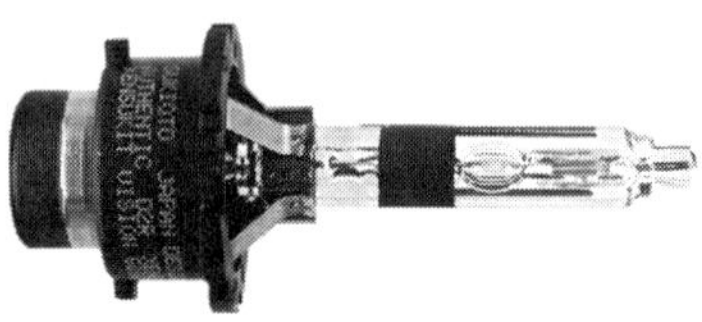

(f) HID 전구

(g) LED 전구

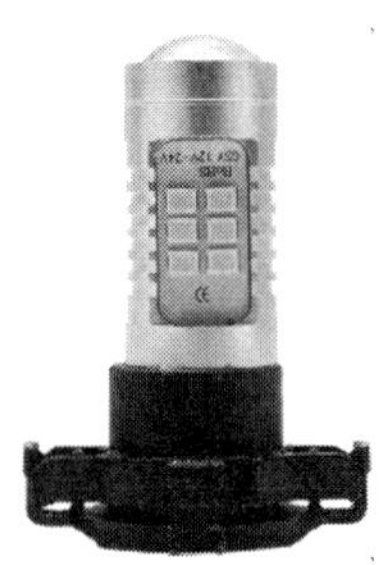

(h) CAN bus 전구

**그림 6-17** 전구 종류

## 05 조명등 종류

### (1) 전조등(Head Light)

자동차 전조등(헤드 램프)의 주요 역할은 어두운 곳에서 운전자의 시야를 확보하고 야간이나 악천후 시 다른 차량에게 자신의 차량 위치를 알려 사고를 예방하여 이를 통해 야간 주행 및 악천후 시 안전한 운전을 가능하게 한다. 전조등의 종류는 할로겐, HID, LED 등으로 다양하며, 각각의 특징에 따라 선택할 수 있다.

그림 6-18 전조등

### 1) 전조등의 구성

전조등은 자동차 앞에 부착되어 있으며 전조등은 렌즈, 반사경, 필라멘트의 3부분으로 되어 있다. 필라멘트에서 발생한 빛은 반사경에서 반사되어 원통형의 빛의 다발로 렌즈로 통과한다. 렌즈는 원통 모양의 빛의 다발을 좌우로 넓게 하여 운전자의 시야를 넓게 해준다.

전조등에는 쉴드빔형과 세미 쉴드빔형이 있다. 램프에는 2가지가 있으며, 1개는 먼 곳 장거리(100m)의 도로를 비추는 상향빔(high beam)이 있고, 다른 하나는 시내를 주행할 때나 교행(郊行)할 때 대향 자동차나 사람이 현혹되지 않도록 광도를 약하게 하고, 단거리(30m)의 도로를 비추는 하향 빔(low beam)이 있다. 최근 출시된 차량은 대부분 LED 광원을 채택하여 차량의 외형에 포인트를 주려는 미관상의 목적이 더 큰 편이다.

#### (1) 쉴드빔형(shield beam type)

쉴드빔형(shield beam type)은 렌즈, 반사경, 필라멘트가 일체로 되어있으며, 그 내부에 진공을 한 다음 불활성가스(Ar, N gas)를 넣어 그 자체가 하나의 전구가 되게 한 것이며, 밀봉되어 있기 때문에 물이나 먼지가 들어가지 않아 반사경이 흐려지지 않고, 광도의 변화가 적지만 필라멘트가 끊어지면 렌즈나 반사경에 이상이 없어도 전조등 전체를 교환하여야 한다.

### (2) 세미 쉴드빔형(semi shield beam type)

세미 쉴드빔형은 렌즈와 반사경은 녹여 붙였으나 전구는 별개로 설치하도록 되어 있으며, 전구의 필라멘트가 끊어지면 전구만 교환하면 된다. 그러나 전구의 설치 부분에 약간의 공기의 유통이 있기 때문에 반사경이 흐려지기 쉽다.

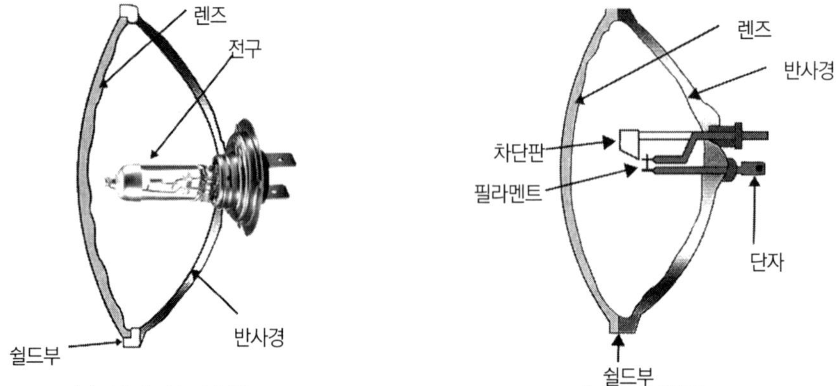


(a) 세미 쉴드빔형 (b) 쉴드빔형

**그림 6-19 전조등의 종류**

## 2) 할로겐 램프(Halogen Lamps)

백열등의 일종으로, 할로겐족 원소를 내부에 삽입하여 수명과 광효율을 높인 조명으로 매우 밝은 빛과 높은 열을 방출함으로써 자동차용 전조등으로 오랫동안 사용되어 왔다. 지금은 LED, HID, 레이저로 인해 수가 줄어들고 있긴 하지만 값이 싸기 때문에 아직까지도 저가형 차량이나 중장비 차량의 상당수가 할로겐 등을 쓰고 있다.

할로겐 램프는 필라멘트에 전류가 흐르면 열이 발생되는데 이 열이 빛으로 변한다. 이때 필라멘트는 높은 온도로 증발되기 때문에 전구 내면에 침착되어 검은색을 띠어 광도를 저하시킨다. 이러한 현상을 방지하고 필라멘트의 수명을 증대시키기 위해 전구 내부를 진공으로 하고 할로겐가스를 주입한다.

할로겐은 비활성 기체이므로 다른 물질과 반응을 잘하지 않는다. 텅스텐 필라멘트가 증발하면 텅스텐 증기는 할로겐과 결합하여 열운동에 의해 전구 내를 떠돌아다니다가 다시 필라멘트에서 할로겐과 텅스텐이 분리되어 텅스텐에 달라붙는 할로겐화 사이클을 통해 흑

화현상을 방지하는 기능이 있다. 이러한 이유로 할로겐 램프는 다른 전구에 비해 수명이 길다.

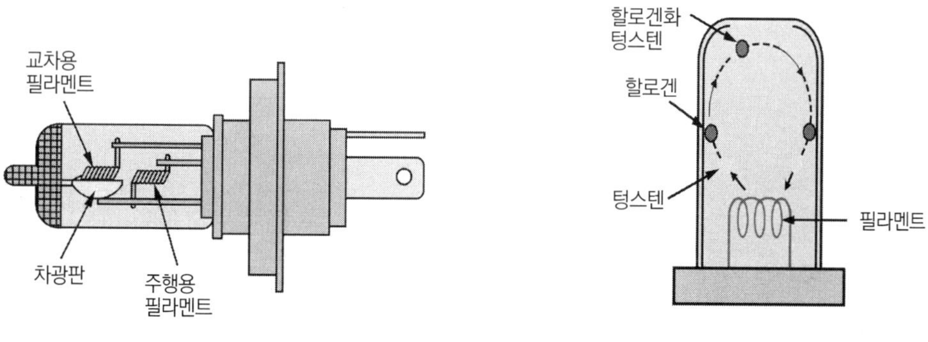


(a) 구조

(b) 할로겐화 사이클

**그림 6-20** 할로겐 램프

### 3) 방전 헤드 램프(HID : Hight Intensity Discharge)

주로 고급 차종이나 스포츠카 등에 적용되며, HID 헤드 램프는 할로겐 램프와 달리 필라멘트가 없다. 대신, 제논(크세논) 가스 및 금속 할로겐화물 화합물이 채워진 밀폐된 아크 튜브에 고전압을 가하여 방전시킴으로써 빛을 발생시킨다. 기존 할로겐 전구보다 밝고 수명이 길다는 장점이 있지만, 빛의 방향 조절 장치가 필요하며 특정 환경에서는 시인성이 떨어질 수 있다는 단점도 있다.

HID 헤드 램프는 최근에 많이 사용되는데 구조는 필라멘트 대신 텅스텐 전극이 설치되어 있으며, 전구(발광 관) 내에 크세논(Xe)가스, 금속 할로겐화물(metal halide)이 봉입되어 있다.

전조등 제어용 컴퓨터가 축전지로부터 12V를 받아 승압시켜 텅스텐 전극 사이에 순간적으로 약 20,000V 이상의 펄스를 발생시키면 먼저 크세논가스가 활성화되면서 청백색의 빛을 발생시킨다. 이 상태에서 전구 내의 온도가 더 상승하면 수은이 증발하여 아크방전이 일어나고, 더 온도가 상승하면 금속 할로겐화물이 증발하면서 유리전자가 발생되는데, 이 유리전자가 금속원자와 충돌하면서 높은 휘도의 빛을 발생시킨다. 이러한 이유로 고휘도 방전 전조등(HID)이라고도 한다.

할로겐 램프에 비해 약 2배 정도 밝으며, 태양광선에 가까운 백색의 자연광선을 얻을 수 있을 뿐만 아니라 소비전력은 이전의 약 1/2 정도이다. 수명은 필라멘트에 비해 2배 정도이나 텅스텐 전극에 높은 전압을 안정적으로 공급하기 위해 전조등 제어용 컴퓨터가 필요하다.

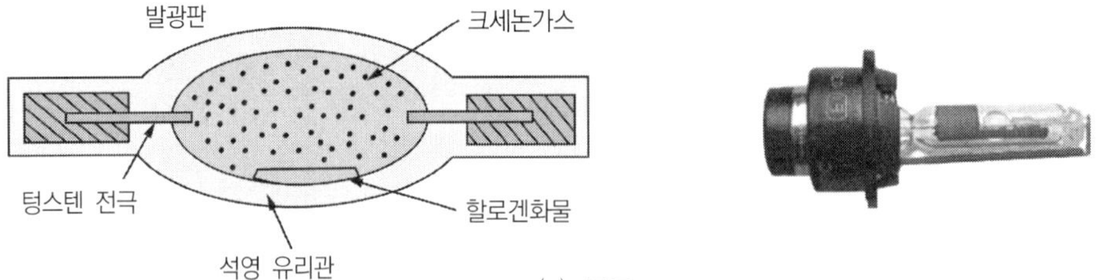


(a) 구조

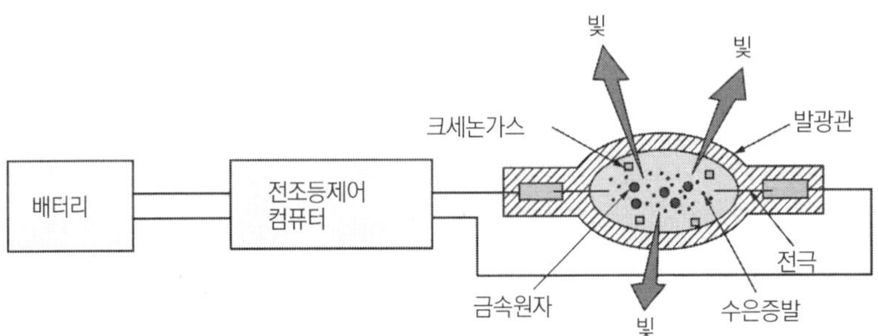


(b) 발광 원리

**그림 6-21** 방전 헤드 램프의 발광 원리

### 4) LED(Light Emitting Diode) 전조등

LED 전조등은 일반 할로겐이나 HID 전조등에 비해 수명이 길고 전력 효율이 높으며, 다양한 디자인이 가능하다는 장점이 있다. 또한, LED는 조도가 서서히 낮아지는 특성이 있어 갑자기 꺼지지 않고, 수명이 다했을 때도 안전하게 사용할 수 있다. LED 전조등의 장점의 특징은 다음과 같다.

① 긴 수명 : LED는 백열등이나 형광등에 비해 수명이 길어 교체 비용을 절감할 수 있다.

② 높은 전력 효율 : LED는 동일한 밝기를 내는 데 더 적은 전력을 사용한다.

③ 다양한 디자인 가능 : LED는 크기가 작고 가벼워 다양한 디자인의 전조등을 만들 수 있다.

④ 안전성 : LED는 수명이 다할 때까지 조도가 서서히 낮아지므로, 갑자기 꺼지는 현상이 없어 안전하다.

⑤ 시인성 향상 : LED는 빛의 직진성이 좋아 야간 운전 시 시인성이 향상된다.

⑥ LED 전조등 관련 법규 : 2021년에 국토교통부에서 LED 전조등을 합법적으로 사용할 수 있도록 법을 개정했다. LED 전조등으로 교체하기 전에 반드시 국토교통부 승인을 받은 제품인지 확인해야 한다. 불법 튜닝 제품을 사용하면 자동차 검사 시 불이익을 받을 수 있다.

LED 전조등은 보다 나은 시야를 확보해 주고, 눈부심 현상 감소는 물론 색온도 조작도 가능해 태양광과 거의 근접한 환경을 조성할 수 있는 기능성과 안전성을 갖고 있으며, 14W LED 램프는 65W 표준 할로겐 램프와 대등한 밝기 성능을 갖고 있기 때문에 에너지 절감 측면에서도 뛰어난 성능을 가지고 있다. 또한 LED의 최대 수명이 10만 시간으로 자동차 수명보다 길고, 오랫동안 광량을 유지할 수 있는 내구성을 갖고 있어 광원을 교체할 필요도 없고, 광원의 교체를 고려한 공간 설계도 필요 없으며, 헤드 램프 내부에 LED 광원을 매립해 넣을 수도 있게 되었다.

LED 전조등 시스템은 다수의 LED 유닛의 집합체이다. 시스템은 냉각체를 포함한 LED 칩, 경우에 따라 반사경 및 자유형 렌즈로 구성되어 있다. 개별 LED 유닛은 제어 일렉트로닉에 의해 “ON” 또는 “OFF”된다. 할로겐 램프의 효율(와트당 광출력)은 30lm/W 수준이며, HID 램프의 경우 80lm/W 수준의 높은 효율을 나타낸다.

LED 헤드 램프는 1500m/W 수준의 고휘도로 HID 램프보다 더 우수한 효율을 나타낸다. 헤드 램프로서의 충분한 광량을 가진 고휘도 백색 LED가 공급되더라도 우선 방열설계기술 및 방열 재료의 경량화가 요구되고, LED 전조등은 자동차 엔진에서 발생하는 열 그리고 히터, 라디에이터 등에서 발생하는 열에 의해 95℃ 수준의 차량 구동 환경에 노출되어 있다. 밀폐된 헤드 램프의 내부에 배치된 LED 소자 자체에서도 열이 발생하기 때문에 LED 소자가 열화되어 광량이 감소하고, 수명도 단축된다. 따라서 LED 소자의 신뢰성 저하를 방지하기 위한 방열 구조기술, LED의 자체 발열에 따른 문제를 해결하기 위한 PCB, Heat Sink, Reflector 등의 방열 구조 설계기술의 적용으로 열저항 3K/W 이하 수준의 방열시스템이 필요하며, 방열핀, 방열팬 적용에 따른 소재의 경량화도 매우 중요하다.

**표 6-3** 광원에 따른 램프의 종류 및 특성

| 종 류 | 기본원리 | 장 점 | 단 점 |
|---|---|---|---|
| Halogen Lamp | 전구 안에 할로겐 물질을 주입하여 텅스텐의 증발을 억제한 램프 | -가격이 저렴함<br>-교환 쉬움<br>-대체성이 우수함 | -수명이 짧음<br>-소비전력이 높음<br>-부품의 크기가 큼 |
| HID Lamp | 고전압을 이용하여 방전관 내의 전자와 금속 물질을 충돌, 방전시켜 발광 | -높은 광량으로 뛰어난 야간 시인성 제공<br>-태양광과 유사하여 야간 운전시 눈의 피로도 감소 | -점화기(ignitor), 안정기(ballast) 등 별도 부품이 필요<br>-가격이 높음 |
| LED Lamp | 여러 개의 LED를 연결하여 자동차의 전구로 사용함 | -수명이 길다<br>-광도가 높다<br>-사용전력이 낮다 | -가격이 높음 |

### 5) 전조등의 회로

전조등은 야간에 시야를 확보하고 비상시에는 보행자 또는 다른 운전자에게 경고를 주기 위해 하향등(low beam)과 상향등(high beam)으로 구성된다. 하향등은 짧은 거리를 비추도록 하여 상대방 운전자의 시야 방해를 일으키지 않도록 하기 위해 광도를 약간 낮추었으며, 상향등은 먼 가리를 비출 수 있기 때문에 광도가 크다.

한편, 패싱 빔(passing beam)은 점화 스위치가 OFF 상태에 있더라도 디머 스위치를 패싱 위치로 하면 상향등이 점등된다. 전조등 회로는 축전지, 전조등 릴레이, 디머 스위치, 라이트 스위치, 전조등으로 구성되며 전조등 회로의 전류 흐름은 다음과 같다.

| 연결상태 | 전류의 흐름 | 결과 |
|---|---|---|
| 전조등 스위치 ON<br>(전조등 하향)<br>※점화스위치 ON 상태 | · 점화 스위치(좌측 상단) 전원 → 점화 스위치 퓨즈 → 전조등 릴레이 코일(좌, 우 동시) → 전조등 스위치(좌측 하단) → 접지<br>· 축전지 전원(우측 상단) → 퓨즈 블링크 → 전조등 릴레이 스위치(좌, 우 동시) → 전조등 퓨즈 → 전조등 LO (좌, 우) → 접지 | 전조등 릴레이 작동<br>전조등 하향 켜짐 |
| 전조등 상향스위치 ON<br>※전조등 ON 유지상태 | 축전지 상시전원(우측 상단) → 퓨즈 블링크 → 전조등 릴레이 스위치(좌, 우) → 전조등 퓨즈 → 전조등 HI(좌, 우) → 상향 스위치 → 접지 | 전조등 상향 켜짐 |
| 전조등 인디케이트 | 축전지 상시전원(우측상단) → 퓨즈 블링크 → 전조등 릴레이 스위치(좌측) → 전조등 퓨즈 → 상향 인디케이트 퓨즈 → 상향 인디케이트 → 전조등 상향 스위치 → 접지 | 상향 인디케이트 켜짐 |
| 전조등패싱(플레쉬)<br>ON(전조등 스위치 OFF) | · 점화 스위치 → 전조등 릴레이 코일 → 패싱(플레쉬) 스위치 → 접지<br>· 축전지 상시전원(우측상단) → 퓨즈 블링크 → 전조등 릴레이 스위치(좌, 우) → 전조등 퓨즈 → 전조등 상향(좌, 우) → 플레시 스위치 → 접지 | 전조등 상향 켜짐 |

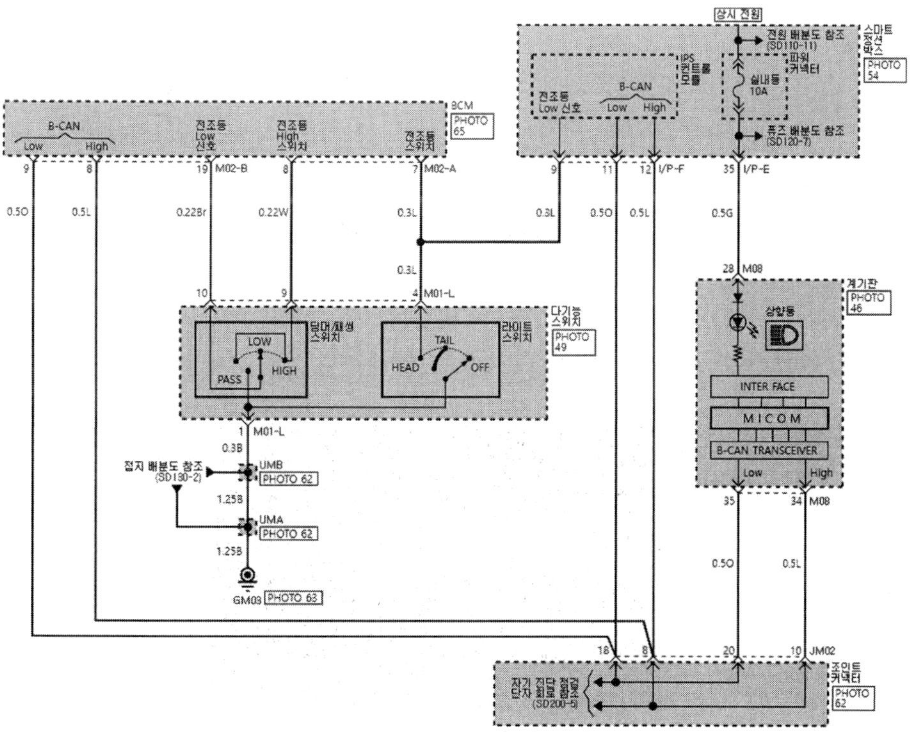


(a)

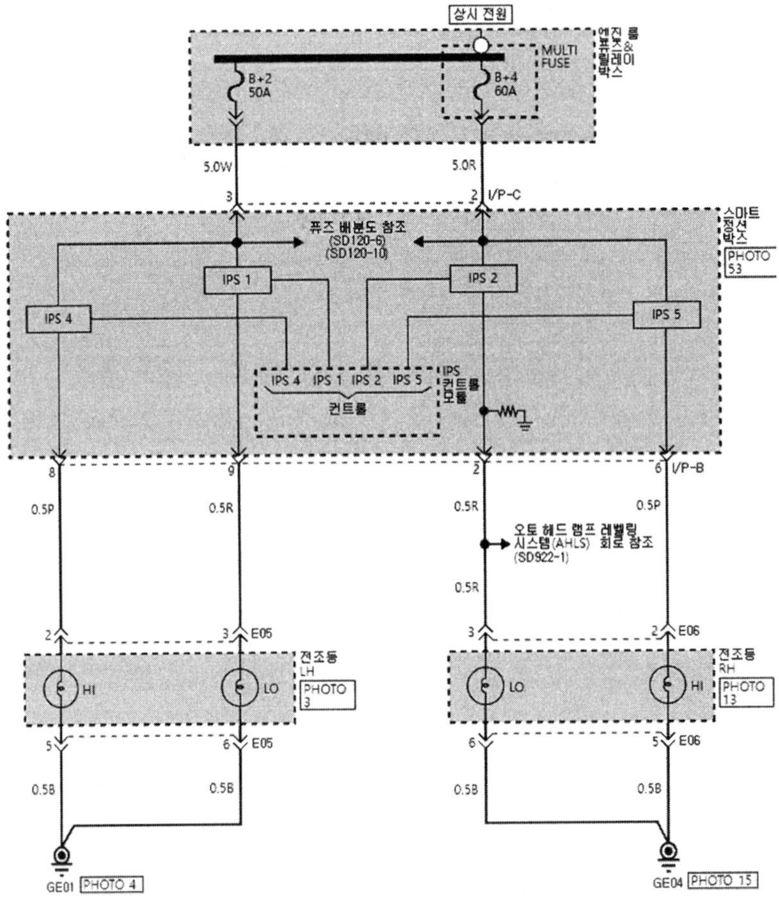


(b)

**그림 6-22** 전조등 회로도

## 6) 오토 전조등(Automatic Headlights or Auto Headlights)

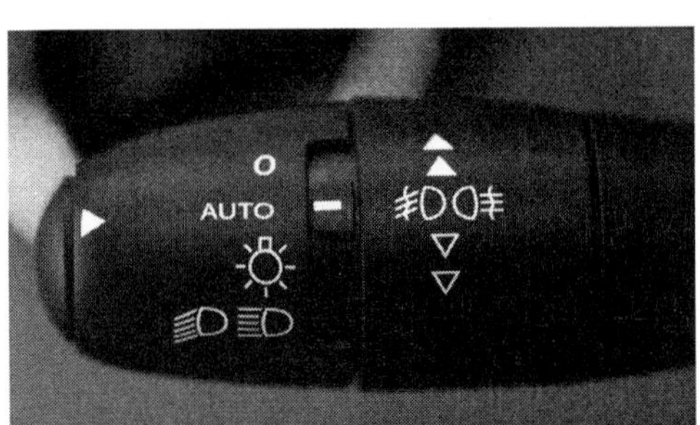


**그림 6-23** 오토 전조등 스위치

오토 전조등(오토 라이트)은 주변 밝기를 감지하여 자동으로 전조등을 켜고 끄는 기능이다. 운전자가 수동으로 조작할 필요 없이 어두워지면 전조등이 켜지고 밝아지면 꺼져서 편리하고 안전한 운전을 돕는다. 특히 터널 진입이나 지하 주차장처럼 갑자기 어두워지는 환경에서 유용하다. 오토 전조등의 역할은 다음과 같다.

① 자동 제어 : 주변 밝기에 따라 전조등을 자동으로 켜고 끄므로 운전자가 직접 조작할 필요가 없다.

② 편의성 증대 : 운전자는 전조등 조작에 신경 쓰지 않고 운전에만 집중할 수 있다.

③ 안전 확보 : 어두운 곳에서 전조등이 켜지지 않아 발생하는 사고를 예방할 수 있다.

④ 터널 및 지하 주차장 활용 : 터널 진입 시나 지하 주차장처럼 갑자기 어두워지는 환경에서 유용하다.

오토 전조등의 원리는 차량 앞 유리에 부착된 조도센서가 주변 밝기를 감지한다. 센서는 빛의 양을 측정하여 일정 수준 이하로 어두워지면 전조등을 켜도록 신호를 보내고, 주변 밝기가 다시 밝아지면 센서는 전조등을 끄도록 신호를 보내 전조등이 자동으로 꺼진다.

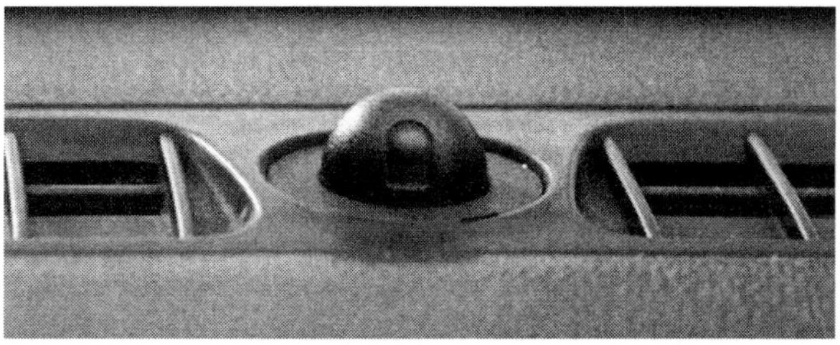

그림 6-24 조도센서

#### 7) HLLD(전조등 각도조절장치, Head Lamp Leveling Device)

수동으로 헤드 램프 조사각을 조절할 수 있는 장치이다. 야간 운전시 시야 확보 및 눈의 피로감을 줄일 수 있도록 하는 장치로 탑승자의 무게나 차량 자세(1인, 2인, 3인, 기타 하중 조건 탑승 및 적재시), 차량 기울기가 달라질 때 전조등 각도를 조절하기 위해 사용된다. 조절장치의 숫자가 높을수록 전조등 각도는 아래를 향하도록 되어 있다. 운전 시에는 반대편 차량의 운전을 방해하지 않는 선에서 아래 표와 같이 적절한 각도를 유지하도록 조절해야 한다(차종에 따라 차량 적재 조건 및 조절 위치가 다를 수 있다).

| 차량 적재 조건 | 조절장치 위치 |
|---|---|
| 운전자 1명 | 0 |
| 운전자 1명 + 동승자 1명 | 0 |
| 운전자 포함 4명 | 1 |
| 운전자 포함 4명 + 트렁크 적재 | 2 |
| 운전자 + 트렁크 적재 | 3 |

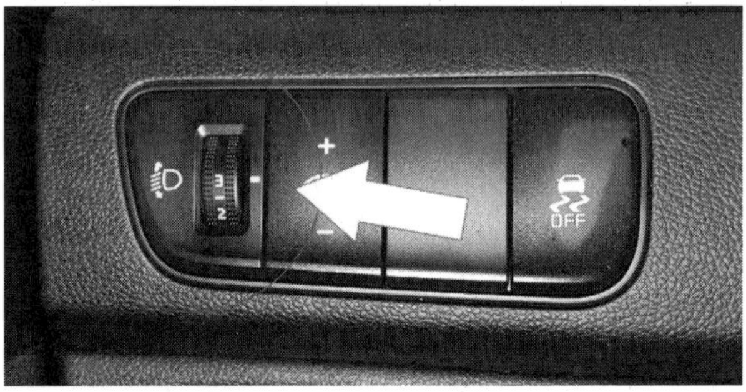

그림 6-25 전조등 각도조절장치 스위치

HLLD의 주요 기능은 다음과 같다.

① 각도 조절 : 전조등의 각도를 조절한다.

② 상대 운전자 눈부심 방지 : 전조등 각도를 조절하여 맞은편 차량 운전자에게 눈부심을 유발하는 것을 방지한다.

③ 전조등 각도 조절 기능 : 필요에 따라 운전자가 전조등 각도를 조절할 수 있다.

④ 다양한 차량 자세에 적응 : 탑승자 수, 짐의 무게, 차량 경사 등 다양한 조건에서 전조등 각도를 최적화한다.

### 8) 어댑티브 프론트 라이팅 시스템(AFLS : Adaptive Front Lighting System)

#### (1) AFLS 개요

AFLS(현대모비스의 "인공지능형 전조등 시스템"은 AFLS 기술을 적용한 대표적인 사례이다.)는 상황에 따라 전조등에 다양한 변화를 줄 수 있는 장치로 전조등이 핸들의 움직임에 따라 돌아가는 것인데, 운전자의 시야가 닿는 부위에 적절한 조도를 확보할 수 있다는 점에서 긍정적이지만, 상대방 운전자의 시야를 방해할 수 있다는 점에선 문제점이 지적되기도 했다.

물론 이 단점을 극복할 수 있는 기술 역시 개발이 완료된 상태이다. 내비게이션 연동 전조등과 스마트 하이빔 어시스트 내비게이션과 전조등을 연동할 경우 운전자가 조향을 하기 전에 미리 시야를 확보할 수 있게 된다. 하지만 운전자가 이런 기능의 효과를 제대로 보기 위해서는 보다 멀찍이 빛을 쏴야 하는데, 그럼 하향전조등이 아니라 상향등을 활용할 수밖에 없다. 이런 이유로 나온 기술이 바로 스마트 하이빔 어시스트 기술인데 전방에 차량이 없을 때는 상향등을 비추고 마주 오는 차량이 있을 경우 자동으로 하향등으로 변환하는 시스템이다.

스마트 하이빔 어시스트는 국내에서는 HBA(High Beam Assist), 다른 말로는 하이빔 보조장치로 이미 다양한 신차에 적용이 되었다. 기존 오토라이트 기능을 선택한 다음 상향등을 켜 주면 바로 적용이 되며 저속에서는 사용이 불가능하게 설계되어 상향등이 끼칠 수 있는 불편을 최소화한 것도 특징이다.

### (2) AFLS의 주요 기능

① 코너링 시 램프 각도를 조절하여 운전자의 시야를 넓혀준다.
② 주행 속도에 따라 빔 높이를 조절하여 전방 시야를 확보한다.
③ 악천후(비, 눈, 안개 등) 상황에서 빔 패턴을 조절하여 시야를 개선한다.
④ 대향 차량 감지 시 눈부심을 방지하기 위해 빔을 하향 조정한다.

### (3) AFLS의 장점

① 야간 및 악천후 주행 시 시야 확보를 통해 운전 안전성을 높여준다.
② 다양한 주행 환경에 맞춰 최적의 시야를 제공하여 운전 피로도를 줄여준다.
③ 자동으로 빔 패턴을 조절하여 운전자의 조작 편의성을 높여준다.
④ 곡선로의 운전 시인성을 확보한다.

⑤ 차량 속도에 따른 스위블링 구동속도 및 각도가 자동으로 제어되어 최적의 운행조건을 만족시킨다.
⑥ 대향차량에 대한 눈부심을 고려한 페일세이프 기능이 적용되었다(통신 에러 발생시 초기 원점 위치로 자동복귀).

### (4) AFLS의 작동 원리

① 정보 수집 : AFLS 제어장치(AFLS ECU)는 차량 속도, 스티어링 휠 각도, 차량 기울기, 노면 상태, 날씨 등 다양한 정보를 센서를 통해 수집한다.
② 각도 연산 : 수집된 정보를 바탕으로 AFLS ECU는 최적의 전조등 조사각을 계산한다.
③ 모터 구동 : 계산된 각도에 따라 전조등에 장착된 스위블 모터(좌・우 조절)와 레벨링 모터(상・하 조절)를 작동시켜 헤드 램프의 빔 패턴을 조절한다.

### (5) AFLS 시스템 구성

각각의 센서로부터 받은 정보를 AFLS ECU(제어기)에서 판단하여 헤드 램프에 달려있는 LDM(전원), 스위블링 스텝핑 모터, 레벨링 스테빙 모터, 액추에이터를 조절하여 램프의 각도와 밝기를 조절한다. 일반 모터가 아닌 스텝핑 모터를 사용해 제어하기 때문에 램프의 각도를 세밀하게 조절할 수 있다.

① 시스템 입력부 : 차량 주행 상태를 속도센서, 차고센서 및 각종 센서를 이용해 신호수집
② 시스템 제어부(AFLS 유닛) : 입력신호를 분석/판단하여 출력부 제어
③ 시스템 출력부 : AFLS 유닛의 출력부 제어신호에 따라 최적 조명의 방향으로 전조등 상・하・좌・우 구동

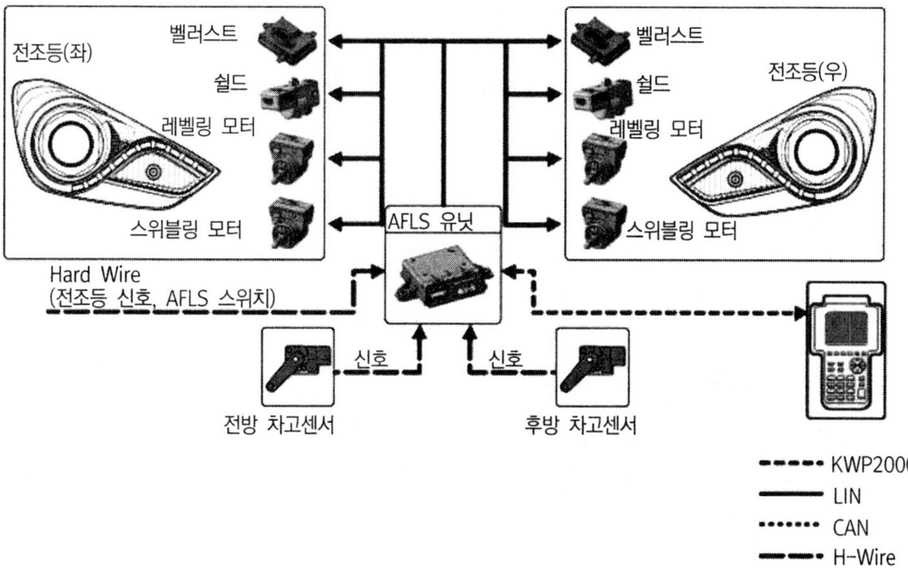


그림 6-26 AFLS 시스템 구성

### (6) AFLS 시스템 구성요소

① AFLS 유닛

㉠ 주요 사양

ⓐ 차량시동 신호 입력시 시스템 초기화(AFLS ECU, 레벨링 모터, 스위블링 모터)

ⓑ 다기능 스위치(헤드 램프 스위치) AUTO ON시에만 AFLS 시스템 작동

ⓒ AFLS 시스템 작동 중 Tell-tail 기능(계기판에 AFLS OFF 표시)

ⓓ 시스템 페일 신호 발생 시 계기판에 AFLS OFF 깜빡임

㉡ 주요 기능

ⓐ AFLS 구동 제어(레벨링, 스위블링)

ⓑ 센서신호 수집 및 처리

ⓒ LIN 통신을 통한 액추에이터 구동

ⓓ K-Line 통신을 위한 자기진단 기능

ⓔ 빔 패턴 변경을 위한 쉴드 드럼 제어

ⓕ 스태틱 벤딩 라이트 제어

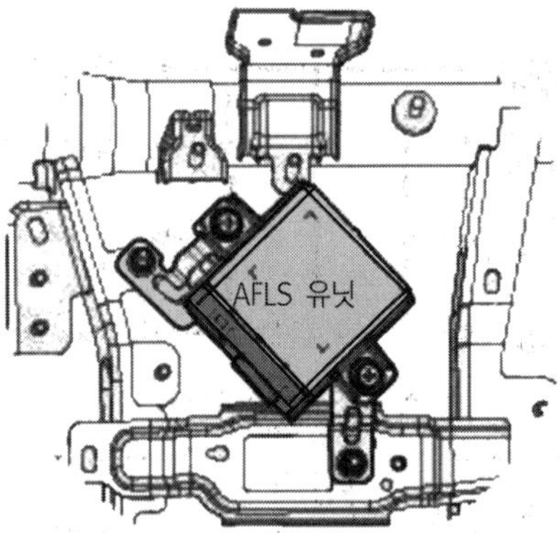


그림 6-27 가변형 전조등 시스템(AFLS) 유닛

② 스위블링 모터

하향등을 좌우로 구동시켜 곡선로에서의 시인성을 향상시키기 위한 구동장치

㉠ 주요 사양

ⓐ AFLS 유닛과 LIN(Local Interconnect Network) 통신으로 연결

ⓑ 외란에 강한 강인제어

ⓒ 정상 동작전압 범위 외에는 동작하지 않음

㉡ 주요 기능

ⓐ 하향등 좌우 구동

ⓑ 페일세이프 기능 : 이상동작 감지 시 전조등 동작 범위를 안전 영역에 제한

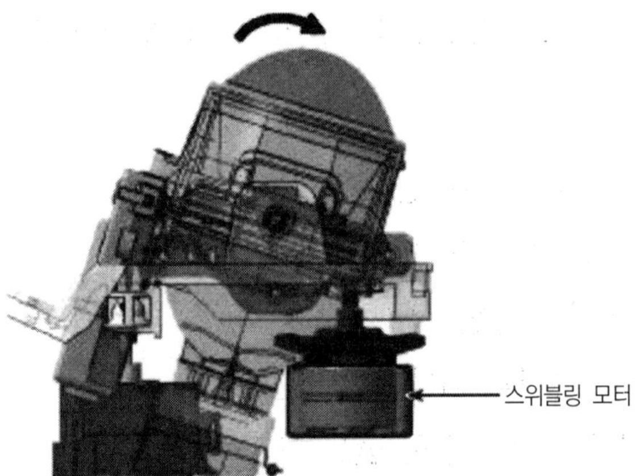


그림 6-28 스위블링 모터

③ 레벨링 모터

차량 기울기 조건에 대한 전조등 하향등 위치를 규정핀 범위 안에서 상하로 조정하는 구동장치

㉠ 주요 사양

ⓐ AFLS 유닛과 LIN 통신으로 연결

ⓑ 외란에 강한 강인제어

ⓒ 정상 동작전압 범위 외에는 동작하지 않음

㉡ 주요 기능

ⓐ 하향등 상하 구동

ⓑ 페일세이프 : 이상동작 감지시 전조등 동작 범위를 안전 영역에 고정

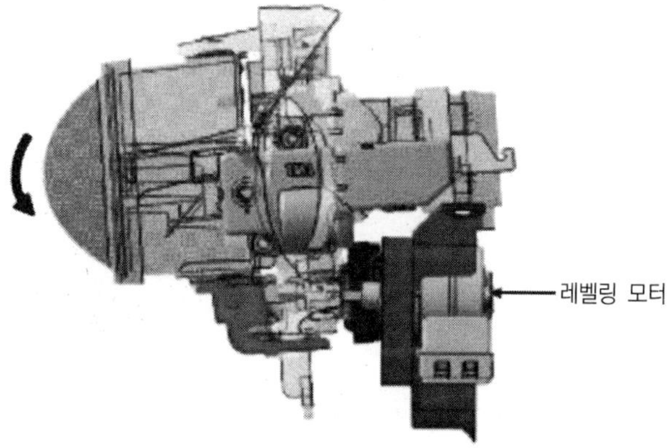


그림 6-29 레벨링 모터

④ 차량 기울기센서(Height Sensor)

㉠ 차량 기울기센서(차고센서)는 차량의 차체와 서스펜션 연결부에 있으며, 부하와 속도에 따른 차량의 기울기를 측정한다.

㉡ AFLS 유닛에 배선을 통해 기울기 신호를 직접 송신한다.

그림 6-30 차량 기울기센서

⑤ 쉴드 액추에이터

㉠ 쉴드 드럼을 회전하며 빔 패턴을 변경한다.

㉡ 쉴드 드럼은 3가지 서로 다른 종류의 패턴을 가지며, 차량 운행 조건에 따라 변경한다.

그림 6-31 쉴드 액추에이터

## (2) 안개등(Fog Lamp)

전조등의 빛이 안개 속을 통과하면 산란되어 먼 거리까지 도달하지 못하지만, 안개등은 빛의 파장이 긴 빛을 사용하기 때문에 일반적인 빛에 비하여 산란이 적어 같은 조건에서 빛이 멀리까지 비치기 때문에 안개, 비, 눈 등 시야 확보가 어려운 악천후 상황에서 운전자의 시야를 확보하기 위해 사용하는 등화 장치이다. 주로 전조등 아래쪽에 위치하며, 전조등을 보조하는 역할을 한다. 또한 악천후 속에서 자신의 위치를 알리기 위한 것이다.

따라서 안개 때문에 잘 보이지 않아도 멀리서 다가오는 상대 운전자에게는 안개등의 불빛이 보여 서로 안전하게 운행할 수 있게 한다. 안개등의 역할 및 특징은 다음과 같다.

① 시야 확보 : 안개, 비, 눈 등으로 인해 시야가 제한적인 상황에서 운전자가 전방을 더 잘 볼 수 있도록 돕는다.

② 주변 인식 : 도로의 윤곽이나 주변 장애물을 더 잘 인식할 수 있도록 하여 안전 운전에 기여한다.

③ 낮은 각도와 넓은 조사각 : 빛을 넓고 낮게 퍼뜨려 노면을 비추고 안개 입자를 덜 반사시켜 시야 확보에 도움을 준다.

④ 전조등 보조 : 전조등과 함께 사용되어 운전자의 시야를 더욱 효과적으로 확보한다.

⑤ 법규 준수 : 안개등은 법규에 따라 사용해야 하며, 안개나 악천후 상황이 아닐 때에는 사용하지 않는 것이 원칙이다.

그림 6-32 안개등

### (3) 후진등(Back up Lamp)

변속기 레버를 후진 위치로 하였을 때 점등되는 후진 방향의 조명등이다. 후퇴등이라고도 한다. 자동차가 후진하고 있음을 후속 차에게 알리는 등으로 전구는 21~27W 정도이다. 자동변속기 차량의 경우, 인히비터 스위치(Inhibitor switch)가 R 레인지 위치를 검출해서 후진등에 불이 들어오는 구조로 되어 있다. 후진등은 차량 후방에 위치해 방향지시등, 제동등과 함께 리어 콤비네이션 램프(Rear combination lamp)를 구성한다. 일반적으로 양쪽에 두 개를 장착한다. 등광색은 백색이다.

평상시에 후진등 스위치에 와있던 작동 전원이 변속 레버를 후진으로 하면 후진등 스위치가 작동하게 되고, 후진등 스위치에 있던 상시전원은 뒤 좌 · 우 콤비네이션 램프의 후진등에 전원을 공급하게 되고, 후진등은 상시 접지와 작동 전원에 의해 후진등은 작동하게 된다.

그림 6-33 후진등

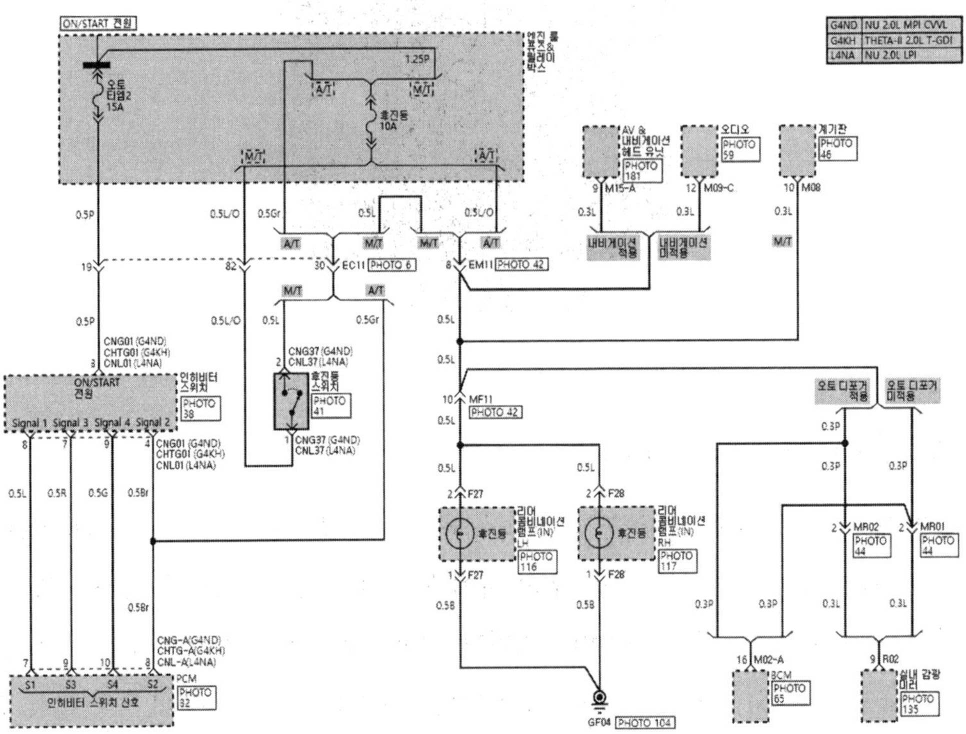


그림 6-34 후진등 회로도

### (4) 실내등(Interior Light or Dome Light)

실내등은 가까운 실내 천장의 중앙이나 윈드쉴드 가까운 장소에 설치되어 차량의 어두운 실내를 환하게 조명하기 위한 등으로, 룸 라이트 또는 룸 램프라고도 한다. 자동차 실내등은 운전자와 탑승자가 어두운 환경에서 물건을 찾거나 독서 등 실내 활동을 할 때 시야를 확보해 주는 역할을 한다. 또한, 차량 내부 분위기를 밝게 조성하고, 안전 운전을 돕는 기능도 수행한다. 실내등 역할은 다음과 같다.

① 시야 확보 : 어두운 곳에서 물건을 찾거나 독서 등 실내 활동을 할 때 필요한 시야를 제공한다.

② 안전 운전 지원 : 야간 운전 시 실내 활동으로 인해 운전자의 시야가 방해받지 않도록 돕는다.

③ 차량 내부 분위기 조성 : 밝고 쾌적한 실내 환경을 만들어준다.

④ 배터리 방전 방지 : 실내등을 켜둔 채 시동을 끄고 하차할 경우, 일정 시간 후 자동으로 소등되어 배터리 방전을 방지한다.

⑤ 도난 경보 : 차량 도난 시 비상등과 함께 실내등이 점멸하여 경고 효과를 줄 수 있다.

그림 6-35 실내등

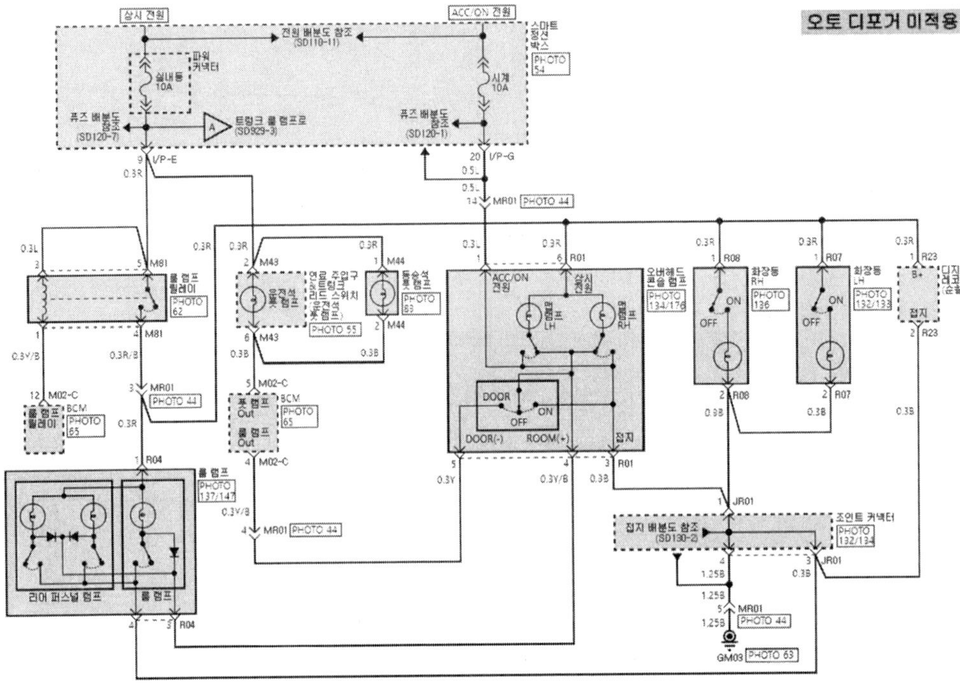


그림 6-36 실내등 회로도

## (5) 계기판등(Indicator Lights or Warning Lights)

자동차 계기판등은 운전자에게 차량의 현재 상태와 필요한 정보를 전달하는 역할을 한다. 주행 중인 기능, 주의사항, 위험 상황 등을 표시하여 안전 운전을 돕는다. 계기판등의 역할은 다음과 같다.

① 기능 표시 : 초록색 또는 파란색 계기판등은 현재 작동 중인 기능(예 : 방향지시등, 상향등, 미등 등)을 표시하여 운전자에게 차량의 상태를 알려준다.

② 주의 경고 : 노란색 계기판등은 엔진 경고등, 타이어 공기압 경고등, 연료 부족 경고등 등 운전자에게 주의가 필요한 상황을 알려준다.

③ 위험 경고 : 빨간색 계기판등은 브레이크 경고등, 냉각수 부족 경고등, 배터리 경고등 등 위험 상황을 나타내며, 즉시 정비가 필요한 상황을 의미한다.

그림 6-37 계기판등

## 06 신호등

### (1) 방향지시등(Turn Signal Lamp)

방향지시등은 보행자 또는 다른 운전자에게 진행방향을 미리 알려 사고를 미연에 방지하고 교통의 흐름을 원활하게 한다. 방향지시등 스위치를 조작하였을 때 방향지시등을 점멸시키는 플래셔 유닛(Flasher unit)의 종류에는 전자 열선 방식, 축전기 방식, 수은 방식, 스냅 열선 방식, 바이메탈 방식, 열선 방식 등이 있다.

그림 6-38 방향지시등

전자 열선 방식 플래셔 유닛은 열에 의한 열선(heat coil)의 신축(伸縮) 작용을 이용한 것이며, 중앙에 있는 전자석과 이 전자석에 의해 끌어당겨지는 2조의 가동접점으로 구성되어 있다. 방향지시기 스위치를 좌우 어느 방향으로 넣으면 접점 P1은 열선의 장력에 의해 열려지는 힘을 받는다. 따라서 열선이 가열되어 늘어나면 닫히고, 냉각되면 다시 열리며 이에 따라 방향지시등이 점멸하게 되고 접점 P2는 파일럿 등을 점멸시킨다.

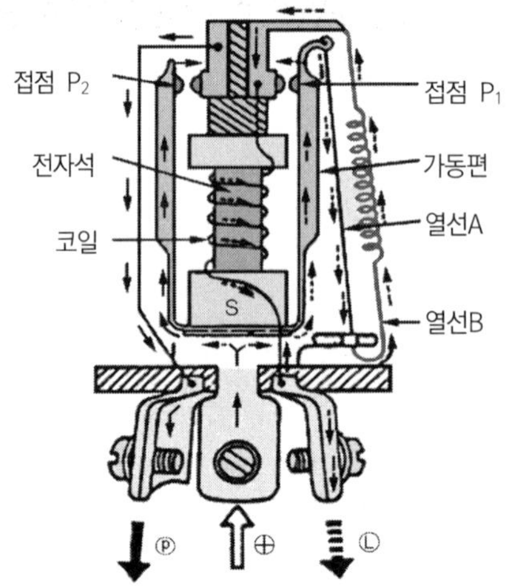


**그림 6-39** 전자 열선식 플래셔 유닛의 구조

안전기준에 따르면 등광색은 황색 또는 호박색으로 1등당 광도는 50~1,050㏅의 범위에 있어야 한다. 한편, 방향지시등의 점멸주기는 매분 60~120회의 일정한 주기를 가져야 한다. 좌회전, 우회전, 차선 변경 시에는 해당 방향으로 30m(고속도로는 100m) 전부터 신호등이 꺼질 때까지 켜야 한다.

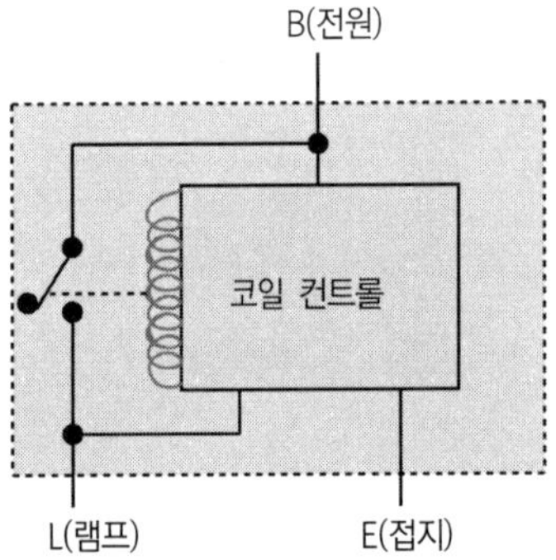


(a)

(b)

(c)

**그림 6-40** 코일 컨트롤 방식 회로 및 방향지시등 릴레이

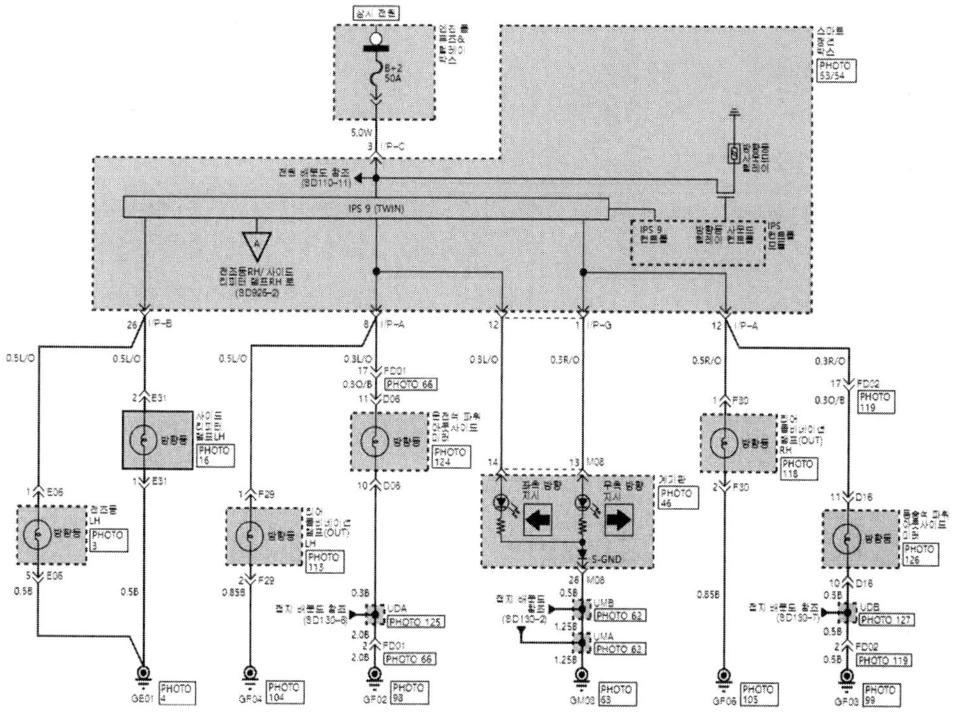

(a)

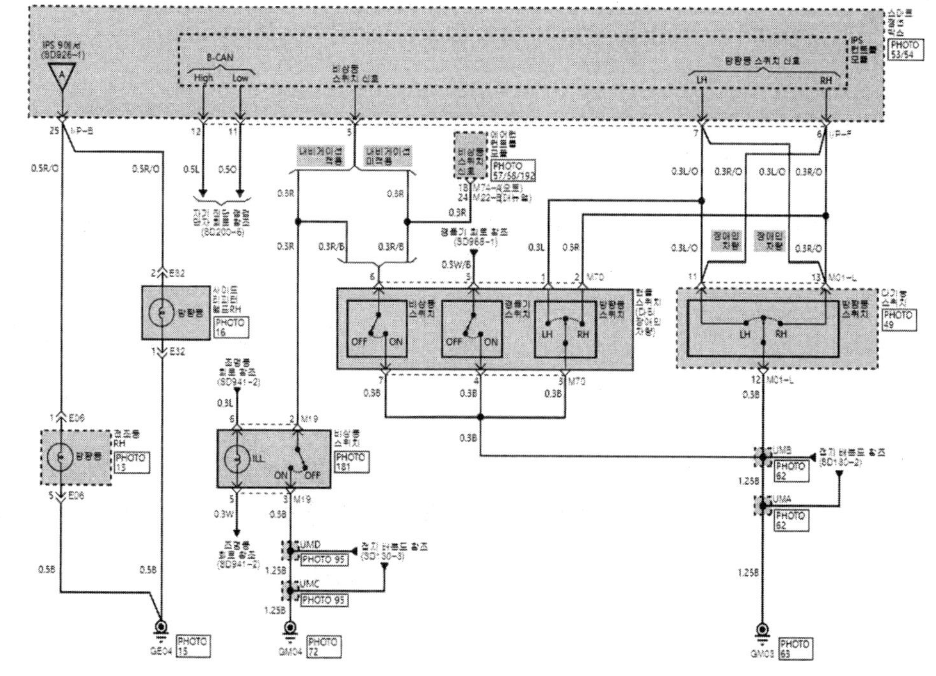

(b)

그림 6-41 방향지시등 및 비상등의 회로도

### [2] 비상점멸 표시등(비상등, Emergency Lights or Hazard Lights)

비상 점멸 표시등(비상등)은 차량 고장, 사고 등으로 인해 도로 위에 정차해야 할 때나 위험 상황을 다른 차량에게 알릴 때 사용하는 안전장치이다. 비상등을 켜면 모든 방향 지시등이 동시에 점멸하여 다른 차량에게 위험 상황을 경고하고, 사고 예방 및 안전 확보에 기여한다. 비상등의 역할은 다음과 같다.

① 위험 상황 경고 : 차량 고장, 사고 등으로 인해 도로 위에서 부득이하게 정차해야 할 때, 다른 차량에게 위험 상황을 알린다.

② 사고 예방 : 뒤따라오는 차량에게 전방 상황을 인지시켜 추돌 사고 등을 예방한다.

③ 안전 확보 : 짙은 안개나 폭우 등으로 시야 확보가 어려울 때, 비상등을 켜서 자신의 위치를 알리고 안전거리를 확보하도록 돕는다.

④ 주차 시 안전 : 보행자나 다른 차량이 통행하는 공간에서 주차할 때, 비상등을 켜서 주의를 환기시키고 안전 사고를 예방한다.

⑤ 정차 시 안전 : 버스 정류장 등 정해진 장소 외에 정차할 때, 비상등을 켜서 후행 차량에게 정차 사실을 알리고 안전을 확보한다.

### [3] 제동등(Stop Lamp)

제동등은 브레이크 페달을 밟았을 때 뒤차에 제동함을 알리는 것으로 제동장치의 작동에 따라 점등된다. 제동등 스위치는 브레이크 페달을 밟으면 스위치의 접점이 접속되어 점등되는 기계 방식과 마스터 실린더 안의 유압이 높아지면 유압에 의하여 다이어프램(diaphragm)이 밀려서 접점이 접속되는 유압 방식이 있다. 제동등 스위치는 브레이크 페달에 의해 ON, OFF되는 스위치이다. 브레이크 페달을 밟으면 페달에 눌려 있던 스위치 푸시로드가 해방되기 때문에 접점이 연결되어 제동등을 점등하고, 브레이크 페달을 놓으면 푸시로드가 눌려 접점이 차단되어 제동등이 소등된다.

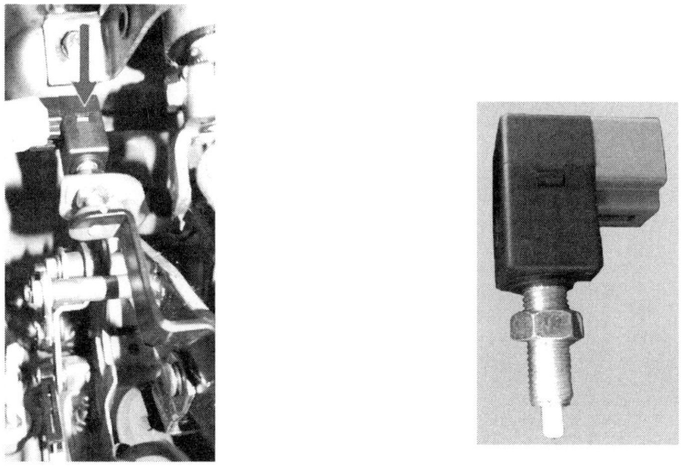

(a) (b)

**그림 6-42** 제동등 스위치 설치 위치 및 제동등 스위치

제동등의 작동은 평상시 정지등 스위치에 와있던 작동 전원이 브레이크 페달을 밟으므로 제동등 스위치가 작동하게 되고, 제동등 스위치에 와있던 상시전원이 뒤 좌우 콤비네이션 램프의 제동등에 전원을 공급하게 되고, 제동등은 상시 작동전원에 의해 제동등은 작동하게 된다.

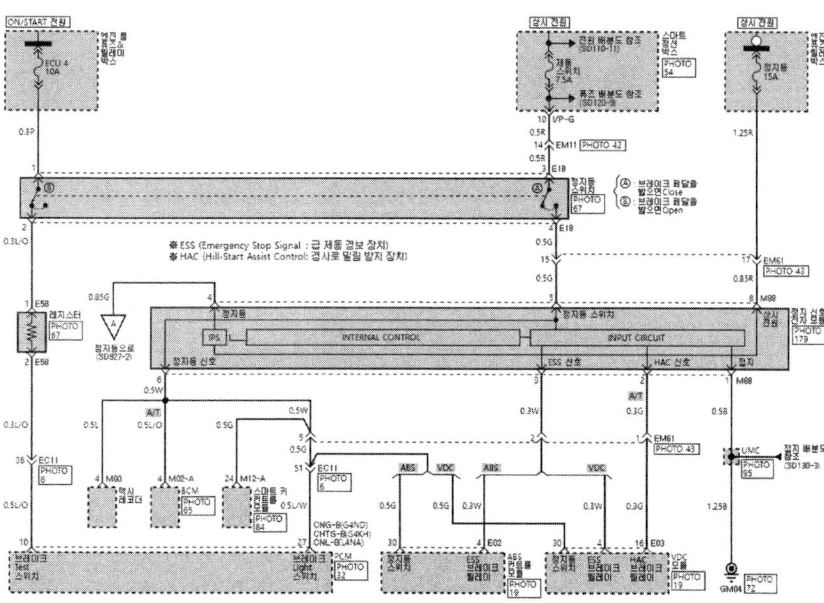


(a)

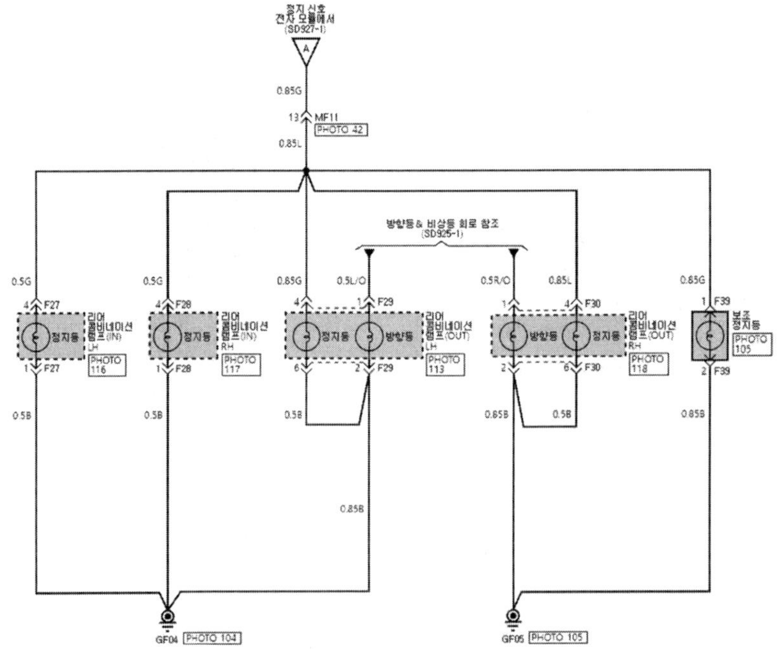


(b)

**그림 6-43** 제동등 회로도

## (4) 주간주행등(DRL : Daytime Running Lamp)

주간주행등은 낮에도 다른 운전자와 보행자가 차량을 쉽게 인지할 수 있도록 시동과 동시에 자동으로 켜지는 등화장치이다. 이는 특히 해질녘이나 해 뜨기 직전과 같이 시야가 좋지 않은 시간대에 사고 예방에 도움을 준다. 주간주행등은 엔진 시동과 동시에 자동으로 켜진다. 최근에는 많은 차량에 주간주행등이 기본적으로 장착되어 있으며, 특히 2015년 7월부터 생산되는 모든 차량에는 의무적으로 장착되고 있다. 일부 차량에서는 주차 브레이크를 채우거나 전조등이 켜지면 주간주행등의 밝기가 낮아지거나 꺼지기도 한다. 주간주행등의 기능은 다음과 같다.

① 시인성 향상 : 낮에도 차량의 존재를 명확히 알려 다른 운전자와 보행자의 주의를 환기시킨다.

② 사고 예방 : 특히 시야가 좋지 않은 날씨나 시간대에 사고 발생 가능성을 줄여준다.

③ 자동 점등 : 시동과 동시에 자동으로 켜져 운전자가 별도로 조작할 필요가 없다.

④ 전조등과의 차이 : 주간주행등은 전조등과 달리 야간 운전 시 시야 확보를 위한 기능보다는 주간 주행 시 시인성을 높이는 데 목적이 있다.

그림 6-44 주간주행등

## 07 표시등

### (1) 미등(Tail Lamp)

미등은 야간에 주행하거나 정지하고 있을 때 자동차가 있는 것을 뒤차에 알리는 표시등이다. 미등은 미등으로만 사용하는 단독 방식과 제동등과 겸용으로 사용하는 겸용 방식이 있다. 겸용 방식의 전구에는 2개의 필라멘트가 있으며, 제동등을 작동시킬 때는 그 광도가 3배 이상 증가되어야 한다.

미등작동은 라이트 스위치를 작동하면 라이트 스위치에 와 있던 전원이 접지가 되어 미등 릴레이가 작동하고, 릴레이 접점이 붙어 상시 전원이 흘러 좌우측의 미등 전구에 전원을 공급하게 되어 미등 및 번호등이 작동하게 된다.

그림 6-45 미등

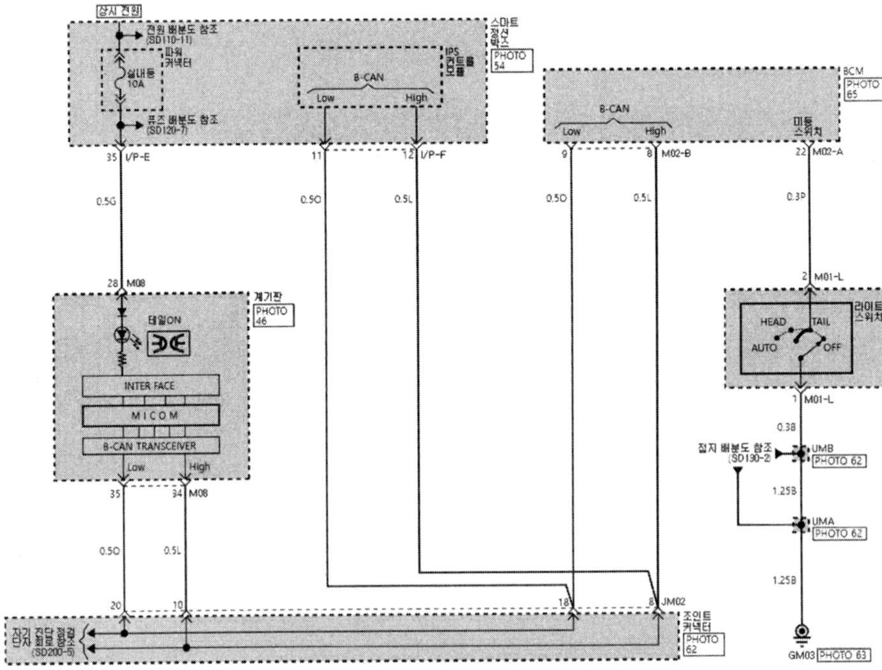


(a)

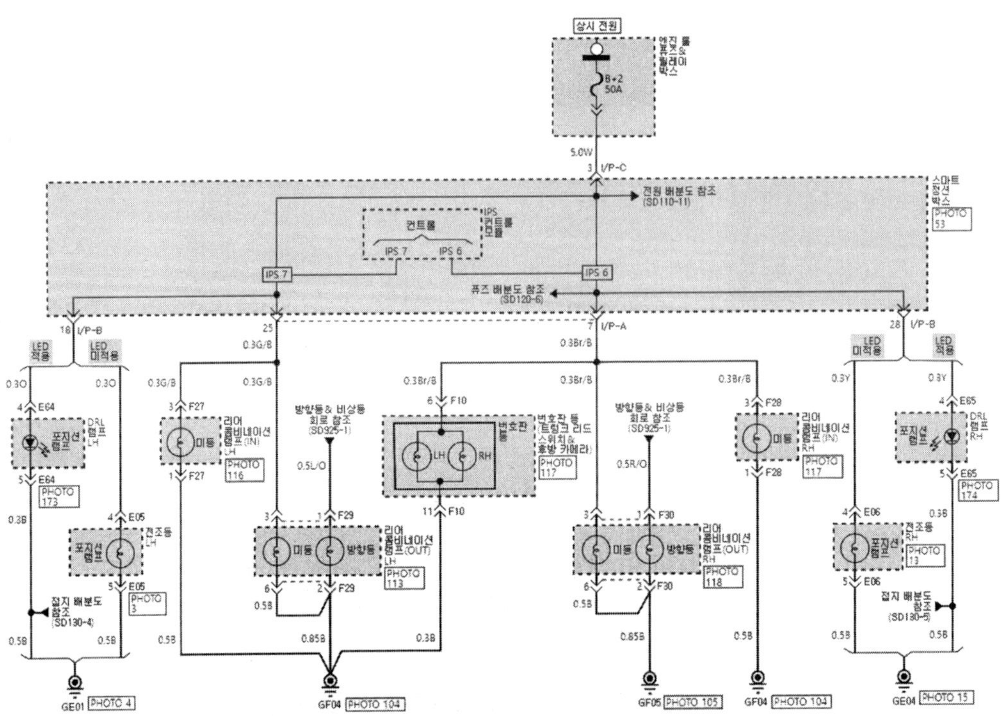


(b)

**그림 6-46** 미등, 번호등 회로도

### (2) 번호등(License Plate Lamp)

번호등은 차량의 뒷면 번호판을 비춰 식별 가능하도록 하는 역할을 한다. 주로 야간이나 어두운 곳에서 번호판이 잘 보이도록 하여, 안전 운행 및 단속을 가능하게 한다. 또한, 차량의 위치와 식별 정보를 제공하여 교통안전에 기여한다. 번호등은 전조등 미등 스위치의 조작시 점등되어야 하며, 광원이 눈에 직접적으로 보여서는 안 되며, 등록번호 숫자 위의 어느 부분에서도 8룩스(Lux) 이상이어야 한다. 번호등의 역할은 다음과 같다.

① 번호판 식별 : 야간이나 어두운 환경에서 번호판을 비춰, 다른 운전자나 경찰이 차량 번호를 쉽게 확인할 수 있도록 한다.

② 교통 안전 : 번호판 식별이 용이해짐으로써, 교통 법규 위반 차량 단속 및 사고 발생 시 차량 식별에 도움을 준다.

③ 차량 위치 표시 : 주차된 차량이나 운행 중인 차량의 위치를 다른 차량이나 보행자에게 알려주는 역할을 한다.

④ 법규 준수 : 자동차 관리법 등 관련 법규에서 번호등의 설치와 작동을 의무화하고 있어, 차량 운행을 위한 필수적인 장치이다.

그림 6-47 번호등

### (3) 후미등(Taillight or Rear Lamp)

후미등은 차량의 후방에 위치하며 적색 표시등으로 다른 운전자에게 차량의 존재와 위치를 알려주는 역할을 한다. 특히 야간이나 악천후 시 차량의 가시성을 확보하여 사고를 예방하는 데 중요한 역할을 한다. 후미등의 기능은 다음과 같다.

① 차량의 위치 및 폭 표시 : 다른 운전자에게 차량의 존재와 차폭을 알려준다.

② 야간 및 악천후 시 가시성 확보 : 어두운 환경에서 전조등과 함께 차량의 위치를 식별 가능하게 하여 사고를 예방한다.

그림 6-48 후미등

### (4) 후부 반사기(Rear Safety Reflector)

후부 반사기는 차량에 따라 테일 램프 내에 내장되어 있거나, 뒤쪽 범퍼에 조립되어 있으며 야간에 자동차의 뒤쪽에서 헤드라이트 불빛이 비치면 적색의 빛이 반사되는 반사경을 말한다. 주로 야간이나 악천후 속에서 차량의 위치를 다른 운전자에게 알리는 역할을 한다.

빛을 반사하여 후행 차량의 운전자가 전방 차량의 존재를 인식하고 안전거리를 확보하도록 돕는다. 또한, 좁은 공간에 주차된 차량의 위치를 알려주는 기능도 한다.

#### 1) 역할

① 안전거리 확보 : 후부 반사기는 야간이나 악천후 시 다른 차량의 헤드라이트 빛을 반사하여 차량의 위치를 다른 운전자에게 알려준다. 이를 통해 안전거리를 유지하고 추돌 사고를 예방하는 데 기여한다.

② 위치 식별 : 좁은 골목길이나 주차 공간에 주차된 차량의 위치를 다른 운전자나 보행

자가 쉽게 식별할 수 있도록 도와준다.

③ 차선 변경 지원 : 차선 변경 시 후방 차량과의 거리를 가늠하여 안전한 차선 변경을 돕는다.

### 2) 종류 및 특징

① 반사 스티커 : 빛을 반사하는 특수 소재로 만들어져 어두운 곳에서 빛을 받아 반짝인다.

② 자동차 라이트 반사경 : 헤드라이트 및 후방 미등에 사용되어 빛을 반사하여 시야를 확보하고 차량의 위치를 알린다.

(a) 테일 램프 내에 내장된 후부 반사기

(b) 뒤쪽 범퍼 내에 장착된 후부 반사기

(c) 화물차 후부 반사기

**그림 6-49 후부 반사기**

### [5] 주차등(Parking Lights)

주차등은 어두운 곳에 주차된 차량의 위치를 다른 보행자나 차량에게 알리는 역할을 한다. 특히, 좁은 골목길이나 갓길 주차 시 안전을 위해 사용된다. 주차등을 켜두면 다른 차량이나 보행자가 주차된 차량을 쉽게 인지하여 충돌 사고를 예방할 수 있다.

조명 없이 어둡고 좁은 골목에서 도로에 걸쳐 주차할 일이 많은 유럽의 상황에 맞춰 만들어진 등화류이므로, 유럽산 차량에는 대부분 존재하고 한국이나 일본, 미국 차량에서는 찾기 어렵다. 등화류 노브에 P라고 표시된 항목을 선택하거나(양쪽 점등) 방향지시등 레버를 한쪽으로 작동시킨 채 내리면(한쪽 점등) 된다. 단, 차종마다 달라서 BMW 등의 로터리 타입 전조등 레버를 쓰는 차량은 [〈P] 나 [P〉] 등의 버튼이 따로 있는 경우도 있다. 주차등은 다음과 같은 상황에서 유용하게 사용될 수 있다.

① 어두운 곳에서의 주차 : 가로등이 없는 어두운 골목길이나 주차 공간에서 주차등을 켜면 다른 차량이나 보행자가 주차된 차량을 쉽게 식별할 수 있다.

② 갓길 주차 : 부득이하게 갓길에 주차해야 할 때, 주차등을 켜서 다른 차량에게 경고를 줄 수 있다.

③ 잠시 정차 시 : 잠시 정차해야 할 때, 주차등을 켜서 다른 차량에게 주차 상황임을 알릴 수 있다.

그림 6-50 주차등

# 07

CHAPER

# 자동차 주행 안전장치

1. 주행 안전장치
2. 차선이탈 경보 및 차선유지 보조장치
3. 자동 긴급 제동(AEB) 시스템
4. 오토 스마트 크루즈 컨트롤(ASCC)시스템
5. 후 측방(Blind Spot Detection) 경보시스템
6. SBSD(Smart Blind Spot Detection) 후 측방충돌 회피 지원시스템
7. ASCC(Advanced Smart Cruse Control) 시스템

CHAPTER

# 07 자동차 주행 안전장치

## 01 주행 안전장치

국내외에서 점진적으로 의무화를 추진하고 있는 자동차 관련 안전규제 및 법규화는 스마트자동차의 안전기능을 선택이 아닌 필수 요소로 변화시키고 있다. 한국, 미국, 유럽, 일본은 AEB(Automatic Emergency Braking), DRL(Daytime Running Light), BAU (Back-up Aid), LDWS(Lane Departure Warning System), TPMS(Tire Pressure Monitoring System), ESC(Electronic Skid Control) 등 다양한 제품군에 대한 의무 장착을 하고 있다.

이와 같은 자동차의 주행안전장치 능동 안전기술의 기본에는 외부의 상황을 판단하기 위한 센서기술이 핵심으로 작용한다. 이중에 대표적인 자동차 주행 안전장치에는 RADAR는 차량 및 도로 시설물 감지에 사용되며, 24GHz 근거리 레이더와 77~78GHz 중장거리 레이더가 주로 사용되며, 최근에는 250m까지 검지거리를 확장한 레이더도 사용되고 있다. 크루즈 컨트롤, 전후방 충돌경보, 충돌방지 시스템 등에 주로 사용된다.

## 02 차선이탈 경보 및 차선유지 보조장치

### [1] LDWS(Lane Departure Warning System)

#### 1) LDWS의 개요

차선이탈 경보시스템인 LDWS는 운전자가 졸음 등의 이유로 방향지시등 없이 차선을 이탈하면 계기판의 이미지와 경고음으로 운전자에게 알려 주는 경보시스템이다. 경고음은 외장 앰프 장착차량(AVN 장착)은 좌측으로 차선 이탈 시 운전석 스피커에서 우측으로 이탈 시 우측 스피커에서 경고음이 발생한다. 앰프 미 장착차량은 계기판에서 경고음이 출력된다.

#### 2) 주행 안전장치(LDWS)의 작동

LDWS 스위치에서 ON 신호와 작동조건이 되면 카메라 모듈에는 차량속도, 조향각, Yaw Rate 및 방향지시등 작동신호 등의 정보가 Chassis CAN BUS Data로 입력된다. 이때 카메라시스템이 차선표시 이미지를 스캔하여 시스템이 차량 양쪽에서 차선표시를 감지하면 차선의 폭과 곡률을 계산한다.

이 외에 소프트웨어는 차선 내 차량위치 즉 차량과 좌우 차선표시 간 거리와 차선표시에 대한 접근각을 계산하며 차량주행 해석 결과를 기반으로 CAN Data를 실시간으로 생성하여 차량의 Chassis CAN BUS로 전송한다. 또한 도로 인식 품질을 평가하여 필요에 따라 차량 steering 진동과 MDPS를 통한 조향제어와 클러스터를 이용하여 운전자에게 경고를 하게 된다.

#### 3) 주행 안전장치(LDWS)의 기능

차선 보조는 운전자가 차선을 유지하도록 보조한다. 차선표시 감지에는 카메라가 사용되며 차선보조는 주행 중인 차선의 어느 한쪽에서 차선표시가 감지되면 "준비 상태"로 전환된다. 차량이 감지된 차선표시에 접근하여 주행차선을 이탈하려고 하면 차선보조가 스티어링 휠을 진동시켜 운전자에게 경고한다.

차선보조가 "준비상태"이고 운전자가 차선표시를 넘기 전에 방향지시등을 켜면 시스템은 차선변경이 의도적인 것으로 판단하여 경고를 작동하지 않는다.

그림 7-1 주행 안전장치(LDWS) 작동 클러스터

두 번째 경고는 첫 번째 경고 후에 차량이 차선표시와 충분한 거리가 떨어졌다 다시 차선표시에 접근할 경우에만 작동한다. 이 시스템은 고속도로 및 간선도로에서 사용하기 위한 것으로 차량이 약 65km/h 이상(메이커별 상이) 속도로 주행하지 않으면 시스템이 작동하지 않는다.

#### 4) 주행안전장치(LDWS)의 구성

디스플레이 클러스터, 작동스위치, 카메라 내장 컨트롤 유닛, 차선 보조용 진동 스티어링 휠 등이 있다.

① 디스플레이 클러스터 : 주행안전장치(LDWS)의 상태를 자동차가 운행 중 차선을 이탈하거나 정속주행 또는 시스템의 문제시 운전자에게 시각적인 정보를 제공하는 역할을 한다.

② 주행 안전장치(LDWS) 작동스위치 : 주행 안전장치(LDWS) 작동 ON/OFF 스위치

③ 카메라 내장 컨트롤 모듈 : 카메라가 장착되어 있는 LDWS 컨트롤 모듈은 전면유리 중앙부위에 장착되어 있으며 카메라가 차량 전방의 도로를 스캔하여 차량 진행방향 양쪽에 차선표시를 감지하면 차선의 폭과 곡률을 계산하며 소프트웨어는 차선 내 차량 위치 즉 차량과 좌우 차선표시 간 거리와 차선표시에 대한 접근각을 계산한다. 이때 규정치를 벗어나게 되면 클러스터와 스티어링을 통하여 운전자에게 경고를 한다.

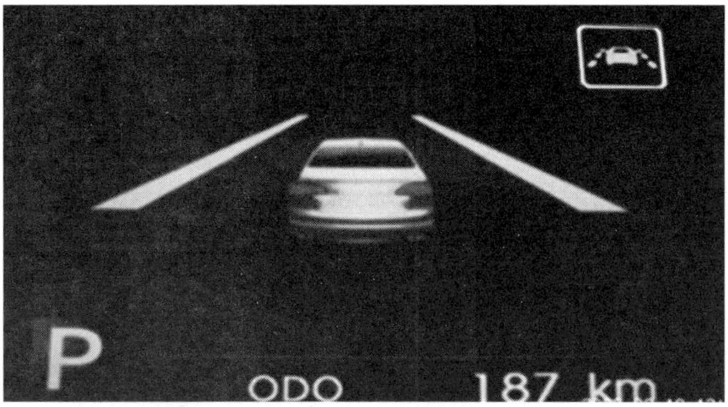


그림 7-2 주행 안전장치(LDWS) 작동 클러스터

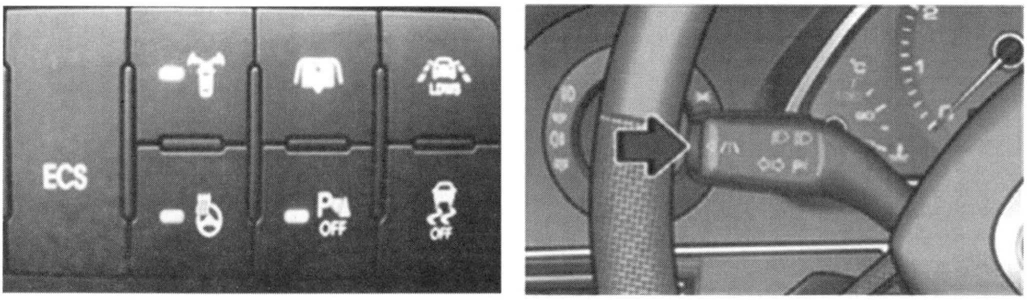


(a) (b)

그림 7-3 주행 안전장치(LDWS) 작동스위치

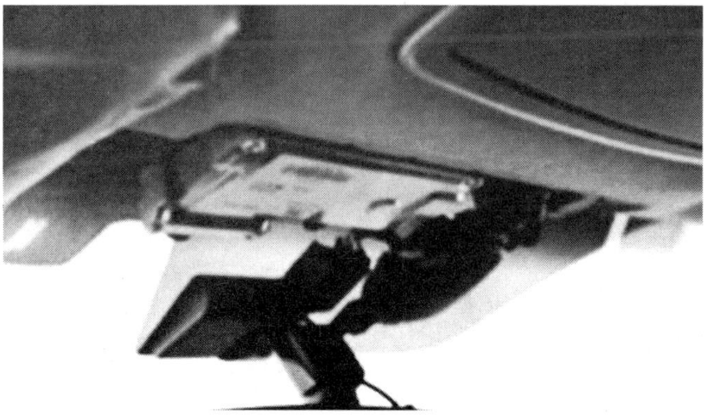

그림 7-4 주행 안전장치(LDWS) 카메라

## [2] LKAS(차선유지 보조기능)

### 1) LKAS의 개요

**(1) 차선이탈 경보기능(LDWS : Lane Departure Warning System)**

차량이 차선이탈을 할 경우에만 경보를 발생하여 운전자에게 알려준다.

**(2) 차선유지 보조기능(LKAS : Lane Keeping Assistance System)**

차량이 차선을 유지할 수 있도록 전동식 파워스티어링을 이용하여 보조 조향토크를 제공하여 차선을 유지하도록 운전자의 조향을 보조하는 기능으로 차선유지 보조 장치는 차량이 차선에 근접할 경우, 운전자가 차선을 벗어나지 않도록 보조하는 기능이며 차량이 차선 중앙부근을 주행할 경우, 핸들을 제어하여 차선유지를 도와주는 기능으로 자동차에 표준으로 설치되고 있다.

주요 부품의 기능 중 전방인식 카메라의 기능은 차선이탈감지, 보행자 인식, 선행 차량 인식, 도로표지판, 전방 대항 차량의 광원 등을 인식할 수 있다. 이러한 기능을 통해 추가되는 기능들이 있는데, HBA는 야간 시 전방에 선행 대항 차량의 광원을 감지하여 자동으로 상향등을 제어해 준다. FCW는 전방 차량 및 차선을 감지하고 전방 차량이 현재 차로에 있는지를 판단하고 충돌이 예상되는 위험상황에 대해서 경고를 통하여 운전자에게 경고를 해준다.

| DDA (Driver Attention Alert) | LKAS (Lane Keeping Assist System) | HBA (High Beam Assist) |
|---|---|---|
| 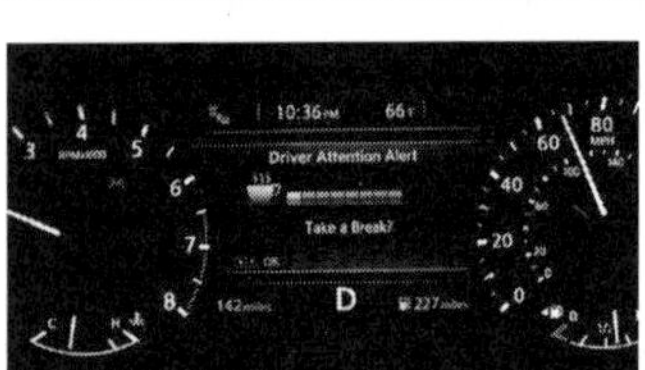 |  |  |
| 운전자 부주의 운전시 경고 | 차선이탈 방지를 위한 조향보조 | 전방차량에 따른 하이빔 제어 |

그림 7-5

### 2) LDWS/LKAS 작동 사양 비교

| 구 분 | LDWS | LKAS |
|---|---|---|
| 최저 동작속도 | 60Kph 이상 동작 55Kph 이하 해제 | |
| 최고 동작속도 | 195Kph 이하(200Kph 이상 해제) | 175Kph 이하(180Kph 이상 해제) |
| 차선 인식 상태 | 좌/우 차선 중 하나라도 인식 | 양 차선 모두 인식 |
| 차선 폭 조건 | 208m 이상(207m 이하에서 해제 | 3.1m~4.2m(2.8m 이하 혹은 4.5m 이상에서 해제) |
| 최대 조향 각도 | - | 30degree 이하 (50deg 이상에서 해제) |
| 최대 조향 각속도 | - | 30deg/s 이하 (90deg/s 이상에서 해제) |
| 최대 횡 가속도 | - | 3.0m/s² 이하 (3.5m/s² 이상에서 해제) |
| 최대 감가속도 | - | 0.15g 이하(0.2g 이상에서 해제) |
| 최소 곡선반경 | 125m | 250m 이상 곡선반경 이상 (차속에 따라 가변) |
| 방향 지시등(비상등) | Off | |
| 운전자 상태 | - | 운전자 조향 의지가 검출될 경우 |
| 최대 LKAS 조향제어 토크 | - | 2.5Nm |
| 운전자의 조향력 개입 | - | 2.0Nm |

### 3) LDWS/LKAS 동작 조건

① 차선이탈 경보는 차량 전륜이 이탈 측차선 내측 경계에 접촉하는 순간부터 발생된다.

② 능동 조향보조는 차선유지 보조 대비 제어시점이 차선 중앙에 가까워 LKAS 제어 개입이 일찍 일어난다.

③ 능동 조향보조는 차선유지 보조 대비차량을 좀 더 차선 중심 부근으로 이동시키며, 제어시간이 오래 지속된다.

④ 능동 조향보조는 LKAS 제어 개입이 자주 일어나는 만큼, 차선유지 보조 대비 LKAS 제어 이질감이 약하게 느껴지도록 설계되었다.

## (3) DAA(Driver Attention Alert) 부주의 운전경보 기능

### 1) DAA의 개요

DAA 시스템은 전방 인식 카메라와 차선 정보와 조향각, 조향토크, 가·감속페달 등의 신호를 CAN 통신을 기반으로 주행패턴을 분석하여 운전자의 부주의 및 피로 운전 정도를 표시하거나 경보하고, 이를 통하여 운전자가 주행 중 피로하거나 졸린 상황에 휴식을 유도하고, 부주의 상황을 저감하여 차량운행의 안전성과 편의성을 향상시키는 시스템이다.

부주의 운전의 주요 검출패턴은 차선 추종 불량, 차선침범, 과대 조향, 과소 조향 패턴을 감지한다. 또한 주행시간에 따라 반복적으로 일어나는 횟수를 기록해 부주의 레벨과 경보를 통해 운전자의 안전운전을 도와주는 기능이다.

### 2) 시스템 레이아웃

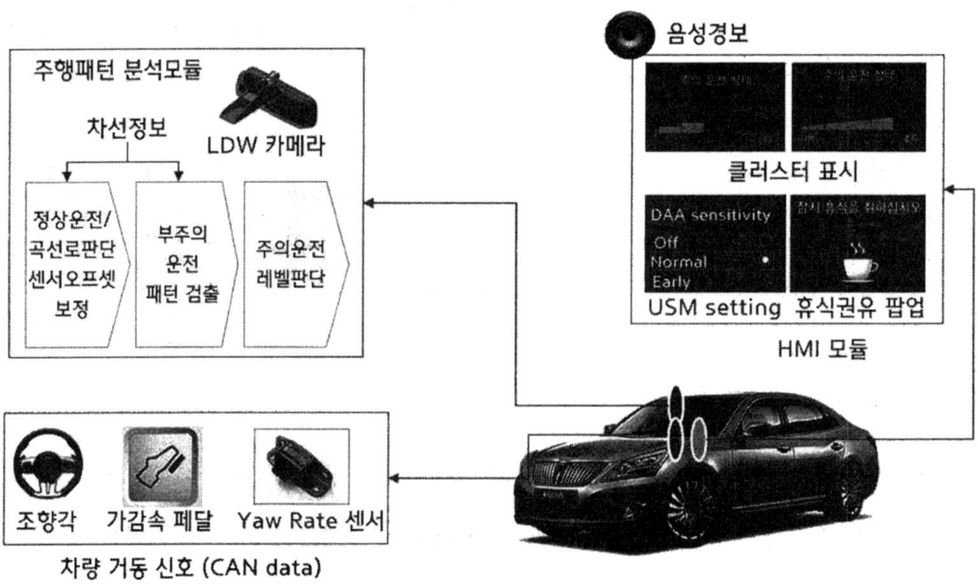


그림 7-6

### 3) 시스템 구성

조향각, 조향토크 등의 차량신호와 차선 내 차량 위치를 분석하여 부주의 분전 패턴을 검출하여 운전자의 주의 운전상태를 5레벨로 클러스터에 표시하고 운전자의 주의 운전상태가 나쁘면, 휴식을 권유하는 팝업 메시지와 경보음을 발생하여 운전자에게 경보한다. 부주의 운전경보시스템 구성을 위해 필수시스템과 기능은 다음과 같다.

| 번호 | 필수 시스템 | 입력신호 | 기능 |
|---|---|---|---|
| 1 | MDPS | MDPS 조향 토크 | 조향 토크 기반 부주의 주행 패턴 검출 |
| 2 | SAS(MDPS) | 조향각 | 조향각 기반 부주의 주행 패턴 검출 |
| 3 | ECS | 종 방향 가속도 | 브레이크 기반 운전조작 판단 |
| 4 | APS/ETC 적용 EMS | 액셀, 브레이크페달, 크로즈 작동 상태 | 액셀 페달기반 운전 조작 판단 |

### 4) DAA 시스템 제어

주행 중 운전자의 부주의 및 피로 운전 정도를 모니터링하여 부주의 및 피로 운전 패턴이 인식되면 클러스터 화면에 주의 운전레벨이 최초 5단계에서 순차적으로 감소하며, 레벨이 1단계 미만으로 감소하면 경보음 발생과 휴식유도 메시지를 표시한다.

반대로 부주의 및 피로 운전패턴이 검출 없이 정상운전 상황이 일정 시간 이상 지속되는 경우 레벨이 1단계씩 증가하며 최대 5단계로 복귀된다. 단 상기 레벨 증가 시간은 운전자의 운전조작 검출 시 감소하고 시스템 동작속도 이하의 저속 운행 시는 증가한다. 또한, 운전자별 운전성향 차이를 고려하여 상부 부주의 및 피로운전 패턴검출의 민감도 및 레벨 증가시간은 클러스터 USM에서 보통과 빠름의 2단계로 운전자가 설정할 수 있다.

① 연속 주행시간 반영 : 부주의 운전 패턴 없이 운전을 하더라도, 휴식 없이 연속 주행할 경우 심리적 피로도를 반영한다.

② 급감속 패턴 : 운전자가 전방 충돌의 위험을 느껴 급감속한 경우 부주의 운전상태로 레벨에 반영한다.

## [4] 고속도로 주행지원(Highway Driving Assist)

### 1) 고속도로 주행지원(HDA)

차간거리 제어(Advanced Smart Cruise Control), 차로 유지제어(Lane Guidance), 고속도로 본선판단 등 고속도로 주행 시 운전자 부하 경감을 위한 차간거리, 차로유지 통합제어 시스템이다.

① 차간거리제어 : 전속도 구간(0~150kph), 제한속도 자동설정(NAVI 정보)

② 차로유지제어 : 전속도 구간(0~150kph), 차로중앙 추종제어

③ 고속도로 본선 판단(시스템 활성화/해제)

㉮ 고속도로 본선 → 시스템 활성화

㉯ 개방형 톨게이트 → 시스템 자동해제(톨게이트 전·후 500m)

㉰ IC, JC, 휴게소 → 시스템 미 작동

### 2) 시스템 구성

① 전방 레이더 : 전방, 주변차량 정보 인식

② 전방 카메라 : 차선, 전방차량 인식

③ 내비게이션 : 고속도로 본선, IC, JC, TG 여부 제한속도 등 공유

④ MOPS : 조향 액추에이터

⑤ ESC : 가·감속 액추에이터

⑥ 클러스터 HMI : 표시장치

### 3) 고속도로 진 · 출입 판단

#### (1) 고속도로 진입판단

내비게이션에서 정보가 송출되는 구간(고속도로 본선 합류 형태)

① 진입구간이 존재하는 경우(왼쪽 상황)

② 진입구간이 존재하지 않는 경우(오른쪽 상황)

## (2) 고속도로 진출판단

내비게이션에서 정보가 송출되지 않는 구간(IC, JC, 휴게소로 송출)

① 운전자가 HDA 기능을 해제하지 않고 고속도로 본선을 이탈하면 기능이 해제된다.

② 자동해제 기능 아님

③ 팝업 후 기능해제, "고속도로 주행지원 작동구간이 아닙니다."

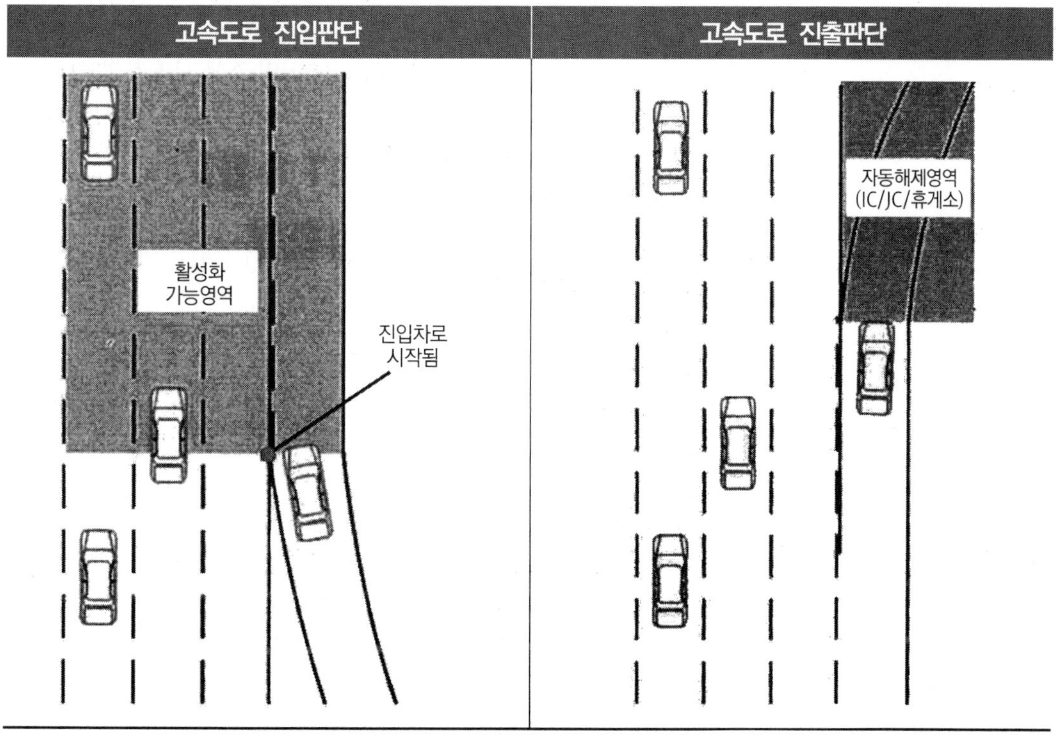


그림 7-7

## (3) 톨게이트 자동해제

① 톨게이트는 내비게이션에서 지점정보로 송출된다.

② 톨게이트 구간 = 톨게이트 지점 ±500m

③ 톨게이트 구간의 형태

### (4) HDA Hand Off 경고기능

① 운전자가 핸들을 잡지 않은 상태에서 장시간 주행하는 것을 방지하는 기능이다.

② 차량의 거동의 안전, 위험 상황에 따라 빈도의 차별화 직·곡선로 빈도 차별화, 속도에 따른 빈도 차별화, 차선 미 검지 시 빈도 차별화

③ Hands Off 경고는 기능정지 혹은 운전자 핸들 파지 시에만 작동 해제할 것

| 항 목 | 변 경 | 사유 |
|---|---|---|
| 운전자 핸들 미파지 판단 | 0.5Nm | 토크센서의 편향 및 주행 시 도로면에서의 충격 등으로 0.5 Nm보다 낮은 임계치 적용 시, 운전자 미파지 상태에서 해제 발생 가능 |
| 직·곡선로 경보 빈도 차별화(위험 안전 상황대처) | - 직선로(반경 1000m 이상) 속도별 경보 차별화<br>- 곡선로(반경 1000m 이하) 미파지 주행 12sec | 직선로 주행 시 경보 빈도 감소 |
| 속도별 경보 빈도 차별화 | 주행거리 500m 기준<br>150kph → 12sec<br>100kph → 18sec<br>20kph → 90sec | 저속주행 시 경보 빈도 감소 |
| 위험상황 경보빈도 | 차로 중앙 이탈거리 30cm 이상 미파지 판단 12sec 지속시 경고 | 중앙 이탈로 인한 위험상황에서 미파지시 경고 |
| 차선 미 검지 시 | 미파지 판단 12sec 지속시 경고 | 미 제어상태이므로 위험상황임 |

## 03 자동 긴급 제동(AEB) 시스템

### (1) 자동 긴급 제동(AEB) 시스템의 개요

AEB(Autonomous Emergency Braking) 시스템은 운전자의 주의산만과 같은 요인으로 제동시점이 늦어지거나 제동력이 충분히 확보되지 않아 발생할 수 있는 차량과 보행자의 추돌이 예상되는 상황에서 자동으로 경보와 브레이크를 작동하여 사고를 미리 방지하거나 그 피해를 최소화하는 목적으로 하는 기능이다.

AEB 시스템은 Camera와 Radar를 Sensor Fusion하여 도로의 상황을 파악하여 위험요소 판단 시 차량 및 보행자를 Detection 한다. 그 후 충돌이 예상될 경우 경보와 브레이크를 작동시켜 충돌을 방지하는 시스템이다.

## (2) AEB 시스템의 기능

기능은 다음과 같이 3가지로 나뉘어져 있다.

① AEB City : 정지 차량 대상

② AEB Urban : 주행차량 및 정지 중인 차량 대상

③ AEB Pedestrian : 횡방향 움직이는 보행자 대상

## (3) AEB 시스템의 구성

ABE의 주요 구성품은 레이더와 카메라로 구성되어 있다. 레이더는 전방의 물체를 판단하고 카메라의 정보와 퓨전 하여 사람 또는 차량인지를 판단한다. 전방의 차량 또는 사람에 의해 AEB가 작동해야 한다면 레이더는 VDC(ESC)에게 차량제어 요구를 보낸다.

VDC(ESC)는 이 정보에 따라 엔진의 토크제어 및 제동제어를 실시하며 동시에 브레이크 램프 점등 및 계기판에 경고 메시지와 부저를 통해 운전자에게 AEB 작동을 알려 준다.

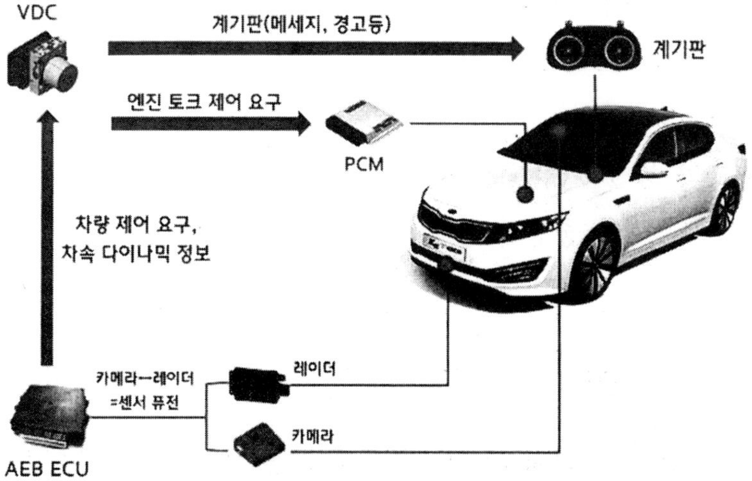


그림 7-8 K-7, K-9, 제네시스

AEB의 작동은 계기판 USM에서 ON/OFF 설정 가능하며 추가적으로 AEB 경보 시점을 3단계(빠름-보통-늦음)로 조절가능하다. 추가로 VDC 시스템 OFF 선택 시 AEB도 함께 OFF된다(OFF 지시등 함께 점등).

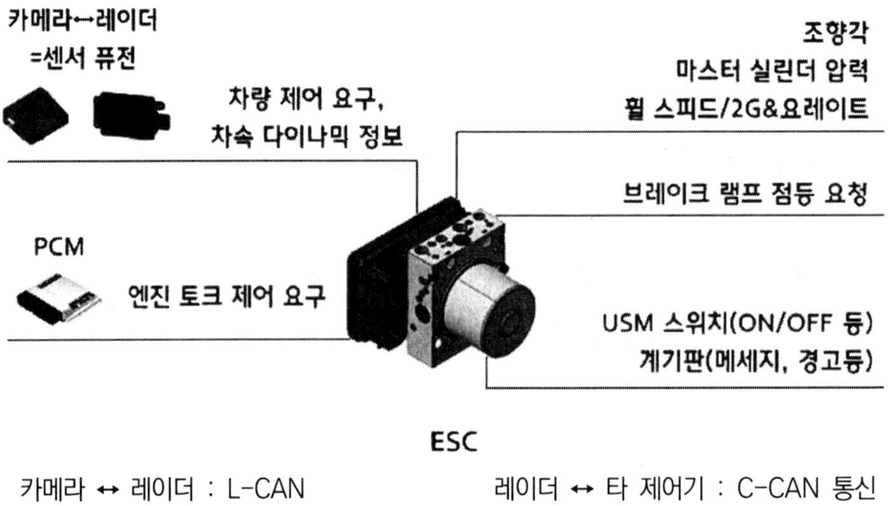


그림 7-9 아반떼

### (1) 레이더 제원

① 제조사 : Denso

② 주파수 사용 대역 : 77GHz

③ 타겟 감지 수 : 최대 64개

④ 탐지거리 범위 : 1~205m

⑤ 작동온도 : -45~85℃

⑥ 연관 제어기와 통신 : CAN 통신

⑦ 장착 위치 : 앞 범퍼 중앙에 장착

## [4] AEB의 작동 시스템

ABE 작동은 3단계로 구분하며 각 경고메시지 및 상태는 아래의 그림과 같다. 1차 경고에 진입한 차량의 속도가 차량상대 AEB의 경우 75~80km/h 이상이면 급정지(MAX 제동작동)로 인한 운전자 위험 등의 추가적인 문제발생 가능으로 3단계에서 0.35g까지 제어한다. 보행자 AEB는 1차 경고에 진입한 속도가 65~70km/h 이상이면 1~3단계 경고를 모두 제어하지 않는다. 그리고 운전자가 브레이크 작동 중이라 하더라도 충분한 제동력이 발생되지 못한 경우 AEB 작동 가능하며 액셀 페달을 밟고 있다고 하더라도 30~60% 미만이라면 AEB는 작동된다. 추가적으로 AEB 작동 중 ABS 등의 작동조건 만족 시 AEB+ABS 협조제어를 할 수 있다.

| 구 분 | 경고 메시지 | | | |
|---|---|---|---|---|
| 계기판 이미지 |  |  |  |  |

그림 7-10

## (5) AEB Software의 구성

AEB의 주요 구성품은 레이더와 카메라 ECU이다. 레이더와 카메라의 정보를 퓨전 하여 전방의 물체·사람 또는 차량인지를 판단한다. 전방의 차량 또는 사람에 의해 AEB가 작동해야 하는 경우 AEB/SCC ECU가 ESC에게 차량제어 요구를 보낸다.

ESC는 이 정보에 따라 엔진의 토크제어 및 제동제어를 실시하며 동시에 브레이크 램프 점등 및 계기판에 경고 메시지와 부저를 통해 운전자에게 AEB 작동을 알려 준다.

카메라와 일체인 차선 이탈방지 유닛(LDWS)용 주요 제어가 모두 CAN 통신으로 제어된다. 여기서 L(Local)-CAN은 자동 긴급 제동시스템인 AEB 제어를 위해 레이더와 카메라만이 필요한 정보를 주고받는 통신이며 다른 모듈과의 통신을 담당하는 C- CAN의 부하 감소를 줄이는 목적으로 사용되는 CAN 통신이다.

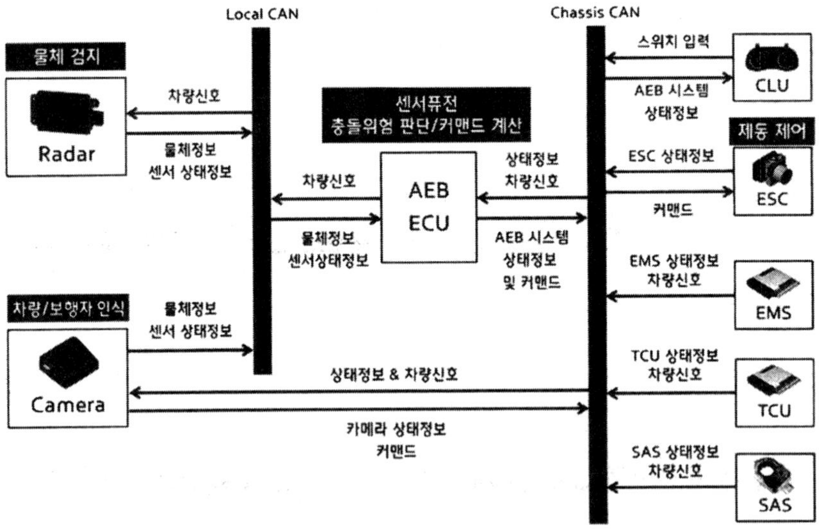


그림 7-11

## (6) AEB의 작동조건

<table>
<tr><th colspan="2" rowspan="2">구 분</th><th colspan="2">작동 사양</th></tr>
<tr><th>차량 AEB</th><th>보행자 AEB</th></tr>
<tr><td colspan="2">작동 속도</td><td>- 동작 범위 : 0~180km/h<br>High G 제어범위 : 0~80km/h<br>- Full Brake 제어 : 0~75km/h<br>(80km/h 이상시 0.35g까지 제어)</td><td>- 동작 범위 : 0~65km/h<br>High G 제어범위 : 0~65km/h<br>- Full Brake 제어 : 0~65km/h<br>(65km/h 이상 시 모든 경고제어 금지)</td></tr>
<tr><td colspan="2">제어진입속도</td><td colspan="2">8km/h 이상(스위치는 Default ON)</td></tr>
<tr><td rowspan="3">HMI</td><td>경보시점</td><td colspan="2">3단계(빠름-보통-늦음) 경고 시점 선택 가능 : 계기판 USM</td></tr>
<tr><td>경보형태</td><td colspan="2">경고음과 계기판의 경고 메시지(전방주의 → 추돌주의 → 긴급제동)</td></tr>
<tr><td>시스템 OFF</td><td colspan="2">시스템 OFF 선택 시 고장 시와 동일한 경고등 점등</td></tr>
</table>

### 1) 제어 해제조건

#### (1) 운전자의 정상적 해제

① AEB OFF 선택시

② VDC(ESC) OFF 선택시(2Step Only)

#### (2) 운전자의 동작 해제

① 최대 작동속도 초과

② 급격한 선회 시(180deg/s 이상)

③ 기어위치 P, R, N

④ 가속페달 30~60%(차종 상이) 이상 시

#### (3) 시스템 이상 해제

① 레이더, 카메라, ECU 고장시

② 연관된 타 모듈 및 CAN 통신 고장시

### 2) 한계상황

#### (1) 환경적 요인

① 눈·비 및 안개등의 기상조건

② 역광, 반사광으로 카메라인식 불가 시

③ 카메라 및 레이더 오염

#### (2) 카메라 및 레이더 감지 한계

① 갑자기 끼어드는 차량 및 보행자(화각 이외)

② 전방 물체의 폭이 좁은 경우

③ 야간 전방 차량의 후미 등이 비대칭이거나 꺼진 경우

④ 다가오는 차량과 후진 접근 차량

### 3) 경고등 점등

ABE 시스템의 고장 또는 이물질 등에 의해 정상 작동이 불가할 시 경고등 점등 및 경고 메시지가 10초간 점등 후 통합 경고등 램프가 점등된다. 또한 VDC OFF 선택 시 AEB도 함께 OFF된다.

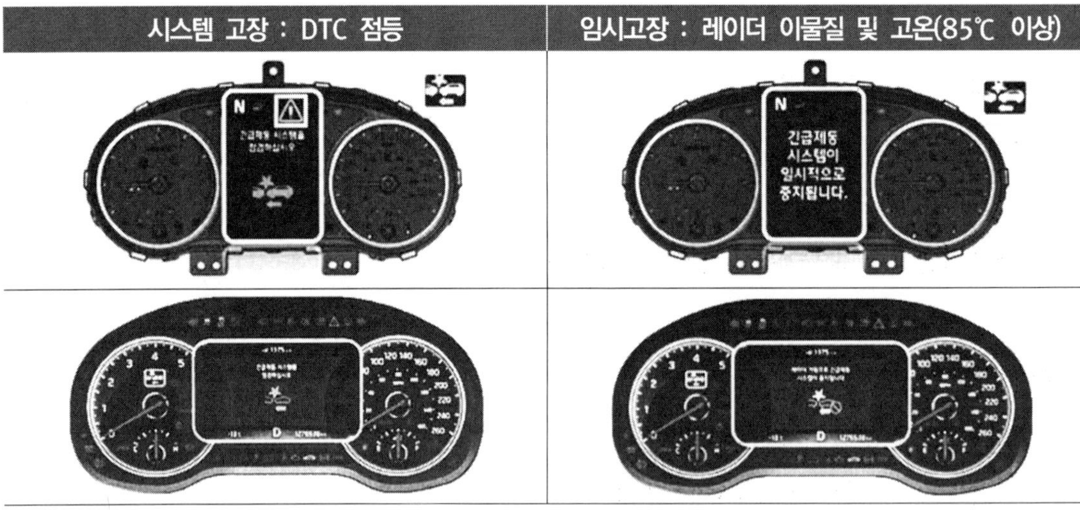


① USM 내의 "긴급제동 시스템" 문구 비활성화
② "긴급제동 시스템을 점검하십시오" 메시지 10초 점등 후 통합 경고등 램프와 고장 경고등(황색) 점등

그림 7-12

## 04 오토 스마트 크루즈 컨트롤(ASCC) 시스템

ASCC(Advanced Smart Cruise Control)는 전방의 레이더를 이용하여 선행(타깃) 차량과의 거리 및 속도를 측정하고 이 차량과 적절한 거리를 자동으로 유지하며 주행하는 편의기능이다. 또한 선행 차량이 정지한 경우 그 차량 뒤에 일정 거리를 두고 정차하며 재출발시 함께 출발하는 기능인 STOP & GO 기능을 제공한다.

또한 고속도로 안전구간 자동 감속기능이 적용되어 고속도로에서 ASCC 작동 중 내비게이션으로부터 전방의 제한속도 정보를 사전에 수신하여 현재 차량이 제한속도 이상으로 주행하는 경우 일시적으로 감속하거나 가속을 제한하여 운전자에게 드라이브의 편의를 제공한다(USM에서 ON/OFF 설정가능).

① 부가적으로 고속도로 안전구간 자동 감속기능 적용

② 선행 차량과의 적절한 거리 및 차속유지

③ AEB용 레이더와 공용으로 사용

④ 스마트 크루즈 컨트롤 응답성 3단계 조절가능(USM)

## 05 후 측방(Blind Spot Detection) 경보시스템

### (1) BSD의 개요

BSD 시스템은 주행 중 아웃사이드 미러에서 발생하는 사각지대에 위치한 차량에 대해 경보하기 위한 시스템으로, 부가기능으로 차선변경 시 후방에서 빠르게 접근하는 차량을 감지하여 차선변경 시 경보하는 LCA기능과 주차 후 후진 출차 시 측면에서 접근하는 차량을 감지하고 이를 경보하는 RCTA 기능으로 구성된다.

만일 사각지대에 상대 차량이 위치해 있거나 후방에서 빠르게 접근하여(TTC 기반) 차선변경에 위협을 가할 수 있는 차량이 있을 경우 아웃사이드 미러의 경보등을 점등하여 이를 알리고, 경보등 점등 후 차선변경을 위해 방향지시등 스위치를 조작하면 경보등 점멸 및 오디오시스템을 활용한 방향성 경보를 통해 위험상황을 알려준다. BSD의 최대 감지거리는 레이더센서 기준 30m이다.

| 구분 | BSD(Blind Spot Detection) | LCA(Lane Change Assist) | RCTA(Rear Cross Traffic Alert) | SBSD(Smart Blind Spot Detection) |
|---|---|---|---|---|
| 이미지 |  | 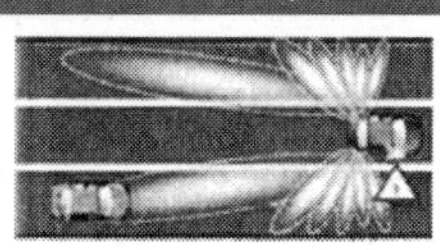 |  |  |
| | 사각지대 차량경보 | 후방 고속접근 차량경보 | 후진시 측면접근 차량경보 | 후방차량 추돌회피지원 |

그림 7-13

### (2) BSD의 작동

후측방 경보시스템(BSD)은 주행 중 운전자의 의지에 따른 후측방 경보 시스템(BSD)의 스위치를 ON하면 작동 중을 알 수 있는 램프가 클러스터 또는 사이드미러에 점등된다. 후측방 경보시스템(BSD)의 이상시 램프는 점멸 또는 소등된다. 시스템이 다시 시작될 때마다 마지막 유효시스템 상태를 다시 적용한다. 시스템이 켜진 경우, 후측방 경보 시스템

(BSD)은 활성 또는 비활성 상태일 수 있다. 시스템이 활성화될 수 있도록 다음 두 조건이 충족되어야 한다.

주행속도는 30~60km/h의 최소 속도를 넘어야 하고 현재 곡률반경은 코너링 동안 125~170m 이하여서는 안 된다. 두 조건 중 하나라도 충족되지 않는 경우, 후측방경보시스템(BSD)은 비활성 모드로 전환된다. 그러나 시스템이 활성 상태인지 비활성 상태인지에 대해서 운전자는 램프의 점등 여부로 알 수 있다(주행속도와 곡률반경은 메이커별 상이).

| | BSD 사각지대 경보장치 | LCA 차선변경 지원장치 | RCTA 후측방 접근 경보장치 |
|---|---|---|---|
| 기능 |  | | 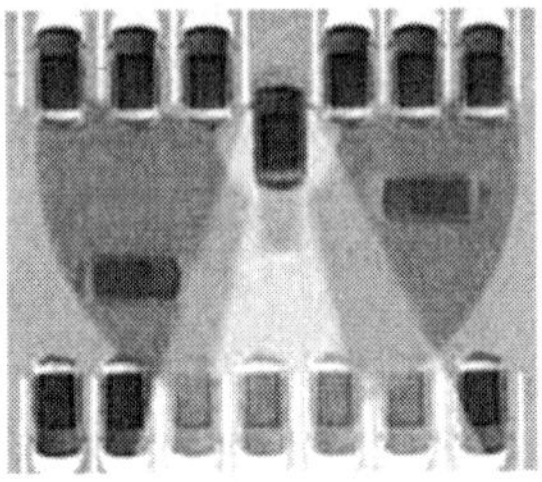 |
| 설명 | 주행 중 후측방 사각지대의 차량을 감지하여 운전자에게 경보하여주는 장치 | 주행 중 후측방에서 고속 접근하는 차량을 감지하여 운전자에게 경보해주는 장치 | 후진시 좌·우 측방에서 접근하는 차량을 감지하여 운전자에게 경보해주는 장치 |
| 동작 속도 | 30km/h 이상 | 30km/h 이상 | 0~10km/h(후진 시) |
| 경보 영역 | 후방 3.8~6.3m(자차속도에 따라 경보영역 가변) | 후방 최대 70m | 좌·우 측후방 최대 25m(자차 속도에 따라 경보영역 가변) |
| 상대 속도 | -10~+255km/h | -10~+255km/h | +4~+60km/h(좌·우 접근속도) |
| 경보 조건 | 목표차량 경보영역 진입 | 목표차량 경보영역 진입 +TTC 4.5초 이내 | 목표차량 경보영역 진입 +TTC 2.2~3.2초 이내 |
| 경보 방식 | - 1차 경보(턴 시그널 미작동시) : 인디케이터 점등<br>- 2차 경보(턴 시그널 작동 시) : 인디케이터 점멸 + 경보음 | - 1차 경보(턴 시그널 미작동시) : 인디케이터 점등<br>- 2차 경보(턴 시그널 작동 시) : 인디케이터 점멸+경보음 | 인디케이터 점멸+경보음 |

그림 7-14

## (3) BSD의 기능

후측방경보 시스템(BSD)의 두 제어모듈은 송신 안테나를 사용하여 레이더 빔을 일정한 주파수로 방사한다. 방사된 레이더 빔은 물체에 의해 반사된다.

따라서 방사된 주파수는 물체의 고유 특성에 따라 빔 반사량이 많거나, 적거나 전혀 없게 된다. 반사된 빔은 수신안테나를 통해 제어모듈에서 측정된다. 반사된 빔의 물리적 성질을 기초로 제어유닛은 반사체에 관한 다양한 정보를 얻을 수 있다.

이러한 물리적 성질에는 레이더 신호 송신 및 수신 사이의 시간 지연, 송신 및 수신된 신호 사이의 주파수 변조, 수신 안테나에서의 상이한 위상위치를 예로 들 수 있다. 이를 기초로 여러 물체의 현재 위치, 속도 및 이동방향을 계산할 수 있다. 각 제어 모듈은 충돌 장애물, 도로 또는 정지한 차량의 가장자리 구조와 같은 고정된 반사체를 개별적으로 탐지할 수 있다.

이러한 물체로 인해 경고가 발생해서는 안 되므로 제어모듈은 이를 더 이상 추적하지 않는다. 움직이는 차량으로 인식된 물체는 마스터 제어모듈에 의해 추적된다. 또한, 굽은 도로구역은 이 제어모듈에서 직선도로 구역으로 변환된다. 이를 통해 경고 알고리즘은 더욱 쉽게 현재 상황을 평가할 수 있다.

이러한 방식으로 처리되는 데이터는 전용 CAN을 통해 경고 알고리즘이 실행되는 제어모듈에 제공된다. 차선변경을 시도할 경우 제어모듈이 사전 지정된 경고기준을 기초로 충돌위험을 인식하면 해당 측면의 경고등을 작동시킨다. 이러한 경고에도 불구하고 운전자가 위험한 쪽으로 방향지시등을 작동한 경우, 램프의 점등이 점멸등으로 바뀐다.

## (4) BSD의 구성

레이더(좌측. 슬레이브) 레이더(우측. 마스터) 경고표시등 사이드미러(좌, 우) HUD 디스플레이, BSD 작동스위치, 이외에 다기능 스위치, 요레이트센서, 기어포지션 등의 정보는 CAN 정보를 이용한다.

## 06 SBSD(Smart Blind Spot Detection) 후측방 충돌 회피 지원 시스템

### (1) SBSD의 개요

SBSD는 동일한 조건에서 차선 변경시 ESC와 협조제어 제동하여 후방차량과 추돌을 좀 더 적극적으로 회피 지원하는 기능으로 SBSD는 후방 레이더(차량 근접)와 카메라 신호(차선변경)를 이용하여 사고 위험발생 시 제동제어를 하는 기능으로 후 측방차량과의 충돌위험 감소에 의한 주행 안전성 향상을 위해 차선변경 중, 사각지역 차량과의 충돌위험 시 ESC 편 제동 기반의 횡 안전제어를 통한 충돌회피, 피해경감을 줄이는 기능이다. SBSD의 작동흐름은 아래와 같다.

① 자차속도가 60km/h 이상(180km/h 이하)에서 SBSD 작동영역에 차량 존재를 감지한다.

② LDWS 카메라(양쪽 차선 감지)에서 진입차량 방향으로 차선이탈(차선변경)을 감지한다.

③ 계기판 SBSD 작동 표시와 함께 ESC와 협조제어(전륜 좌 또는 우측바퀴 제동) 실시하여 충돌회피를 지원한다.

㉮ BSD 램프가 점등되어도 SBSD의 작동조건은 아닐 수 있다.

㉯ 자차속도가 120km/h라면 60km/h 대비 작은 각도 변화에도 추돌이 예상되어 좀 더 적극적으로 작동한다.

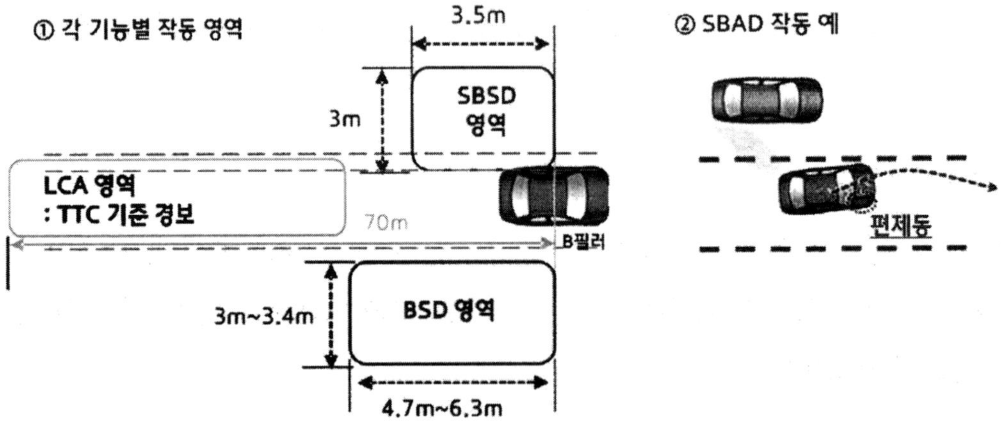


그림 7-15

## [2] 제어로직 및 작동

| 구 분 | SBSD(Smart Blind Spot Detection/후측방충돌 회피지원 시스템) |
|---|---|
| 작동 조건 | BSD 스위치 ON, 60km/h 이상, 사각지대에 차량존재, 차선이탈 발생시 |
| 작동 흐름 | 후방레이더와 카메라(차선이탈)가 충돌위험을 판단하고 제동량을 계산하여 요청 |
| 고장 | SBSD 고장(ESC → CAN, ESC 자체 고장,<br>카메라 고장 발생시 BSD는 정상작동된다(SBSD 경고등 별도 없음). |

## [3] SBSD 기능과 구성

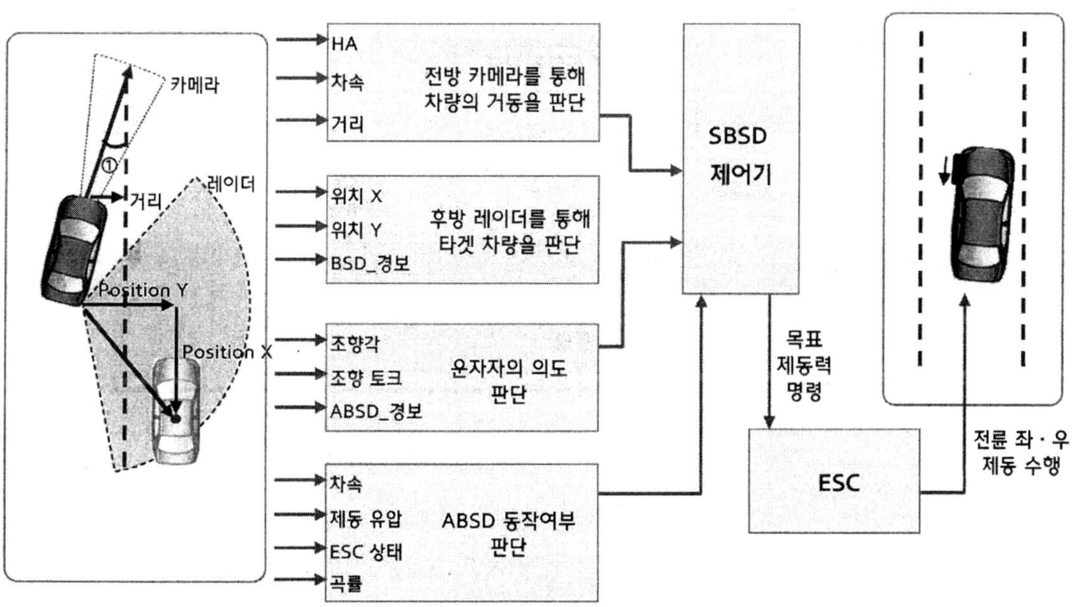


그림 7-16

## (4) SBSD 입 · 출력 요소

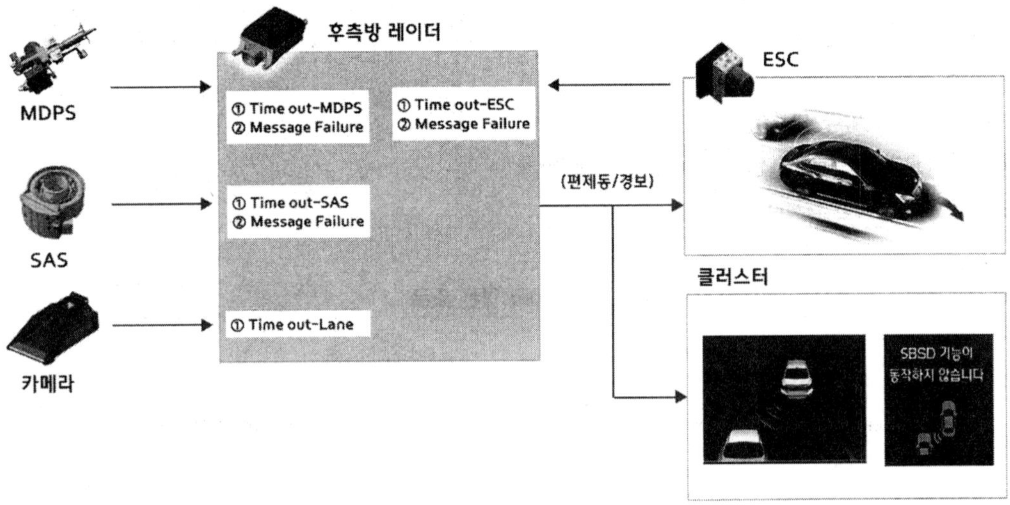


그림 7-17

# 07 ASCC(Advanced Smart Cruse Control) 시스템

## (1) ASCC의 개요

ASCC(Advanced Smart Cruse Control) 시스템은 앞 범퍼 안쪽에 위치한 레이더 센서를 이용하여 목표차량(내 차량과 일직선 상 앞에 감지되는 선행차량)과의 거리를 감지할 수 있고 가속페달이나 브레이크페달을 밟지 않아도 운전자가 설정한 차량 속도와 목표차량과 상대 거리를 자동으로 유지할 수 있는 편의기능이다. 또한 목표 차량이 정차한 경우 적절한 거리를 유지하면서 정차하고 출발하는 Stop & Go 기능을 함께 제공한다.

ASCC 시스템의 제어를 수행하기 위해서는 운전자의 의지를 입력받는 스위치와 도로상황을 모니터링하는 각종 센서들과 VDC 장치, 엔진제어장치, 변속기 제어장치, 전자식 주차 브레이크장치, Cluster 등으로 종합적인 제어를 수행한다.

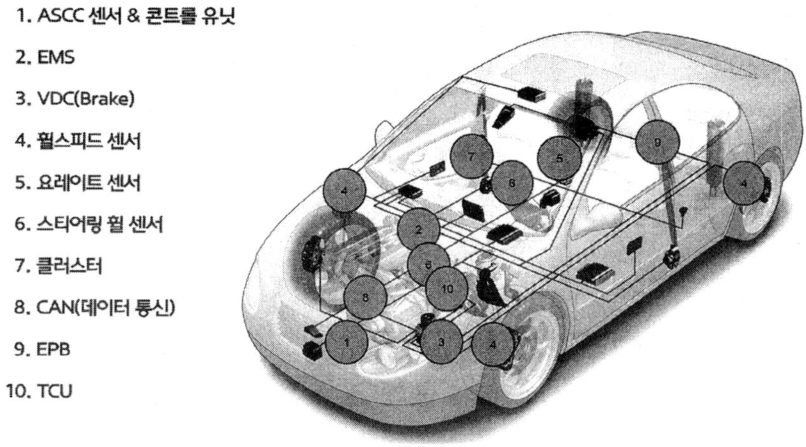


그림 7-18

### (2) 제어 시스템

ASCC 시스템은 시동을 걸고 주행을 시작하면 레이더를 이용해 선행 차량을 감지하고 선행차량 중 목표차량 한대를 선정한 후 목표차량과 선행차량에 대한 정보를 지속해서 모니터링한다. 이후 운전자가 스위치를 조작해 목표속도와 목표 차간거리를 설정하면 차간거리를 유지하면서 설정속도 이내에서 주행한다.

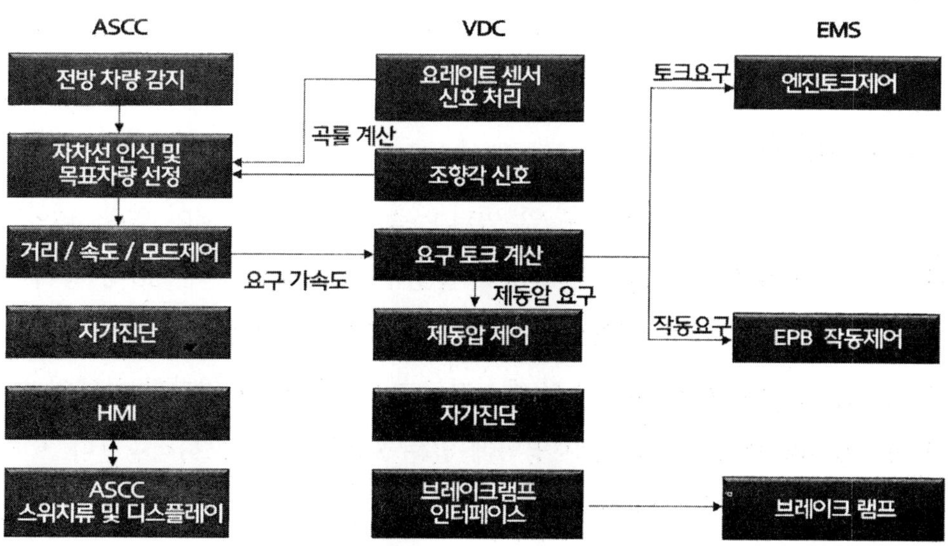


그림 7-19 ASCC 제어의 구성도

만약 목표차량이 가속하거나 감속을 하면 ASCC 모듈은 VDC에 가·감속정보를 보내고 VDC는 엔진 ECU에 가·감속정보를 보낸다. 엔진 ECU는 가속 시는 엔진 요구토크를 높여 차량속도를 올리고 감속 시에는 엔진토크를 낮추고 차량속도가 VDC가 요구하는 속도까지 낮아지는지 모니터링한다.

만약 차량속도가 낮아지지 않으면 VDC 내에 있는 유압모터를 구동해 제동제어를 하고 브레이크 램프 점등 신호를 출력한다. 목표차량을 따라 주행하던 중 목표차량이 정지하면 시스템 제어를 하여 자차는 목표 차간거리를 유지 후 정지하고 EPB에 주차브레이크 체결 요구를 하고 출발 시 해제를 요구한다.

목표차량이 출발하면 따라 가속하기 시작한다. 출발 후 목표차량이 레이더에 감지되지 않으면 자차는 목표 설정속도로 주행한다. 만약 선행차량이 차속이 없는 상태(자차 주행 중 목표차량을 인식 못하고 주행했는데 전방에 정지된 차량이나 고정물체가 나타난 경우)로 감지되면 ASCC 시스템은 고정물체로 인식하기 때문에 제어 대상이 되지 않는다. 목표차량이 곡선도로를 주행하면 자차와 목표차량이 같은 차선에 있더라도 목표차량을 오 인지할 가능성이 크다. 그래서 도로 곡률에 따른 계산과 조향각에 따른 보정을 하기 위해 요레이터센서 신호값과 조향각을 연산해서 도로 곡률에 따른 보정을 한다.

ASCC 시스템은 클러스터, VDC, ECU, TCU, EPB와 C-CAN 통신 라인에 연결되어 각 제어기들의 정보를 공유하며 최적제어를 수행한다.

### (3) ASCC 시스템의 구성

ASCC 레이더 센서는 덴소제품으로 앞 범퍼 우측 안쪽에 장착되어 있다. 레이더 모듈 내부에는 송신부와 수신부로 나누어져 있고 송신부는 원거리(좌·우 20°), 중거리(좌·우 36°), 근거리(좌·우 64°) 3개 영역으로 나누어져 77GHz 전파를 송신한다.

송신된 전파는 물체에 반사되어 수신 레이더로 다시 되돌아와 감지된 물체의 상대속도를 알아 거리를 계산하고 레이더 감지영역에 있는 모든 물체를 모니터링한다. 이때 여러 개의 물체 중 고정 물체인지 유동인지 구분하고 같은 차선에 있는 유동물체 하나를 목표차량으로 선정한다.

| 구 분 | 사 양 |
|---|---|
| 좌·우각 | 원거리 : 10° 중거리 : 18° 근거리 : 32°(한 방향) |
| 상·하각 | 4° |
| 인식 가능거리 | 원거리 : 2~180m 중거리 : 2~80m 근거리 : 2~9m |
| 거리 정확도 | ±(5% + 0.25)m(원거리 기준) |

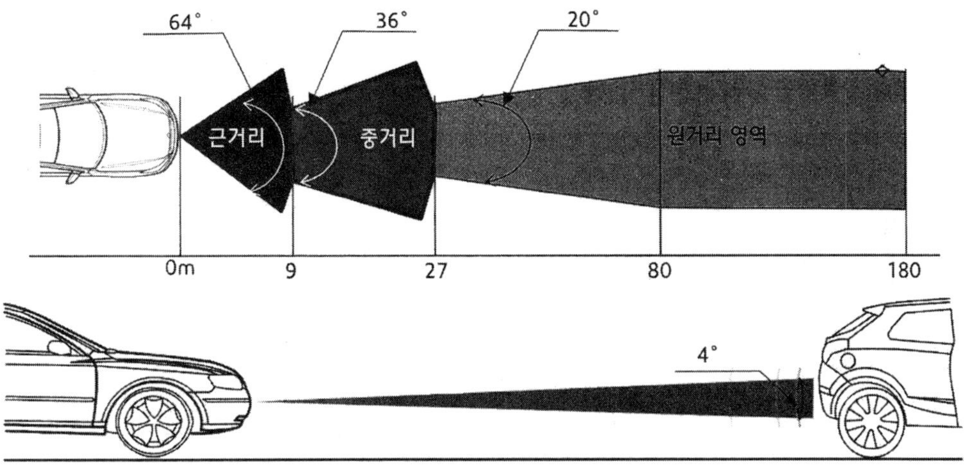


그림 7-20 ASCC 레이더 감지영역

# 08

CHAPER

# 에어백 시스템

1. 에어백 시스템
2. 스마트 에어백
3. 어드밴스 에어백의 구성
4. 에어백 보조 안전장치
5. 에어백(Air Bag System) 시스템 점검하기

CHAPTER

# 08 에어백 시스템

## 01 에어백 시스템

### (1) 에어백 시스템의 개요

에어백 시스템은 상해로부터 직접적으로 승객을 보호하는 장치로서 사고발생 시 차량에 장착된 프리텐셔너가 안전벨트를 되감아 승객을 시트에 고정하고 전방과 사이드 등 차량에 장착되어 있는 에어백이 부풀어 올라 사고방향으로 강한 힘을 받아 이동하는 승객이 입는 충격을 저감하기 위한 장치를 에어백 시스템이라 한다.

그림 8-1 에어백 시스템

에어백 시스템은 차량 충돌시 운전석 및 조수석에 장치되어 있는 에어백을 작동시켜 운전자 및 조수석에 앉은 승객을 부상으로부터 보호하기 위한 보조 안전장치(Supplemental Restraint System ; SRS)이다.

에어백 시스템은 승객의 안전을 더욱 향상시키는 방향으로 발전되었다. 먼저 최초로 적용된 Full power 에어백은 성인 남성을 기준으로 안전을 확보할 수 있는 장치로 개발되었으며, 이후 에어백 팽창압력을 낮추어 여성 및 왜소한 승객도 보호할 수 있는 Depowered 에어백이 적용되어 현재까지 사용되고 있으며, 이 두 방식은 인플레이터의 점화회로가 하나인 Single Stage로 구성되어 있다. 현재에는 센서기술의 발달로 인해 에어백의 팽창압력을 2단계로 조절할 수 있는 Smart 에어백이 적용되고 있으며, 사고 시 충돌의 크기에 따라 에어백의 팽창압력을 조절하여 승객의 안전을 향상시키고 있다.

최근에는 동승석에 유아 탑승 또는 유아시트가 설치될 경우 에어백 전개를 억제하기 위해 승객을 구분하여 동승석 에어백 전개를 제어하는 Advanced 에어백이 적용되고 있다. 이는 이전에 적용되었던 Smart 에어백에 승객구분 장치를 추가하였다.

## (2) 에어백 시스템의 작동

에어백의 작동은 자동차를 운행하기 위한 정상적인 작동시 별도의 에어백 스위치 작동 없이 에어백 시스템 컨트롤 모듈은 전원이 입력되면 에어백 시스템의 이상 유무를 감지하여 에어백 경고등을 점등시킨다. 에어백 시스템이 정상일 경우에는 에어백 경고등이 6초간 점등되었다가 소등된다. 에어백 시스템에 이상이 있을 경우에는 6초간 점등되었다가 1초간 소등된 후 계속 점등된다.

에어백의 작동은 차량충돌 시 충돌감지센서가 감속도를 검출하여 충돌이 일어났음을 감지하고 동시에 세이핑센서(안전센서)도 충격이 일어난 방향과 힘을 감지하여 에어백 컨트롤 유닛으로 전송하면 에어백 컨트롤 유닛의 출력 제어회로에서는 입력된 전기신호를 판단하여 인플레이터(기폭장치) 쪽으로 폭발신호를 출력하게 된다. 또한 에어백 시스템 컨트롤 모듈(SRSCM : Supplemental Restraint System Control Module)은 에어백 모듈과 시트벨트 프리텐셔너의 전개 여부와 전개시기를 결정하는 역할을 한다.

그리고 에어백 모듈이나 시트 벨트 프리텐셔너의 전개 시점에서 전개에 필요한 전원을 모듈 점화장치에 공급하며, 에어백 시스템의 자기진단 기능도 수행한다.

### (3) 에어백 시스템의 구성

SRS 에어백은 운전석 에어백 모듈, 조수석 에어백 모듈, 운전석 및 조수석 벨트 프리텐셔너, 운전석 및 조수석 좌우에 위치한 측면 에어백 및 커튼 에어백, 승객의 무릎보호를 위한 무릎 에어백과 이런 여러 종류의 에어백을 제어하는 플로워 콘솔 박스 하단에 위치한 에어백 시스템 컨트롤 모듈(SRSCM), 스티어링 컬럼에 위치한 클럭스프링, 정면충돌을 감지하는 정면 충돌센서, 측면 충돌을 감지하는 측면 충돌센서, 계기판에 위치한 에어백 경고등 및 에어백 시스템 와이어링으로 구성되어 있다.

#### 1) 운전석 에어백(Drive Air Bag)

운전석 에어백은 인플레이터의 가스에 의해 팽창되고 그 후 충격력에 의해 운전자가 에어백에 부딪히면 백의 배출 공에서 가스를 배출하여 충격을 완화하는 역할을 한다.

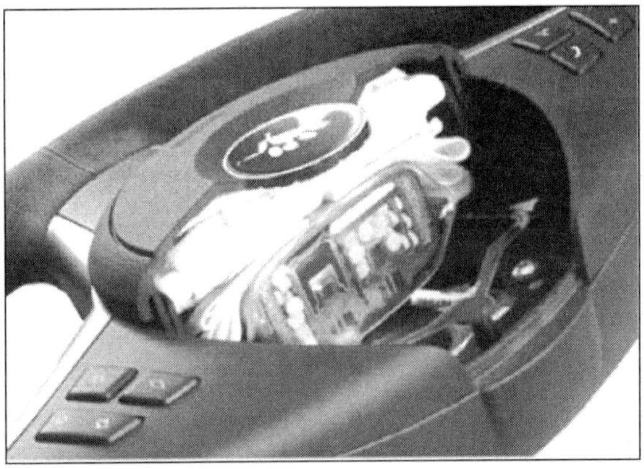

그림 8-2 운전석 에어백(Drive Air Bag)

### 2) 승객석 에어백(Passenger Air Bag)

승객석 에어백은 승객석에 승객이 탑승하였을 때 승객을 보호하기 위한 에어백이다.

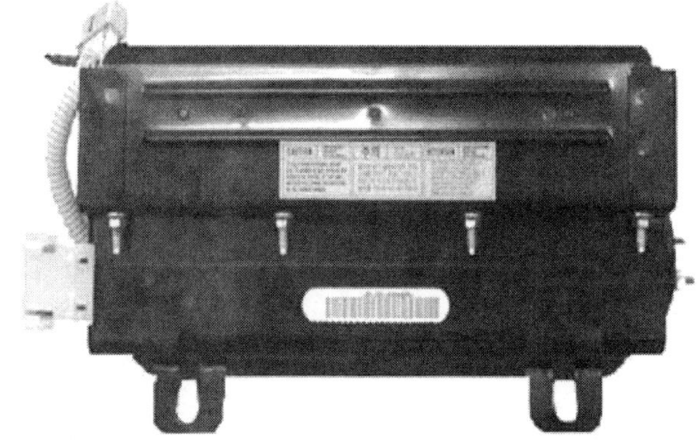

그림 8-3 승객석 에어백(Passenger Air Bag)

승객의 탑승 여부와(Passenger Presence Detection system : PPD) 승객의 체중을 감지하는 센서를 별도로 장착하여 충격시 팽창강도와 에어백 전개 여부가 에어백컨트롤 모듈에서 결정한 내용에 따라 전개와 팽창이 이루어진다. 승객감지센서는 승객석 시트에 설치된다.

### 3) 커튼 에어백 & 사이드 에어백(Curtain & Side Air Bag)

커튼 에어백은 차량의 측면 충돌 시 탑승객들을 보호하기 위해 설치된다. 측면 충돌시 유리창의 파편이나 차량 전복 시 이물질로부터 승객을 보호한다.

그림 8-4 커튼 & 사이드 에어백(Curtain & Side Air Bag)

설치위치로는 차량 측면 A필러 부위와 A-B-C필러 측면 루프에 걸쳐 설치되며 C필러 루프에서 트렁크 쪽으로 길게 펼쳐지면서 전개되도록 설치되어 있다. 사이드 에어백은 좌우, 앞뒤 시트의 등받이 부위 측면에 장착이 되며, 측면 충돌시 등받이 시트의 측면이 전개되면서 팽창하도록 설치된다.

### 4) 벨트 프리텐셔너(Pretensioner)

시트벨트 프리텐셔너(BPT : Seat Belt Pretensioner)는 좌우측 센터 필라 하단부에 장착되어 있으며 차량이 충돌 시 에어백이 작동하기 전 프리텐셔너를 작동시켜 안전벨트의 느슨한 부분을 되감아 운전석 및 조수석 승객의 몸이 앞으로 쏠려서 차량의 실내 부품들에 부딪치는 것을 방지하는 역할을 한다. 시트벨트 버클에 안전벨트 체결을 감지하는 스위치가 부착되어 있으며, 안전벨트 착용 여부에 따라 작동이 결정된다.

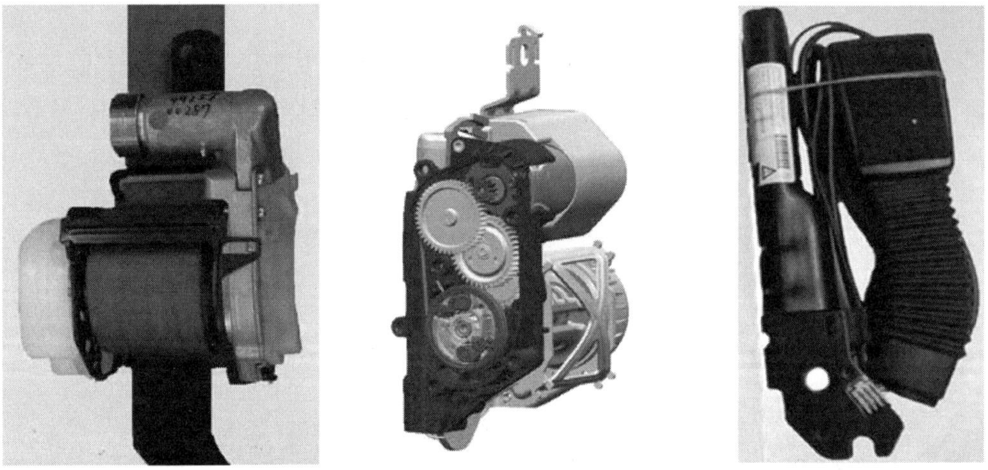

(a) (b) (c)

그림 8-5 벨트 프리텐셔너(Pretensioner)

### 5) 전방 충돌 감지센서(Front Impact Sensor)

차량 전면의 충돌을 감지하는 센서로 차량의 엔진 룸에 장착되는 타입과 에어백 제어장치에 내장되어 있는 타입이 있다. 전방 충돌센서(FIS : Front Impact Sensor)는 엔진룸 좌우측 프런트 앤드모듈 안쪽에 각각 1개씩 장착되어 있다.

그림 8-6 전방 충돌 감지센서(Front Impact Sensor)

정면 충돌 발생 시 에어백 시스템 컨트롤 모듈(SRSCM)은 정면 충돌센서 신호를 이용하여 운전석 에어백, 조수석 에어백, 시트벨트 프리텐셔너의 전개 여부와 전개시기를 결정한다.

### 6) 측면 충돌 감지센서(Side Impact Sensor)

측면 충돌 감지센서(SIS : Side Impact Sensor)는 좌우측 센터 필라 하단부와 좌우측 리어 필라 부근에 각각 1개씩 장착되어 있다. 측면 충돌발생 시 충돌의 크기를 감지하여 에어백 시스템 컨트롤 모듈(SRSCM)은 측면 충돌센서 신호를 이용하여 측면 에어백의 전개 여부와 전개시기를 결정한다.

그림 8-7 측면 충돌 감지센서(Side Impact Sensor)

### 7) 승객 유무 감지센서(Passenger Presence Detect)

PPD 센서는 조수석의 승객 탑승 유무를 판단하여 에어백 제어장치로 데이터를 송신한다. 조수석에 승객이 탑승 유무와 중량을 인지하여 정상적인 전개와 전개 강도를 약하게 하거나 미 탑승 시 비 전개하는 데이터를 송신하는 것이다.

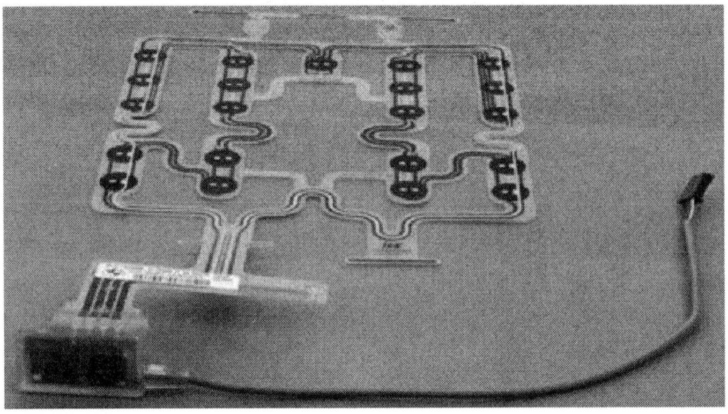

그림 8-8 승객 유무 감지센서(Passenger Presence Detect)

### 8) 에어백 제어장치(Air Bag Control Unit)

에어백 시스템 컨트롤 모듈(SRSCM : Supplemental Restraint System Control Module)은 에어백 모듈과 시트벨트 프리텐셔너의 전개 여부와 전개시기를 결정하는 역할을 한다. 그리고 에어백 모듈이나 시트벨트 프리텐셔너의 전개 시점에서 전개에 필요한 전원을 모듈 점화장치에 공급하며, 에어백 시스템의 자기진단 기능도 수행한다.

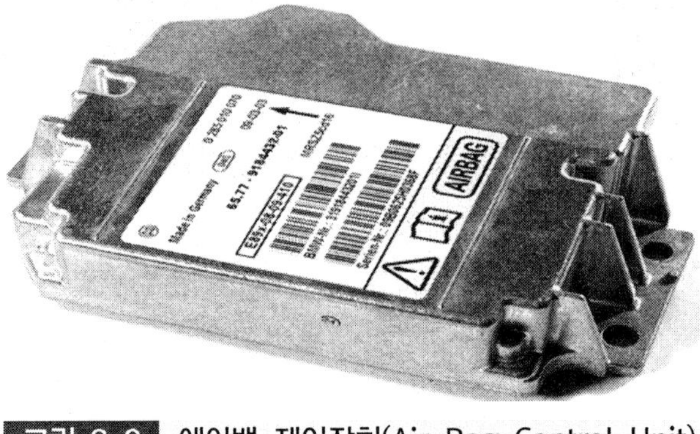


그림 8-9 에어백 제어장치(Air Bag Control Unit)

### (4) 에어백 시스템의 변화

표 8-1

| 에어백 명칭 | 에어백 구성 및 기능 | 적용 시기 |
|---|---|---|
| Full Power Airbag | - 에어백 의무 장착 이전까지 법규를 만족하는 에어백을 명명함<br>- 인플레이터 : Single Stage | 1991~1996<br>엘란트라 이후 |
| Depowered Airbag | - 충돌 시 에어백 팽창압력에 의한 상해 감소 목적<br>- Full Power Airbag 대비 압력을 약 20~35% 낮추도록 법규를 수정하고, 이를 만족하는 에어백을 명명함<br>- 인플레이터 : Single Stage | 1997 ~<br>올뉴 아반떼 이후 |
| Smart Airbag | - Depower Airbag 대비 진보된 에어백 의미<br>- 충돌크기에 따라 에어백을 2단계로 점화하여 에어백의 압력을 조절할 수 있어 탑승객 보호에 유리<br>- 모두 점화 시 Depowered Airbag의 압력유지<br>- 인플레이터 Dual Stage | 2007 ~<br>제네시스 이후 |
| Advanced Airbag | - 기본적인 구성은 Smart Airbag과 동일하다.<br>- 승객 구분센서 적용(유아시트 및 어린이 안전)<br>- 액티브 벤트 적용에 따라 동승석 버클센서 적용 | 2003(북미)<br>2015.03 ~ |

## 02 스마트 에어백

### (1) 주요기능

에어백 시스템은 승객을 상해로부터 보호하는 장치로 사고발생시 차량에 장착된 프리텐셔너가 안전벨트를 되감아 승객을 시트에 고정하고 전방 또는 측면 에어백이 부풀어 올라 사고방향으로 강한 힘을 받아 이동하는 승객이 입는 충격을 저감하기 위한 장치이다. 또한 2g & Yaw 센서를 내장하고 있어 별도의 CAN 통신라인을 통해 VDC 모듈로 센서 신호를 전송한다.

에어백 시스템이 풀 옵션으로 구성될 경우 [DAB+PAB+DKAB+SAB(2개)+CAB(2개)+EFD(2개)]로 구성된다.

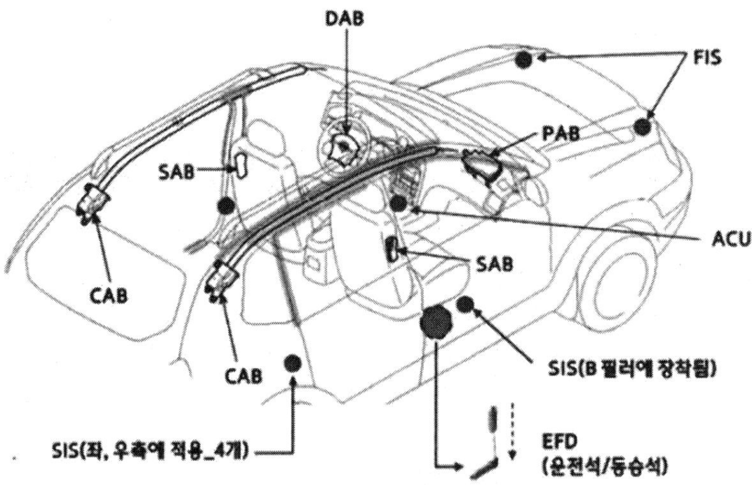


그림 8-10

표 8-2

| 명 칭 | 약 어 | 명 칭 | 약 어 |
|---|---|---|---|
| 운전석 에어백 | DAB(Drive Air Bag) | 무릎 에어백 | DKAB(Drive Knee Air Bag) |
| 동승석 에어백 | PAB(Passenger Air Bag) | 전방 충돌센서 | FIS(Front Impact Sensor) |
| 커튼 에어백 | CAB(Curtain Air Bag) | 측면 충돌센서 | SIS(Side Impact Sensor) |
| 프리텐셔너 | PT(Pre tensioner) | CLR | Convertible Locking Retractor |
| EFD | Emergency Fastening Device의 약자로 과거 앵커 프리텐셔너의 새로운 명칭임 | | |

표 8-3

| 명 칭 | 약 어 | 작동 및 역할 |
|---|---|---|
| 운전석 에어백 | DAB(Drive Air Bag) | - 정면충돌 발생 시 동작(2단계 팽창압력 제어)<br>- 운전자 상체보호 |
| 동승석 에어백 | PAB(Passenger Air Bag) | - 정면충돌 발생 시 동작(2단계 팽창압력 제어)<br>- 동승석 승객 상체보호<br>- 승객 탑승 유무에 따라 에어백 전개/미전개 결정 |
| 커튼 에어백 | CAB(Curtain Air Bag) | - 측면충돌 및 전복 시 동작(1단계 팽창압력)<br>- 탑승자의 머리보호(전복 시 차량 이탈 방지) |

| 명 칭 | 약 어 | 작동 및 역할 |
|---|---|---|
| 무릎 에어백 | DKAB(Drive Knee Air Bag) | - 정면충돌 발생 시 동작(1단계 팽창압력)<br>- 운전자 무릎(하체) 보호 |
| 측면 에어백 | FSAB(Fornt Side Air Bag)<br>RSAB(Rear Side Ait Bag) | - 측면충돌 및 전복 시 동작(1단계 팽창압력)<br>- 탑승자의 어깨와 머리 일부 보호<br>- 중·대명 이하는 RSAB 미적용 |
| 프리텐셔너 | PT(Pre tensioner) | - 정면충돌 발생 시 동작(운전석, 동승석 적용)<br>- 가슴부위의 벨트를 되감아 승객을 시트에 고정<br>- 동작 이후 로드리미터에 의해 안전벨트 풀림 |
| EFD | Emergency Fastening Device | - 앵커 프리텐셔너의 새로운 이름<br>- PT와 동일한 조건에서 동작<br>- 골반부위의 벨트를 당겨 승객의 하체를 시트에 고정 |
| LRD | Low Risk Deployment | - PAB에만 적용됨(기계식 동작)<br>- 승객이 에어백에 근접해 있을 경우에 에어백 전개를 억제 |
| 전방 충돌센서 | FIS(Front Impact Sensor) | - 전방의 충돌을 감지하며 에어백의 보조신호<br>- 전방 좌·우에 창착 |
| 측면 충돌센서 | SIS(Side Impact Sensor) | - 좌·우 'B 필러' 하단에 적용되어 측면충돌 감지하며 측면충돌의 메인 신호로 사용<br>- 중형 이하는 전방 2EA, 대형은 전·후방 4EA 적용 |
| 압력센서 | PSIS(Pressure SIS) | - 좌·우 앞 도어에 적용<br>- 사고 시 도어가 압축되어 내부압력이 상승되는 것을 감지<br>- SIS와 동일한 역할 수행 |
| 에어백 ECU | ACU(Air Bag Control Unit) | - 내부 충돌센서와 SIS, PSIS, FIS 신호를 입력받아 에어백 전개 로직 결정<br>- 각종 에어백 및 PT, EFD 전개 |
| CLR | Convertible Locking Retractor | 유아시트 장착 시 벨트를 고정시키는 장치 |
| 승객 구별장치 | ODS(Occupant Detection System) | - 동승석에 탑승한 승객을 성인, 유아, 유아 시트로 구분<br>- 센서 매트와 유닛으로 구성 |

## 03 어드밴스드 에어백의 구성

### (1) 어드밴스드 에어백의 개요

어드밴스드 에어백은 스마트 에어백 시스템에 동승석 승객을 구분하는 '승객구분 장치'가 추가되어 동승석 에어백 전개를 제어하는 장치를 말한다. 또한 동승석 승객 탑승 유무에 따라 이를 표시하는 '동승석 에어백 Off 표시등이 DATC 컨트롤 패널에 표시된다.

승객구분 정보는 동승석 에어백(PAB) 전개 제어에만 사용되며, 만일 동승석에 승객이 탑승하지 않은 상태로 사고가 발생할 경우 동승석 에어백(PAB)를 제외한 다른 에어백은 전개 조건에 따라 제어된다.

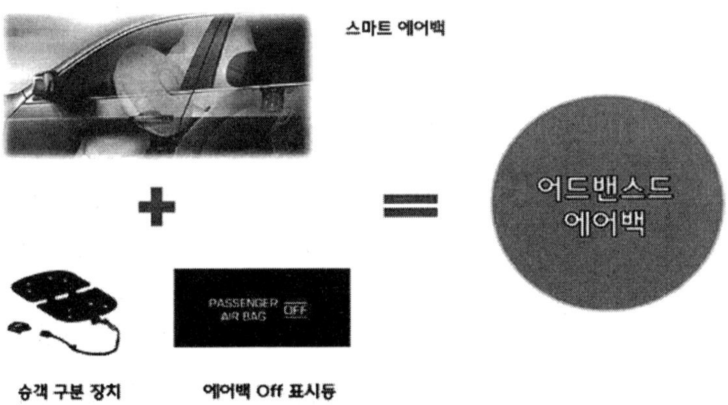


그림 8-11

#### 1) 동승석 승객 표시등

| 동승석 에어백 표시등 | |
|---|---|
| 동승석에 탑승한 승객에 따라 표시등은 IGN On 시 4초 점등 후 3초 소등한 후 다음과 같이 동작된다.<br>- 승객이 있을 경우 : 표시등 소등<br>- 승객이 없거나 유아 시트일 경우 : 표시등 점등 | 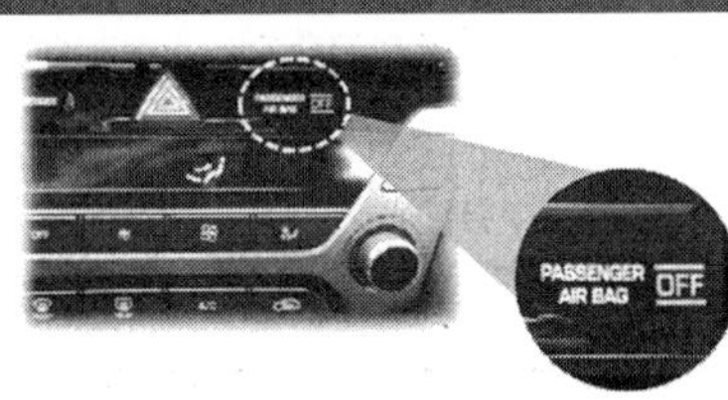 |
| | DATC 컨트롤 패널 상단에 표시 적용<br>ACU 제어에 따라 점등 및 소등 |

### 2) 승객구분 센서 및 유닛

승객구분 센서는 시트 커버링과 열선 매트 사이에 장착되며, 반드시 열선 매트 상단에 조립되어야 정확한 승객감지가 된다. 승객구분 유닛은 시트 쿠션 하단에 적용되어 교환이 용이하다.

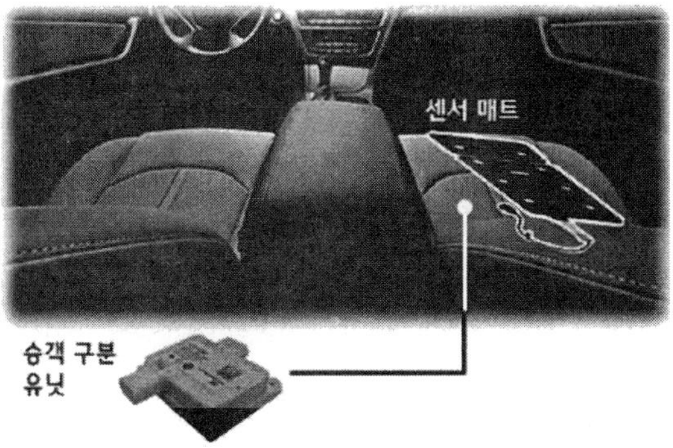


시트 쿠션 하단에 적용

(a) 승객구분 유닛

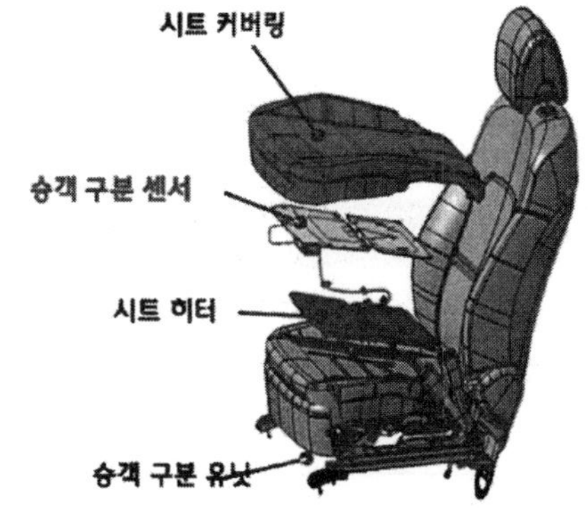


시트 커버링 하단에 적용

(b) 센서 매트

**그림 8-12** 승객구분 센서 및 유닛

## (2) 에어백 전개

### 1) 에어백 전개의 개요

차량에 충돌이 발생하면 ACU는 힘의 방향과 크기에 따라 어느 에어백을 어떤 시간에 점화할지를 결정하여 최적의 에어백 점화 타이밍을 제어한다. 최적의 에어백 작동 시점은 에어백이 100% 전개 후 압력이 빠지는(수축) 시점에 승객의 상체가 에어백에 안착되는 시기이다.

| 충돌감지 | 전개시작 | 100% 전개 | 에어백수축 시작 및 승객 안착 | 가스 배출 후 종료 |
|---|---|---|---|---|
|  |  |  | 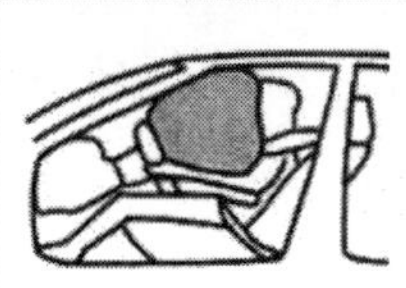 | 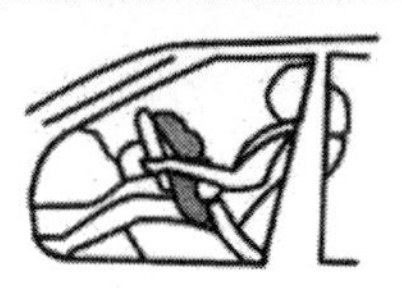 |

충돌부위에 따라 충격을 감지하는 센서의 역할에도 차이가 발생하는데, 정면충돌의 경우 충격의 전달경로가 길어 ACU 내부의 충돌센서를 주 신호로 사용하고, FIS는 저속충돌 감지 및 보정을 위한 입력신호로 사용된다. 측면 충돌의 경우에는 실내 공간이 협소하기 때문에 SIS 신호를 주 신호로 사용하고 ACU 내부 충돌센서는 보조적인 역할을 하여 에어백을 신속하게 점화하여 전개한다. 단 에어백 전개는 ACU 로직에 의해 결정된다.

**표 8-4**

| 충돌 부위 | 주 센서 | 보조센서 | 전개되는 에어백 |
|---|---|---|---|
| 정면 충돌 | ACU 내부 충돌센서 | FIS | DAB, PAB, PT, EFD |
| 측면 충돌 | SIS | ACU 내부 충돌센서 | 해당 쪽 SAB, CAB |
| 전복 시 | 롤 오버센서(ACU 내부) | | 양쪽 SAB, CAB, PT |

**표 8-5**

| 충돌발생 | 충돌감지 | 에어백 전개 로직 결정 | 에어백 전개 |
|---|---|---|---|
| 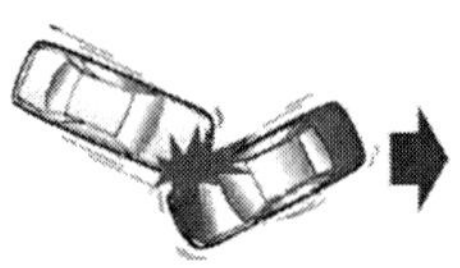 | 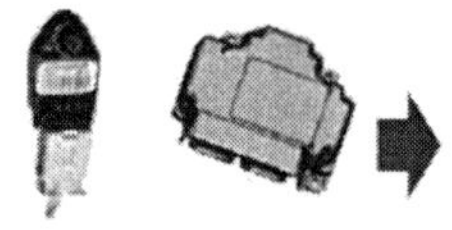 | 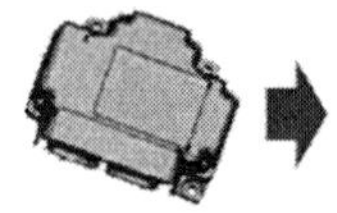 | 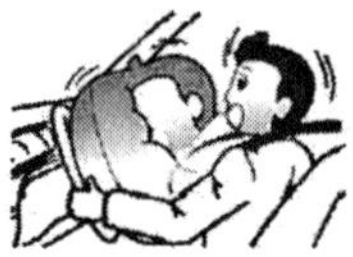 |
| 정면충돌<br>측면충돌<br>전복 | 정면 충돌센서(FIS)<br>측면 충돌센서(SIS)<br>압력센서(PSIS)<br>ACU 내부 충돌센서 | 에어백 전개결정(ACU)<br>프리텐셔너 전개결정 | 승객 보호 |

### 2) 동승석 에어백 전개(제어)

스마트 에어백의 경우 전방충돌이 발생하면 전방 에어백(DAB, PAB, KAB, PT, EFD)이 모두 전개하여 탑승객의 안전을 확보한다, 어드밴스드 에어백도 스마트 에어백과 동일하게 에어백을 제어하지만 동승석 에어백을 탑승한 승객에 따라 전개, 미 전개를 제어한다. 어드밴스드 에어백의 정면충돌 시 전개 순서는 다음과 같다.

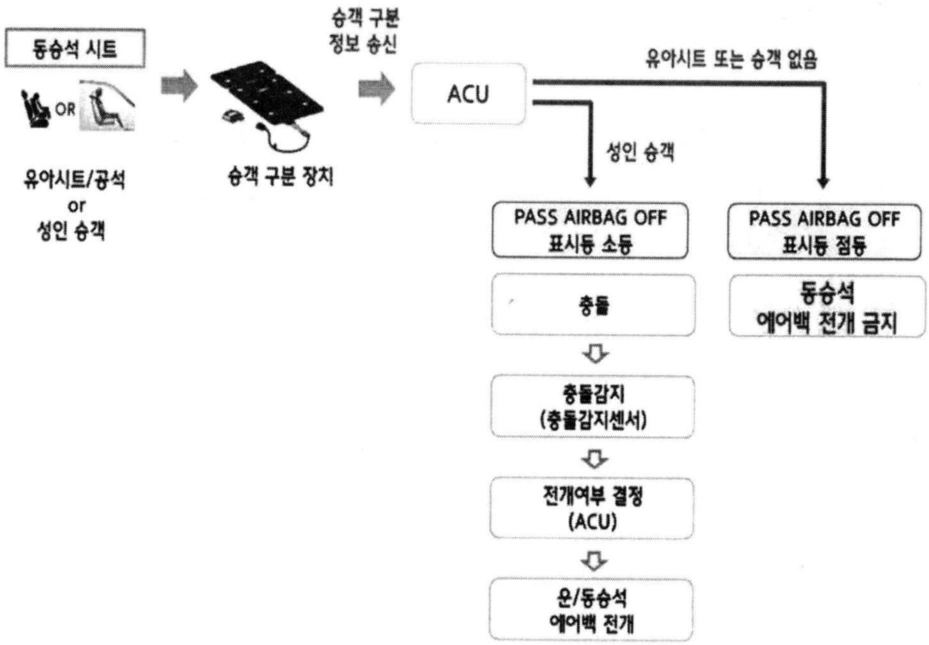


그림 8-13

④ 에어백 Off 표시등 점등 시 동승석 에어백 전개금지

⑤ 에어백 Off 표시등 소등 시 충돌이 발생할 경우 전방 에어백 전개 및 안전장치 구동

⑥ 에어백 Off 표시등이 전등된 후 사고 발생 시 PAB를 제외한 나머지 장치는 동작하여 승객의 안전을 확보한다.

## (3) 동승석 승객구분 장치의 구조

### 1) 개요

북미 법규(동승석 어린이 보호 법규)에 만족하기 위해 적용하며 에어백 전개 시 유아(1세, 3세, 6세)에 대한 2차로 에어백에 의한 상해를 억제하고, 동승석의 승객유형에 따라 2차 피해를 감소시켜 상해치를 만족시키기 위하여 승객구분 장치를 사용하여 에어백 전개를 억제시킨다.

## 2) 승객 식별장치의 구성

### (1) 원리

동승석에 탑승한 승객의(시트 커버링 위의 물체) 유전율에 따라 변하는 센서의 정전용량으로 승객을 구분한다. 승객을 구분하는 센서 측정원리는 다음과 같다.

> 정전용량(C) = 유전율(ε ) × 전극면 적합(A)(매트와 물체 엉덩이의 접촉면적)/ 전극간 거리(d)(매트와 물체 엉덩이 거리)

① 유전율

물체가 전기를 머금을 수 있는 능력(물 : 80, 플라스틱류 : 2-3, 공기 : 1)

유전율이 일정할 경우 센서와 거리가 멀어질수록 정전용량이 작아지고, 접촉면적이 커질수록 정전용량이 커진다.

| 승객구분 센서 | 승객구분 유닛 |
|---|---|
| 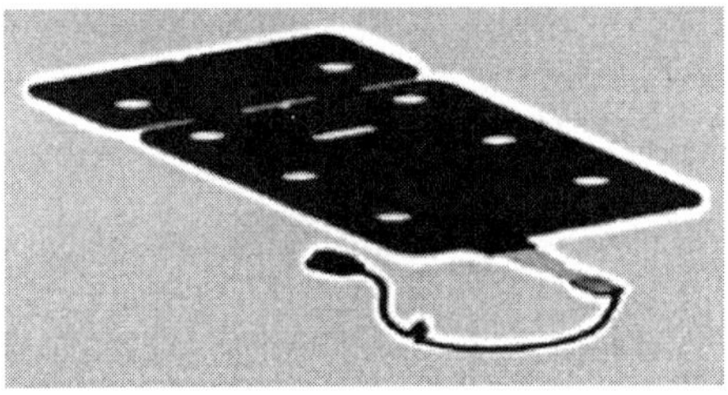 |  |
| - 승객의 엉덩이와 접촉<br>- 승객에 따른 유전물의 변화 감지 | - 센서에서 감지된 유전율을 기준으로 승객구분(성인, 유아, 유아시트로 구분)<br>- 구분된 탑승 정보를 ACU로 전송(CAN 통신) |

## 3) 동승석 승객구분 회로

① 승객구분 유닛은 C-CAN 및 IGN 전원과 접지로 구성되며, 센서는 배선으로 감지한다.

② 감지된 승객구분 정보는 CAN 통신을 통해 ACU 및 BCM으로 송신한다.

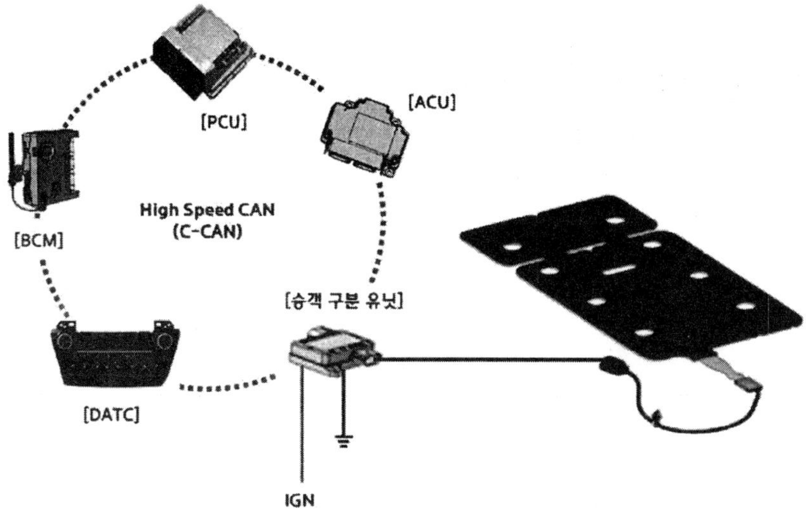


그림 8-14

### 4) 승객구분 정보

승객구분 유닛이 구분한 승객정보는 크게 3가지로 구분되며, 이 신호를 수신한 ACU는 로직에 따른 에어백 제어를 수행한다. 만일 승객구분 장치가 고장일 경우 동승석 에어백은 운전석 에어백과 동일한 조건에서 동작된다. 동승석 승객구분 정보는 ACU 외에 BCM으로도 전송되는데, 이는 안전벨트 제어(SBR)를 수행하는 요소로 사용된다.

① 동승석 안전벨트 경고(BCM 제어) : 안전벨트 착용(SJB 감지) 및 승객 탑승 유무에 따라 경고

표 8-6

| | 구분 1 | 구분 2 | 구분 3 |
|---|---|---|---|
| 조 건 | - 1세(10kg 이하) 및 유아시트 설치<br>- 승객 없음 | - 유아시트 미설치<br>- 3세(15.4kg 이하)<br>- 6세(23.4kg 이하) | 성인(49.4kg 이상) |
| 에어백 작동 | - 동승석 에어백 미 전개<br>- 동승석 에어백 Off 표시등 점등 | - 승객 구분센서 조건 만족시 동승석 에어백 전개<br>- 동승석 안전법규 만족<br>- 저 위험 동승석 에어백(LRD) | - 동승석 에어백 전개<br>- 동승석 에어백 Off 표시등 소등 |

**표 8-7**

| | 조건 | 에어백 작동 |
|---|---|---|
| 구분 1 | - 1세(10kg 이하) 및 유아시트 설치<br>- 승객 없음 | - 동승석 에어백 미 전개<br>- 동승석 에어백 Off 표시등 점등 |
| 구분 2 | - 유아시트 미설치<br>- 3세(15.4kg 이하)<br>- 6세(23.4kg 이하) | - 승객 구분센서 조건 만족 시 동승석 에어백 전개<br>- 동승석 안전법규 만족<br>- 저 위험 동승석 에어백(LRD) |
| 구분 3 | 성인(49.4kg 이상) | - 동승석 에어백 전개<br>- 동승석 에어백 Off 표시등 소등 |

### 5) LRD(저 위험 전개 동승석) 에어백

LRD 에어백은 백의 팽창경로에 물체가 있을 경우 팽창압력을 외부로 배출하여 백의 압력을 감소시키는 안전장치이다. 승객구분 정보를 기준으로 승객이 없거나 유아일 경우 에어백이 전개되지 않는다.

하지만 유아일지라도 승차자세 및 체형에 따라 승객구분 장치에서 승객 있음으로 인식할 경우 동승석 에어백은 전개된다. 이때 바른 자세로 착석해 있다면 문제가 없지만 그림과 같이 에어백에 근접해 있는 상태로 에어백이 전개된다면 오히려 상해를 입게 된다. 이때 에어백에 구성된 LRD 벤트가 기계적으로 동작하여 백의 압력을 외부로 배출하고, 승차자의 안전을 확보한다.

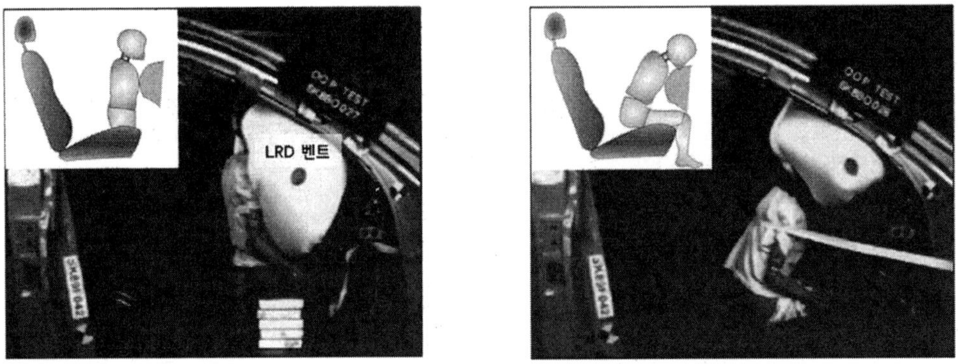


(a) 선 자세 (b) 앉은 자세

**그림 8-15**

따라서 유아(3세, 6세)의 각각 선 자세와 앉은 자세에서 동승석 에어백을 전개하여 북미 법규에서 요구하는 상해치를 만족하기 위한 목적으로 적용한다. 저 위험 전개 동승석 에어백은 LRD 벤트를 적용하여 에어백 전개 시 저 위험 에어백 전개를 수행한다.

### 6) LRD 벤트의 구조

LRD 벤트는 동승석에만 적용된다. 동승석 에어백 좌 · 우에는 일반적인 가스배출용 벤트와 LRD 벤트가 적용되며, LRD 벤트는 우측 그림처럼 항상 열려있는 상태로 조립된다. 동작 순서는 다음과 같다.

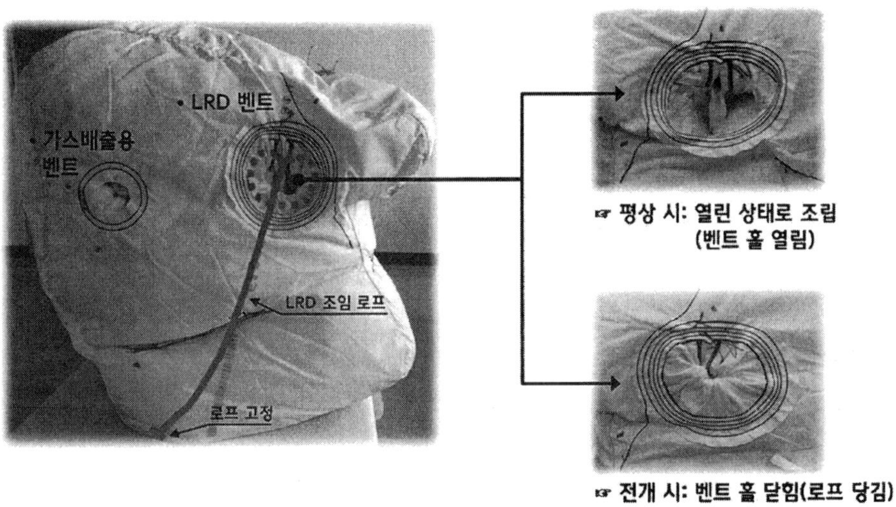


그림 8-16

#### (1) 정상동작

① 동승석 에어백 전개

② 에어백 팽창 시작(백 내부의 압력상승)

③ 에어백이 팽창되며, LRD 로프를 당겨 벤트를 오므린다.

④ Depower 에어백 수준의 압력유지

⑤ 승객보호

### (2) 에어백 팽창 경로에 물체(승객)가 위치했을 때 동작

① 동승석 에어백 전개

② 에어백 팽창시작(백 내부의 압력상승)

③ 에어백의 팽창에 방해를 받아 LRD 로프를 완전히 당길 수 없어 벤트가 열려있다.

④ 팽창가스 일부가 LRD 벤트로 배출된다.

⑤ 에어백의 크기 및 팽창압력이 낮아져 에어백에 근접해 있는 승객보호

## [4] 서비스 데이터 및 초기화

### 1) 서비스 데이터(승객구분 유닛)

ACU 및 승객구분 유닛은 진단장비를 통해 서비스 데이터를 확인할 수 있다. 승객구분 유닛의 데이터 내용으로는 다음과 같다.

**표 8-8** 승객 유무에 따른 센서 데이터

| | • 승객 없음 또는 유아시트 장착 | | • 승객 있음(성인) | |
|---|---|---|---|---|
| 센서명 | 센서값 | 단위 | 센서값 | 단위 |
| 센서 Imaginary 값 | 14 | pF | 63 | pF |
| 센서 Real 값 | -6 | pF | 1 | pF |
| 승객구분 정보 | Empty/Child S... | - | Seat Occupied | - |
| 냉난방 통풍 시트 또는 열선히터시트 | Cooling&Heati... | - | Cooling&Heati... | - |

### (1) 센서 Imaginary 값

시트 위 물체의 유전율을 바탕으로 계산된 정전 용량 값으로 pF으로 표시한다.

**표 8-9**

| 차량 옵션 | 성인 승객 인식(평균 값) |
|---|---|
| 시트열선 미 적용 | 24pF 이상 |
| 시트열선 적용 | 29pF 이상 |

### (2) 센서 Real 값

현재 수분에 의해 발생된 유전율을 표시하며 Imaginary 값과 연산하여 승객 구분 정보로 활용한다.

### (3) 승객 구분 정보

현재 시트 위의 물체(승객) 정보를 표시한다(비어 있음, 유아 시트, 승객 있음).

### (4) 시트 옵션

냉 · 난방 통풍 시트 또는 열선 시트만 적용 사양인지 표시하며 센서 초기화 시 입력한다.

## 2) 고장시 데이터

승객 구분장치가 고장일 경우 ACU는 Fail로 인식하고 승객에 따른 동승석 에어백 제어를 수행하지 않고 운전석과 동일하게 에어백 전개를 제어한다. 센서는 미세 전류로 승객을 감지하기 때문에 위와 같은 고장이 발생할 경우 전압 및 저항을 통한 점검이 불가능하며 다음과 같은 점검방법을 참고한다.

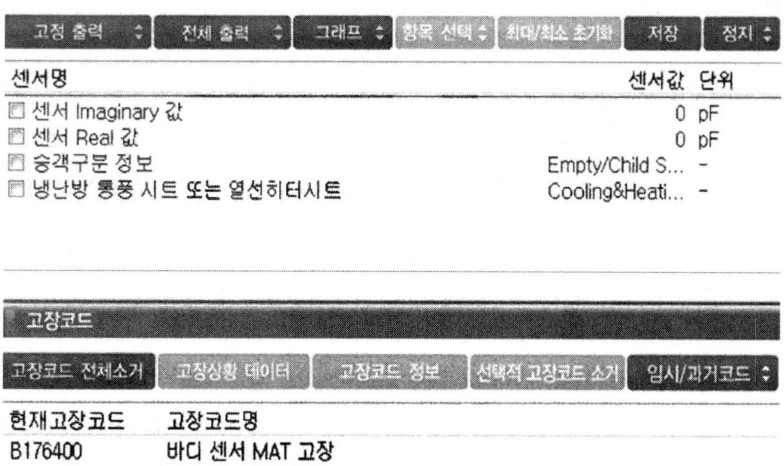


그림 8-17

### (1) 승객구분 유닛 고장 시(ACU 고장코드 발생)

① 커넥터 체결 상태점검

② 전원 및 접지점검

③ CAN 통신 파형점검.

④ 정상 시 승객구분 유닛을 교환한다.

### (2) 승객구분 센서 고장 시(승객구분 유닛 고장코드)

① 커넥터 체결 상태점검

② 센서 감지 전원점검(두 선 모두 5V 미 감지 시 승객구분 유닛 내부불량 의심)

③ 유닛과 센서 단선, 단락점검

④ DTC 코드에 따라 센서를 교환한다.

### (3) 고장코드 및 조치방법

표 8-10

| NO | 고장유형 | 고장코드 | | 고장진단기준<br>(상세) | 조치 방법 |
|---|---|---|---|---|---|
| | | 승객<br>구분장치 | ACU | | |
| 1 | 승객구분<br>유닛 고장 | B1763 | B1763 | - ACU와 승객구분 유닛 커넥터 조립불량<br>- 외부 영향에 의한 ECU 내부 소자 파손 | - 매트와 승객구분 유닛 커넥터 분리 후 재체결<br>- 승객구분 유닛 교환 |
| 2 | 승객구분<br>센서 고장 | B1764 | B1764 | - 승객구분 센서와 승객구분 유닛 커넥터 조립불량<br>- 외부 영향에 의한 매트센서 절손 | - 매트와 승객구분 유닛 커넥터 분리 후 재체결<br>- 승객구분 센서 교환 |
| 3 | Algo<br>cut-off | B1767 | B1764 | 동승석 시트에 과도한 수분 유입<br>전자기기에 의한 영향 | - 시트건조 및 해당 DTC 소거<br>- 원인(간섭)이 되는 전자기기 미사용 |
| 4 | IGN<br>전압 높음 | B1111 | - | IGN 전압이 18V 이상일 때 | 차량 IGN 전압 확인 및 바디센서 DTC 확인 후 소거 |
| 5 | IGN<br>전압 낮음 | B1112 | - | IGN 전압이 6V 이하일 때 | 차량 IGN 전압 확인 및 바디센서 DTC 확인 후 소거 |

| NO | 고장유형 | 고장코드 | | 고장진단기준<br>(상세) | 조치 방법 |
|---|---|---|---|---|---|
| | | 승객<br>구분장치 | ACU | | |
| 6 | CAN<br>BUS-off | B1603 | B1765 | CAN BUS 고장에 의한 ACU와 승객구분 유닛 통신 불량 | 차량 IGN 전압 확인 및 바디센서 DTC 확인 후 소거 |
| 7 | Wrong ID | - | B1766 | ACU와 승객구분 유닛이 사용 Vehicle ID와 다름(이종) | ACU와 승객구분 유닛 사양 확인 및 동종사양으로 교체 |
| 8 | AUC<br>커뮤니케이션 에러 | B1697 | - | - CAN BUS 고장에 의한 ACU와 승객구분 유닛 통신 불가<br>- ACU 고장으로 메시지 수신 불가 | - CAN BUS 상태 확인 후 해당 DTC 소거<br>- ACU 교체 |

### 4) 승객구분 장치의 초기화

① 초기화 시점 : 승객구분 유닛 및 센서 교환 시 실시

② 초기화 방법 : 진단 장비를 사용하여 승객구분 장치로 통신 실시

승객구분 장치는 시트 상단 물체의 유전율을 통해 승객을 구분하는 민감한 장치이므로 승객구분 유닛 또는 센서 교환 시 반드시 초기화를 수행해야 정확한 승객구분을 할 수 있다.

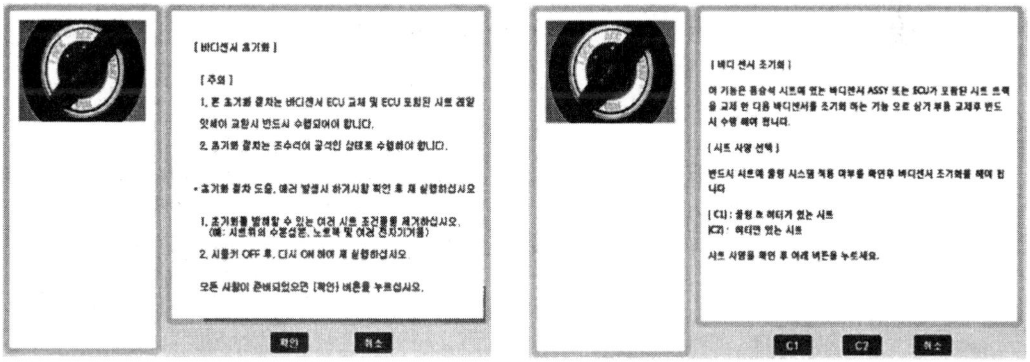


(a) (b)

그림 8-18

#### (1) 초기화 방법

① 진단장비 연결 후 승객구분 장치(ODS)와 통신

② 시트 위에 전자기기(전기가 통하는 모든 물체 및 수분성분을 제거한다)

③ 반드시 동승석이 공석인 상태로 진행한다.

④ 초기 화면에서 [확인]을 선택 후 다음 화면에서 시트 옵션에 따라 C1, C2를 선택한다.

⑤ 재확인을 요구하는 pop-up 발생 시 [확인]을 선택한다.

⑥ 초기화 완료 후 승객 탑승 유무에 따른 정전용량 변화를 확인한다.

## 04 에어백 보조 안전장치

### (1) 액티브 벤트 시스템

동승석 에어백 내압 상승으로 인한 동승석 승객 상해 저감을 목적으로 한다.

동승석은 대용량 에어백이 적용되어 있으며 고속 충돌시 두 개의 점화회로가 모두 점화될 경우 높은 내압을 유지한다. 에어백이 100% 전개된 후 기존 벤트 홀(가스 배출구멍)로 가스를 배출할 경우 신속한 동작이 이루어지지 않아 에어백에 안착하는 승객의 상체를 편안하게 받아줄 수 없다.

액티브 벤트 시스템은 고속충돌 시 신속한 가스배출을 위해 기존 벤트 홀에 추가로 벤트홀을 적용하여 2nd가 점화되어 에어백 내압이 상승하는 시점에서 동작한다.

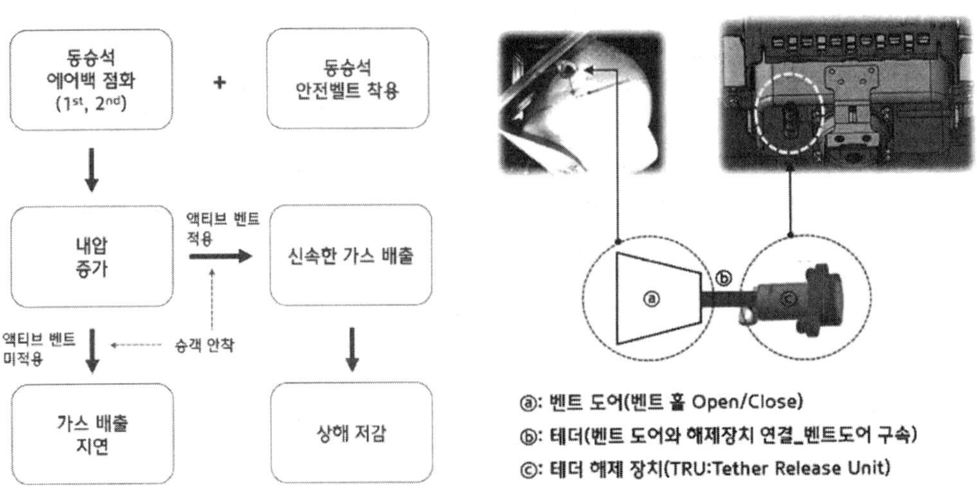


그림 8-19

### 1) 동작 순서

① 동승석 에어백 2nd 점화

② 에어백 내압상승

③ 동승석 에어백 2nd 점화 후 테더 해제장치 점화

④ 해제장치에서 테더가 분리

⑤ 벤트도어 열림

⑥ 동승석 에어백가스 배출

⑦ 차량이 저속 충돌하여 1st만 점화된 경우 120~150ms 후 2nd와 동시 점화(폐기 목적)

## (2) 시트벨트 편의기능

### 1) CLR(Convertible Locking Retractor)

CLR은 유아시트를 차량 시트에 고정하기 위해 시트벨트가 풀리는 것을 방지하는 기능으로 시트벨트 잠김 기능만 수행하는 장치로 작동 순서는 아래와 같다(인입은 가능).

① 시트벨트를 '딸깍' 소리가 날 때까지 끝까지 당긴다(풀어준다).

② 이 상태에서는 시트벨트의 인입은 가능하나 풀리지 않는다.

③ 시트벨트로 유아시트를 고정하고 버클에 채운다.

그림 8-20

④ 풀려있는 시트벨트를 놓으면 자동으로 되감긴다(이후 되감긴 시트벨트는 풀리지 않고 고정된다).

⑤ 구속을 해제하려면 시트벨트를 버클에서 탈거하여 끝까지 인입시킨다.

- 동승석, 후석 적용
- 안전벨트 기구 내에 기어 형태로 구성
- 유아시트 장착시 벨트가 풀리지 않도록 고정한다.

## 05 에어백(Air Bag System) 시스템 점검하기

에어백(Air Bag System) 시스템은 취급시 안전과 정확한 점검, 교환, 수리, 검사가 이루어져야 한다. 따라서 에어백 취급시 주의사항 숙지와 해당 차량 정비지침서에 따라 취급이 이루어져야 한다.

### [1] 에어백(Air Bag System) 시스템의 모듈 탈 · 부착하기

조립은 분해의 역순으로 지침서 참조

① 배터리 (-)단자를 탈거한다(그림 8-21 참조).

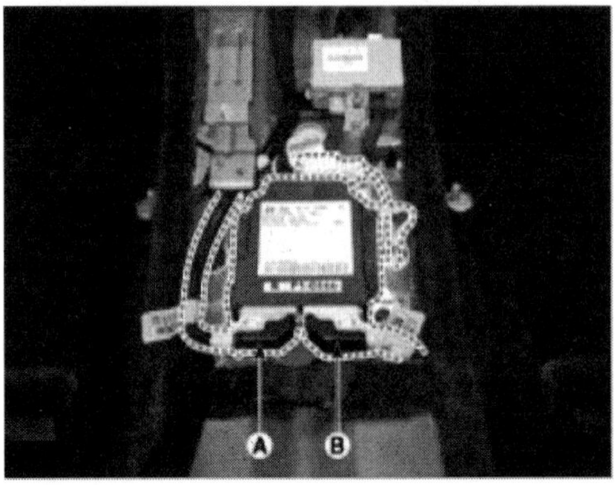


그림 8-21 에어백(Air Bag System) 시스템 모듈

② 플로어 콘솔 어셈블리를 탈거한다.

③ 에어백 시스템 모듈(SRSM) 커넥터의 잠금 레버를 당긴 후 커넥터(A/B)를 분리한다.

④ 에어백 시스템 시스템 모듈(SRSM) 장착볼트(3개)를 푼 후 탈거한다.

그림 8-22 에어백(Air Bag System) 시스템 모듈

### (2) 터미널 및 커넥터 점검 및 검사하기

① 전체적으로 커넥터의 느슨함, 접촉불량, 구부러짐, 부식, 오염, 변형 또는 손상을 점검 및 검사한다.

② 커넥터의 느슨함, 접촉불량, 구부러짐, 부식, 오염, 변형 또는 손상을 점검 검사 후 선간 저항을 측정한다.

그림 8-23 터미널 및 커넥터 점검 및 검사하기

## [3] 에어백(Air Bag System) 시스템 회로도 검사하기

### 1) Local CAN 통신 저항 값 검사하기

① 멀티미터, 종합시험기, 스캐너 등을 이용하여 선간저항, 전압 값 검사를 실시한다.

② 저항 값 측정은 측정기기의 영점조정 후 실시한다.

③ 에어백 시스템은 전압, 저항, 검사, 교환 등의 작업이 극히 제한적인 부분이 있다. 특정되지 않은 부분을 잘못 점검을 하면 에어백 시스템 전체가 문제가 발생한다. 따라서 해당 정비지침서를 필히 준용한 상태에서 단품검사, 교환, 수리 등이 이루어질 수 있다(책 내용은 에어백 시스템 중 일부분을 다루도록 한다).

## [4] 에어백(Air Bag System) 시스템의 전원 및 통신선 검사하기

### 1) 측정순서 및 절차

① IGN key "OFF".

② 에어백 모듈 커넥터를 탈거한다.

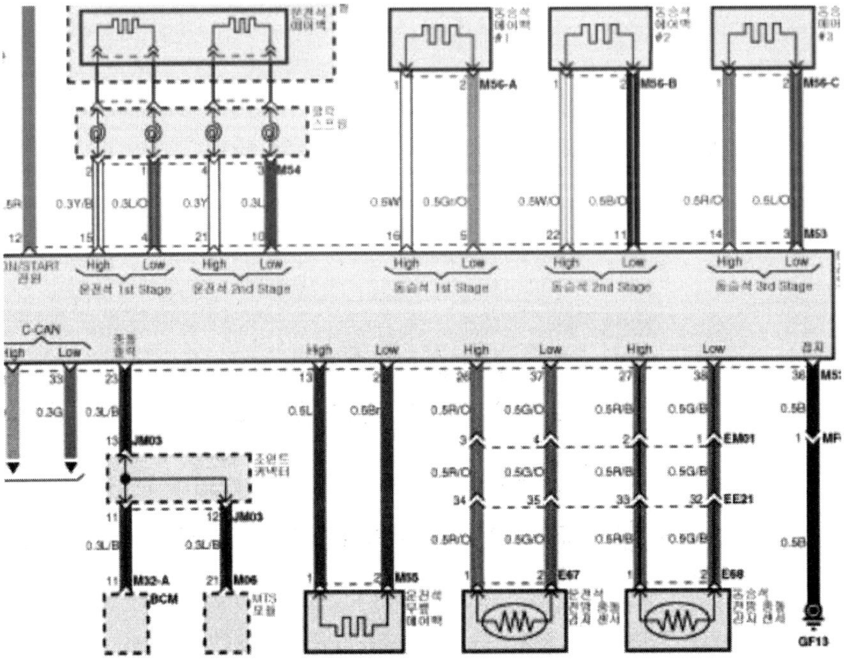

그림 8-24 HUD 모듈 전원 및 선간저항 검사하기

③ 에어백 모듈 커넥터 배선측 CAN-HIGH 단자 사이의 선간저항, 전압을 검사한다.

④ 에어백 모듈 커넥터 배선측 CAN-LOW 단자 사이의 선간저항 전압을 검사한다.

⑤ 정상값 : 1Ω 이하(해당 차량 정비지침서 및 회로도 확인)

## [5] 오슬로 스코프 검사하기

### 1) 측정순서 및 절차

① 에어백 모듈 커넥터를 연결한다.

② IG key "ON"

③ 에어백 S/W, "ON"→"OFF"→"ON"(CAN 통신 Wake up 상태 유지)

④ 에어백 모듈 커넥터 배선측 CAN-HIGH 단자 사이의 저항, 전압을 검사한다.

⑤ 에어백 모듈 커넥터 배선측 CAN-LOW 단자 사이의 저항, 전압을 검사한다.

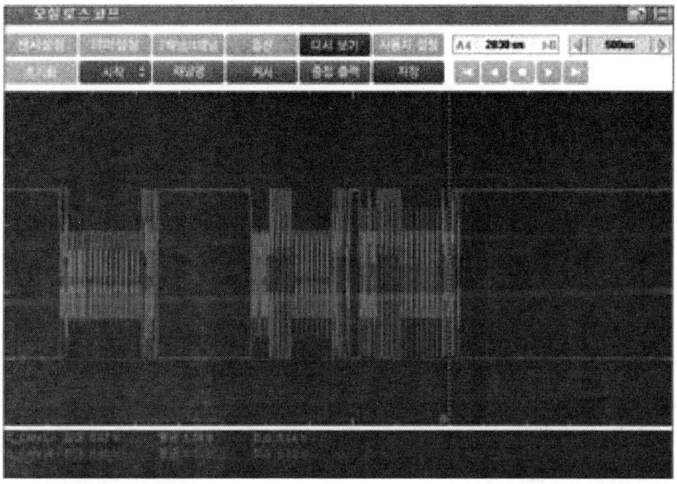

그림 8-25 에어백 시스템 오슬로 스코프 검사하기

## [6] 에어백(Air Bag System) 시스템의 베리언트 코딩하기

SRSM을 교환하였을 때는 반드시 베리언트 코딩을 실시해야 한다.

### 1) 베리언트 코딩방법(On-Line 방식)

① 점화스위치를 “OFF”하고, 진단기를 연결한다.

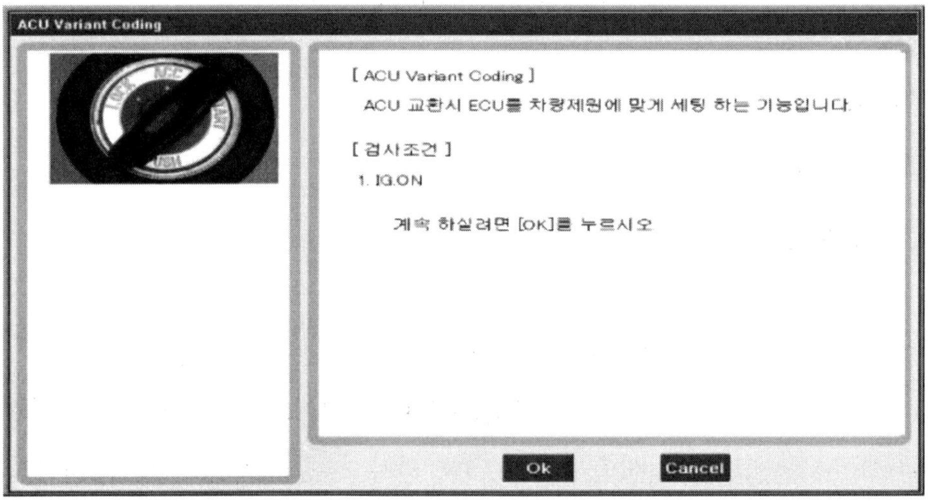


그림 8-26 에어백(Air Bag System) 시스템 베리언트 코딩

② 점화스위치를 “ON”하고, 엔진은 “OFF”한다. 에어백 시스템을 선택하고, “ACU Variant Coding”를 선택한다.

③ 진단기의 지시에 따라 “OK” 버튼를 누른다.

④ 차량의 VIN 번호를 입력 후 “OK” 버튼를 누른다.

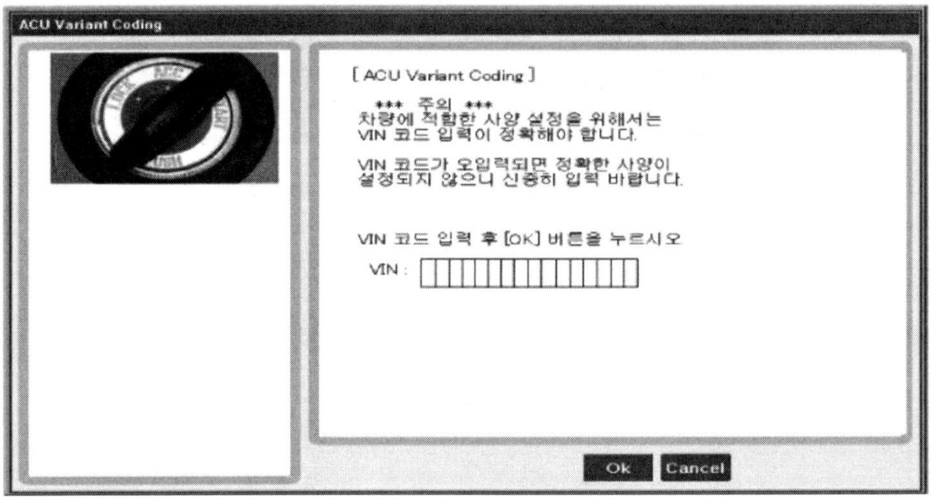


그림 8-27 에어백(Air Bag System) 시스템 베리언트 코딩 차대번호 입력

⑤ 베리언트 코딩 전용 코드 진행 중으로 완료될 때까지 대기한다.

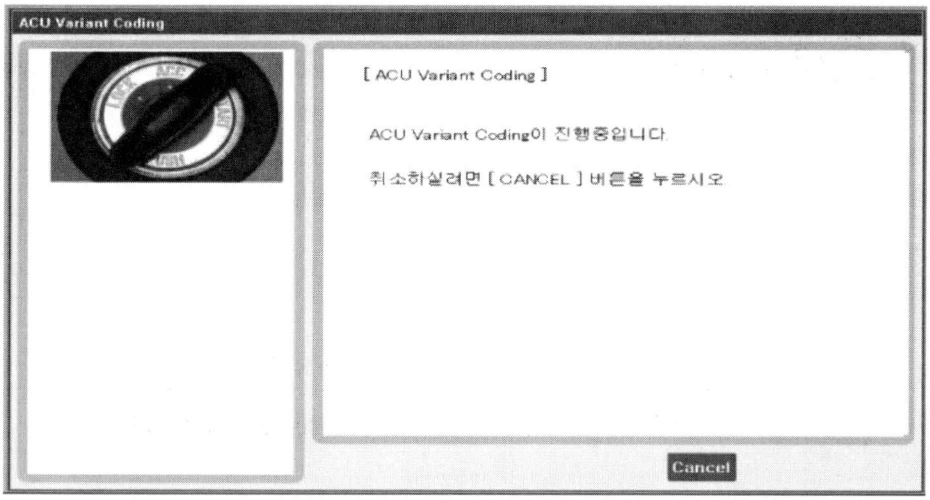


**그림 8-28** 에어백(Air Bag System) 시스템 베리언트 코딩 진행중

⑥ 베리언트 코딩 실행요구 계속하려면 "OK" 버튼를 누른다.

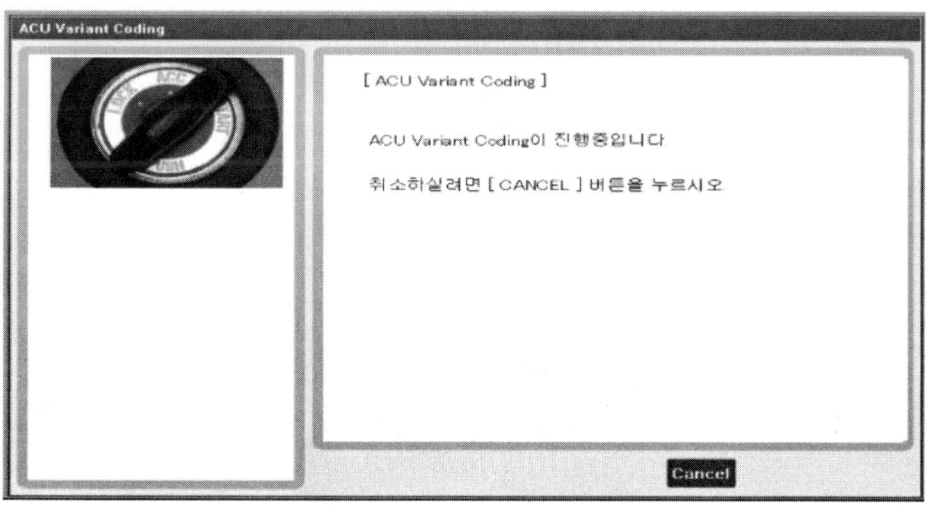


**그림 8-29** 에어백(Air Bag System) 시스템 베리언트 코딩실행 요구

⑦ 베리언트 코딩이 완료되면 아래 메시지를 나타내며, "OK" 버튼을 눌러 코딩을 완료한다.

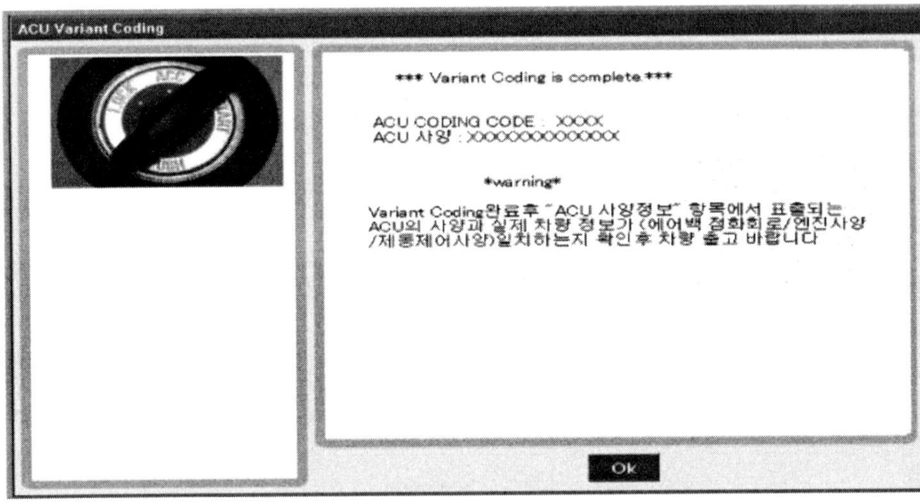


그림 8-30 에어백(Air Bag System) 시스템 베리언트 코딩완료 화면

⑧ SRSM이 저전압(배터리의 전압이 9V 이하) 상태일 때는 베리언트 코딩이 이루어지지 않는다. 이때는 배터리를 충전하고(SRSM), 베리언트 코딩을 다시 실시한다(on-lain 방식 불가 시 off-lain 방법은 별도).

## [7] SRS(Air Bag System) 시스템의 단품전압 확인하기

회로도를 확인한 후 단품들의 전압, 전류, 단품저항, 선간저항을 측정한다.

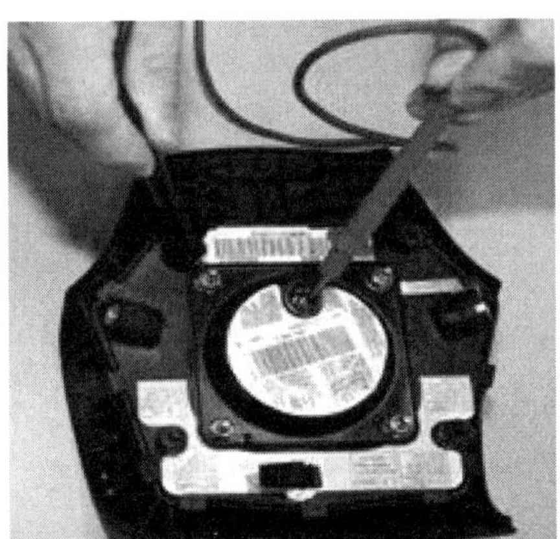

그림 8-31 SRS(Air Bag System) 운전석 모듈 절연 테스트

## [8] 에어백 모듈 절연 테스트

에어백 모듈의 점화회로와 연결된 두 단자는 모듈 자체와 절연이 되어야 하며, 만일 절연도가 떨어지면 고장코드가 출력될 수 있다.

| 정 상 | 불 량 |
|---|---|
| 50MΩ 이상 | 50MΩ 이하 |

## [9] 인플레이터(점화회로) 점검

① 에어백 모듈은 운전석, 조수석, 사이드, 커튼 에어백 및 프리텐셔너의 진단방법이 모두 동일하다. 단품 진단에 앞서 반드시 커넥터 접촉불량 유무를 확인해야 한다.

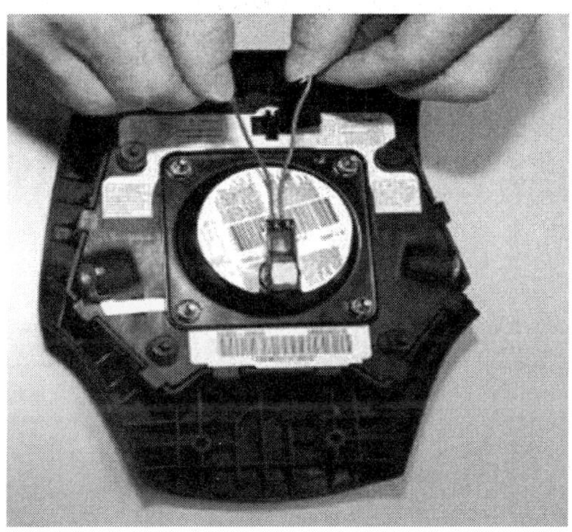

그림 8-32 SRS(Air Bag System) 시스템 운전석 모듈

② 에어백 모듈 탈거(연결 와이어링 포함) High와 Low 두 단자 사이의 저항을 측정한다.

③ 와이어링 없이 모듈에서 측정하면 단락 바에 의하여 0Ω이 측정된다.

④ 반드시 디지털 멀티미터를 사용하며, 저항 레인지 선택 시 모니터링 전류가 50mA 이하일 것(두 단자를 5초 이상 측정하지 말 것).

| 정 상 | 불 량 |
|---|---|
| 1.6~4.7Ω | 정상 이외 범위 |

⑤ 클럭 스프링에 저항연결 후 측정하기

㉮ 에어백 모듈 탈거

㉯ 클럭 스프링에 보조 커넥터 연결

㉰ 보조 커넥터 끝단에 2Ω 저항 연결

㉱ 점화키 ON 후 진단장비를 사용하여 기억소거

그림 8-33 SRS(Air Bag System) 클럭 스프링

㉲ 진단코드 확인

| 진단코드 삭제됨 | 진단코드 재출력 |
|---|---|
| 에어백 모듈 불량 | 에어백 모듈 외 타 부품점검 |

# 09

CHAPER

# 경고장치

1. 경고장치 제어

CHAPTER

# 09 경고장치

## 01 경고장치 제어(안전벨트, 선루프 열림, 주차브레이크)

### (1) 안전벨트 경고(운전석 동승석 동일)

① IGN On 시 안전벨트를 착용하면 경고등은 6초간 점등되고, 부저는 동작하지 않는다.

② 안전벨트를 착용하지 않고 차속이 입력되면 경고등은 계속 점등된다(~9Km/h).

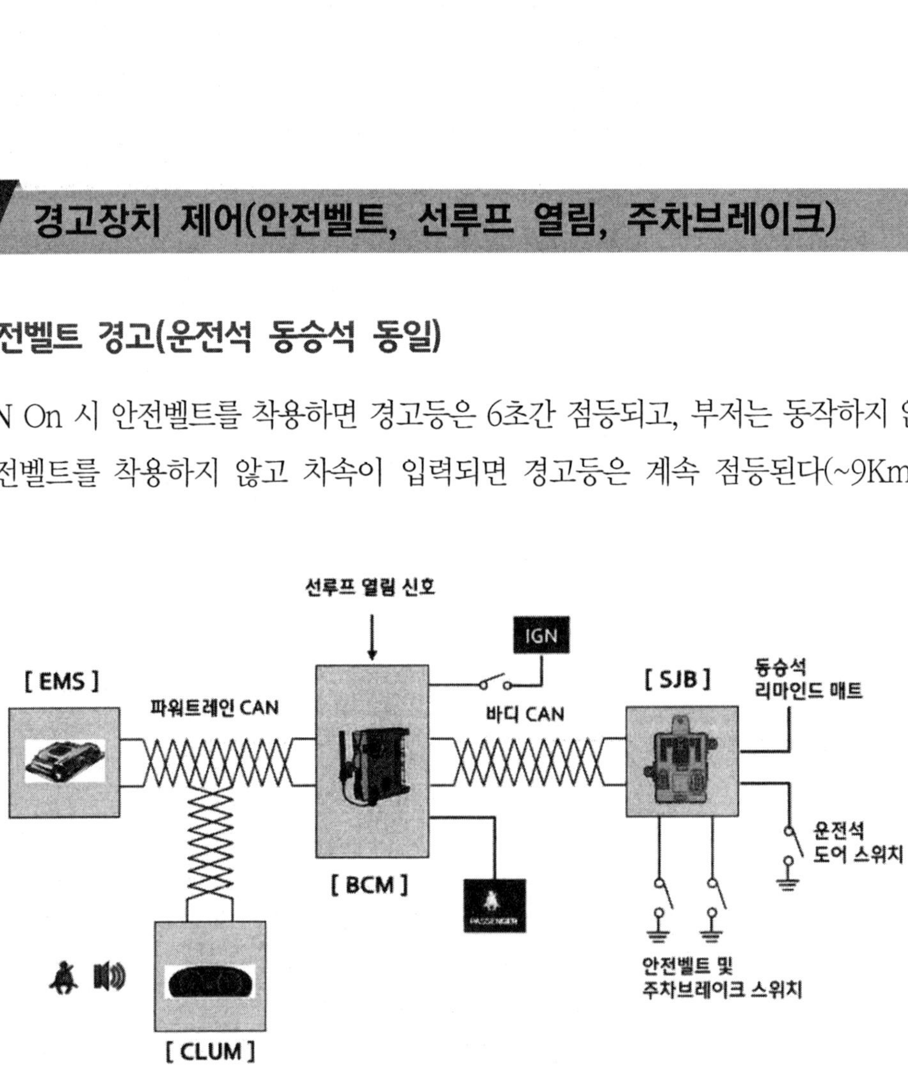


그림 9-1

③ 안전벨트를 착용하지 않은 상태로 차속이 9km/h를 초과하면 경고등은 점멸한다(9~20km/h).

④ 안전벨트를 착용하지 않은 상태로 차속이 20km/h를 초과하면 경고등 및 차임벨은 100초 동안 1회 동작한다.

⑤ 주행 중 안전벨트를 탈거할 경우 상기 로직과 동일하게 동작한다.

⑥ 동승석에 승객이 없을 경우(리마인드 매트) 6초 점등 후 속도에 따른 제어를 하지 않는다. 동승석의 경우 어드밴스드 에어백 적용 차량용 에어백 시스템의 승객구분 장치에서 송신되는 신호를 CAN 통신으로 입력받아 승객 탑승 상태를 판단한다(SJB의 안전벨트 신호입력 & 동승석 승객정보로 판단한다).

## (2) 동승석 SBR(Seat Belt Reminder) 제어 및 경고기능

### 1) 개요

승객이 탑승하고 시트벨트 미 착용시 경고.

① 동승석 SBR 매트 S/W 신호를 BCM으로 보내준다.

② BCM은 경고음 작동 유무를 CAN을 통해 클러스터로 신호를 준다.

③ 경고등은 BCM이 직접 제어한다.

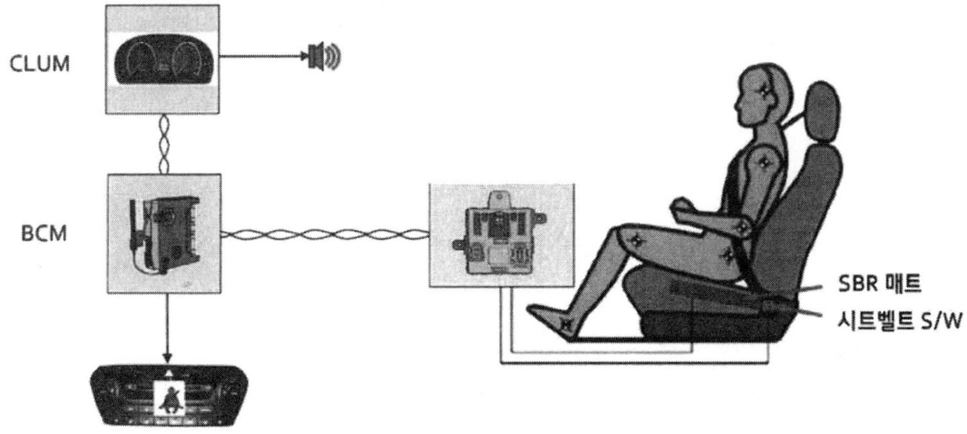


그림 9-2

### 2) SBR 매트 S/W 제어

SBR 매트 S/W는 승객의 탑승 유무를 저항을 통해 30kg 이상의 무게를 감지한다.

① 승객이 착석할 경우, 시트센터 기준으로 좌우대칭의 엉덩이 영상을 감안하여 Sensor Cell도 좌우대칭으로 배열되어 있다.

② 좌우대칭으로 형성된 Cell 중 좌측의 최소 한 개와 우측의 최소 한 개의 Cell에 동시에 Load가 가해질 경우 승객이 착석한 것으로 감지한다.

③ (L1)과 (Rl 또는 R2)에 Load 가해질 경우

④ (L2)와 (Rl 또는 R2)에 Load 가해질 경우

⑤ 이 좌우대칭의 Cell 배열은 하나의 Cell에 Load가 가해질 때 승객이 착석한 것으로 인식될 경우 승객이 아닌 물체(쇼핑백 등)에 의한 오작동을 방지하고자 적용한다.

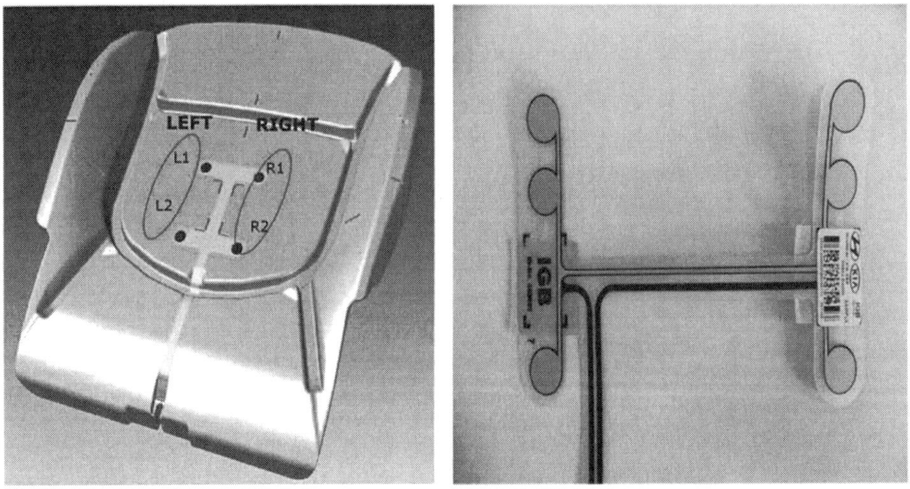


그림 9-3

### 3) SBR 매트 S/W 회로도

① SJB가 5V 매트 센서 전원을 인가한다.

② 내부 저항값이 변화하면 감지하는 전압도 변화된다.

③ 내부 저항값은 약 400Ω을 기준으로 승객 탑승 유무를 판단한다.

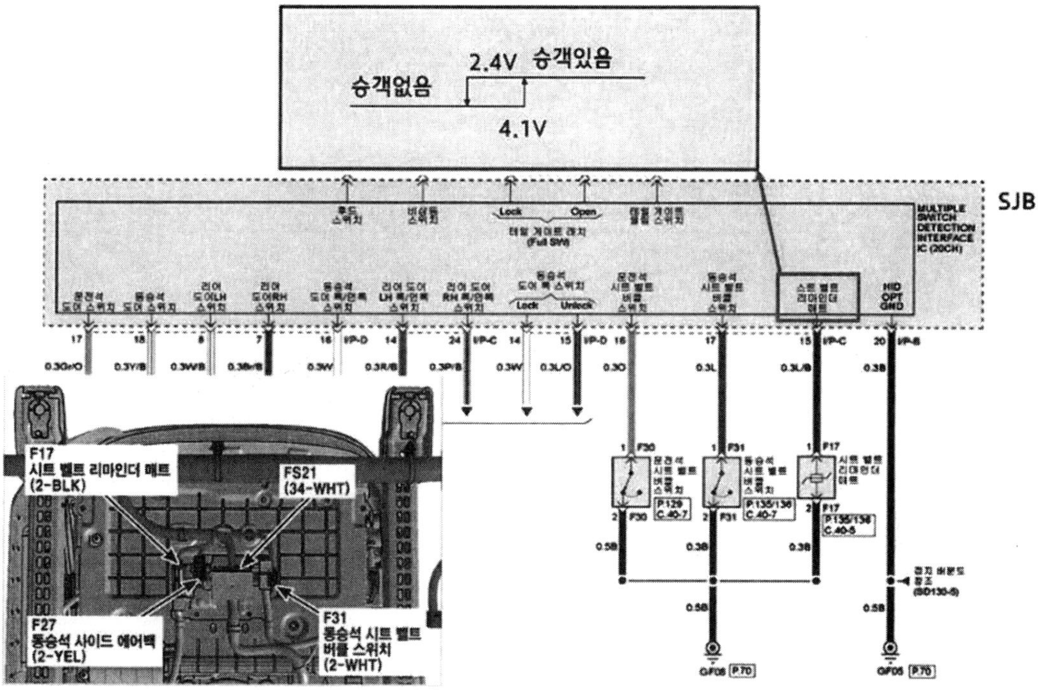


그림 9-4

④ 전압 변화는 약 2.4V 이하이면 승객 탑승, 4.1V 이상이면 승객 없음으로 판단한다.

## (3) 주차브레이크 경고

주차브레이크를 체결한 상태로 주행하면(5km/h) 부저를 통한 경고를 수행한다(연속음).

## (4) 선루프 열림 경고신호

선루프를 Open시킨 상태로 전원 Off하면 부저 및 안내 화면으로 경고한다.

① BCM : 선루프 열림 신호 감지

② 클러스터 : 로직 판단 및 경고

## [5] 스마트키 경고

### 1) 스마트키 이탈 경고 제어기능 동작순서

| 스마트키 실내 이탈 경고(도어를 열 때) | 임의의 도어가 열린 상태로 스마트키 이탈시 |
|---|---|
| ① SMK는 도어가 열리면 3초 주기로 실내 안테나를 구동하여 스마트키를 인증한다.<br>② 차량 전원 ACC 이상에서 임의의 도어를 연다.<br>③ SMK는 3초 주기로 실내 안테나를 구동하여 스마트키를 찾는다.<br>④ 스마트키의 응답이 없으면 Key out Lamp 점등을 요청한다.<br>[SMK → BCM → 클러스터]<br>⑤ 이후 실내에서 스마트키를 찾으면 경고를 중단한다. | 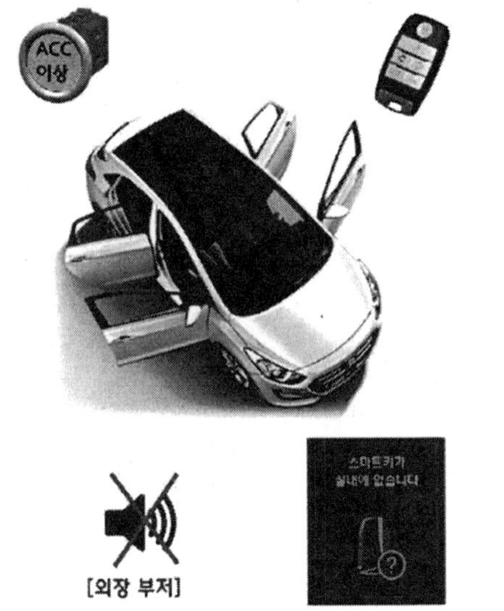<br> |

| 스마트키 실내 이탈경고(도어를 닫을 때) | 스마트키가 이탈된 상태로 도어가 닫힐 경우 |
|---|---|
| ① 도어를 열고 스마트키가 실내에서 이탈된 상태로 도어를 닫는다.<br>② 도어를 닫는 순간 SMK는 실내 안테나를 구동하여 스마트키를 찾는다.<br>③ 스마트키의 응답이 없으면 클러스터는 문자경보 및 외부 부저가 5초간 연속 출력된다.<br>④ 이후 스마트키 인증을 취소하여 도난을 방지한다.<br>- 엔진 정지 시 인증 취소(재시동 불가)<br>- 엔진 구동 중 인증 유지 | <br> |

## 2) 키 리마인더 경고 제어기능 동작순서

| 키 리마인드 경고 1 | 실내에 스마트키가 있는 상태로 도어록 실행시 |
|---|---|
| ① 실내에 스마트키가 존재하는 상태로 임의의 도어를 연다.<br>② 하나 이상의 도어를 록한다(노브 또는 중앙 집중 스위치).<br>③ 록 신호가 입력되면 실내 안테나를 구동하여 스마트키를 찾는다.<br>④ 스마트키가 감지되면 도어 언 록을 요청한다.<br>[SMK → BCM → SJB] | <br>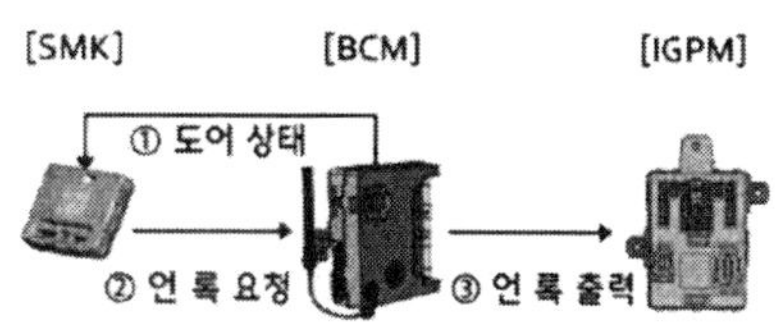<br> |

| 키 리마인드 경고 2 | 실내에 스마트키가 있는 상태로 도어를 닫을 때 래치 불량으로 원치 않는 도어 록 시 |
|---|---|
| ① 실내에 스마트키가 존재하는 상태로 문을 닫는다.<br>② 래치 또는 액추에이터 불량으로 충격에 의해 도어가 닫힌 직후 0.5초 이내에 임의의 도어가 록 된다.<br>③ 도어 록 이후 실내 안테나를 구동하여 스마트키를 찾는다.<br>④ 스마트키가 감지되면 도어 언록을 요청하고 외장 부저는 5초간 연속으로 출력된다.<br>- 언록 요청 [SMK → BCM → SJB]<br>- 외장 부저 구동 | <br><br>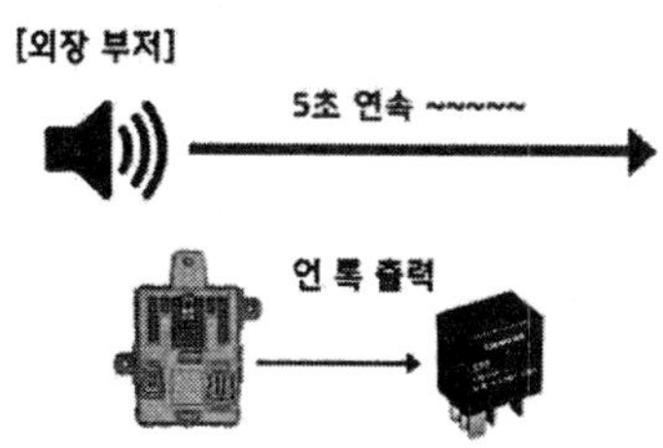<br> |

## 3) 도어록 경보 제어기능 동작순서

| 도어록 경보 1 | ACC 이상에서 록 수행 후 차량 이탈방지<br>(운전자 실수 발생) |
|---|---|
| ① 차량 전원이 ACC 이상에서 모든 도어를 닫는다.<br>② 아웃사이드 핸들의 도어 록/언 록 버튼을 누른다.<br>③ 신호가 입력된 해당 도어 핸들 안테나를 구동하여 스마트키를 찾는다.<br>④ 스마트키가 응답할 경우 도어 록을 수행하지 않고 외장 부저를 3초 동안 연속 출력한다. |  |

| 도어록 경보 2 | 도어가 열린 상태로 록 수행 후 차량 이탈방지 |
|---|---|
| ① 차량 전원 Off 상태에서 1개 이상의 도어가 열려있는 상태<br>② 아웃사이드 핸들의 도어 록/언 록 버튼을 누른다.<br>③ 신호가 입력된 해당 도어 핸들 안테나를 구동하여 스마트키를 찾는다.<br>④ 스마트키가 응답할 경우 도어 록을 수행하지 않고 외장 부저를 3초 동안 연속 출력한다. |  |

# 참고문헌


1. 현대자동차 AD 신차코스 기술교재 『기아자동차』
2. 현대자동차 HI 신차코스 기술교재 『기아자동차』
3. 기아자동차 QL신차코스 기술교재 정비지침서 『기아자동차』
4. GM대우자동차 정비지침서 『대우자동차』
5. 자동차 주행안전장치 정비 『한국산업인력공단』
6. 자동차 편의장치 정비 『한국산업인력공단』
7. 승용 진단기술 프로그램 『기아자동차』